普通高等教育“十三五”规划教材

Access数据库应用与开发教程

(MOOC版)

主　编　吕　腾　贺爱香
副主编　万家华　徐　梅　沈　娟　王美荣　丁春玲　郭　元

中国水利水电出版社
www.waterpub.com.cn
·北京·

内容提要

本书是安徽省高等学校“十三五”省级规划教材，针对应用型高等院校管理类学生的需求编写，介绍了Access数据库的基础知识和基本操作方法。本书内容包括数据库基础知识、Access概述、数据库、表、查询、窗体、报表、宏、模块与VBA以及应用系统开发案例等。

本书是“新形态MOOC版”教材，是“Access数据库技术及应用”MOOC课程的配套教材。书中内容安排循序渐进，始终围绕着“教务管理系统”这个典型案例详细讲解，操作步骤翔实、具体，最后形成一个完整的数据库管理系统。书中实操章节由引例导入，并由实例结尾，配备了例题、习题及操作题等。为方便读者学习，本书提供课程教学所需的MOOC视频、PPT课件、电子教案、案例素材或代码等。

本书可作为高等院校非计算机专业的数据库应用技术课程的教学用书，还可作为全国高等学校计算机等级考试（安徽考区）二级Access的教材或者培训教材。

图书在版编目（CIP）数据

Access数据库应用与开发教程 : MOOC版 / 吕腾，贺爱香主编. -- 北京 : 中国水利水电出版社，2018.9
普通高等教育“十三五”规划教材
ISBN 978-7-5170-6951-5

Ⅰ. ①A… Ⅱ. ①吕… ②贺… Ⅲ. ①关系数据库系统－高等学校－教材 Ⅳ. ①TP311.138

中国版本图书馆CIP数据核字(2018)第223895号

策划编辑：雷顺加　　责任编辑：宋俊娥

书　　名	普通高等教育“十三五”规划教材 Access数据库应用与开发教程（MOOC版） Access SHUJUKU YINGYONG YU KAIFA JIAOCHENG (MOOC BAN)
作　　者	主　编　吕　腾　贺爱香 副主编　万家华　徐　梅　沈　娟　王美荣　丁春玲　郭　元
出版发行	中国水利水电出版社 （北京市海淀区玉渊潭南路1号D座　100038） 网址：www.waterpub.com.cn E-mail：sales@waterpub.com.cn 电话：（010）68367658（营销中心）
经　　售	北京科水图书销售中心（零售） 电话：（010）88383994、63202643、68545874 全国各地新华书店和相关出版物销售网点
排　　版	北京智博尚书文化传媒有限公司
印　　刷	三河市龙大印装有限公司
规　　格	185mm×260mm　16开本　16.25印张　389千字
版　　次	2018年9月第1版　2018年9月第1次印刷
印　　数	0001—3000册
定　　价	39.00元

课程介绍

前　言

在信息高度密集的今天，数据已经渗透到每个行业和领域，成为重要的生产因素。数据库在人们生活中的应用随处可见。每天都有成千上万的人浏览网页、网上购物，这些都需要数据库的支持，才能够实现信息的存储、分类、增删和更改；证券交易、户籍管理、商场销售也需要利用数据库技术来处理大量的数据和信息；学籍管理、档案查询、图书馆日常管理也都离不开数据库技术的支持。随着信息化的不断发展，生活中还有很多数据都可以构建在数据库上，数据库的应用范围也在不断扩大，人类和数据库技术变得也越来越不可分割。

Access 是微软办公软件的一个“成员”，作为桌面关系型数据库管理系统，它结合了数据库引擎的图形用户界面和软件开发工具，既能进行数据库设计，又能用来开发软件。选用 Access 作为数据库课程的软件载体，既能培养学习者存储和处理数据的能力，又能培养学习者面向对象的程序设计能力。

本书主要内容包括数据库基础知识、Access 概述、数据库的创建与使用、表、查询、窗体、报表、宏、模块与 VBA 以及应用系统开发案例等。将一个简单的“教务管理系统”项目案例的开发贯穿始终，并结合初学者的实际情况，以 Access 2010 为操作环境，介绍了数据库基础知识、数据库设计方法和 Access 数据库操作技术，既注重理论知识的介绍，又注重实际操作技能的训练。

本书作为安徽省质量工程“十三五”规划教材项目之一，在安徽省质量工程“Access 数据库技术及应用”MOOC 课程项目的基础上编写，是该 MOOC 项目的配套教材，构建了“MOOC 学习平台+纸质教材+资源包”的立体化学习资源，可使本课程教学由原来单一的“集中讲授+上机实验”的教学模式转变为“MOOC/SPOC+翻转课堂”的多元化教学模式。针对重点、难点等知识点录制了 MOOC 视频，提供了丰富的配套教学资源，是一本进行 MOOC 教学改革的参考用书。

本书由吕腾、贺爱香任主编，万家华、徐梅、沈娟、王美荣、丁春玲、郭元任副主编，由贺爱香统稿，第 1 章由吕腾、万家华编写，第 2、3 章由徐梅编写，第 4、10 章由贺爱香编写，第 5、7 章由沈娟编写，第 6 章由丁春玲编写，第 8 章由郭元编写，第 9 章由王美荣编写。

本书可作为高等院校非计算机专业的数据库应用技术课程的教学用书，还可作为全国高等学校计算机等级考试（安徽考区）二级 Access 的教材或者培训教材。

由于编者水平有限和时间仓促，书中难免存在不妥之处，敬请广大读者批评指正。编者邮箱：heaixiang@axhu.edu.cn。

编者

2018 年 4 月

MOOC 课程资源使用说明

与本书配套的 MOOC 课程资源发布在安徽省网络课程学习中心——e 会学网站，请登录网站后开始课程学习。

一、注册/登录

访问网址 http://www.ehuixue.cn/view.aspx?cid=17515，单击右上角“注册”按钮，分为高校学习者注册和其他学习者注册两种。高校学习者注册输入姓名、高校名称、学号、邮箱、手机号和密码进行注册，其他学习者注册输入邮箱、手机号和密码进行注册。已注册的用户输入邮箱或手机号、密码和验证码登录。

二、访问课程

在课程首页可以单击“加入课程”按钮学习课程，也可直接 “加入讨论区”进行讨论或提问，课程学习结束后还可“申请证书”。一旦加入课程后，可随时随地“继续学习”课程。当进入课程学习页面，可从左边的导航栏选择任意一节课观看视频学习（见下图）。

三、资源使用

与本书配套的 e 会学 MOOC 课程资源按照章节知识树的形式构成，包括 MOOC 视频、电子教案、习题答案、教务管理系统和相关数据库等内容的资源，以方便读者学习使用。

1. MOOC 视频

内容基本覆盖了主要知识点的讲述和各案例的基本操作讲解，能够让学习者随时随地使用移动通信设备观看比较直观的视频讲解，这些 MOOC 视频以二维码的形式在书中出现，扫描后即可观看。相应 MOOC 视频资源在亚慕 e 会学 APP 应用中也可观看。

2．电子教案

教师上课使用的与课程和教材配套的教学 PPT。这些 PPT 以二维码的形式在书中出现，扫描后即可观看。可编辑修改的 PPT 文件，请登录 e 会学网站下载。

3．习题答案

本书各章配有习题参考答案，供学习课前预习及课后练习使用，使学生能够巩固学习成果。

4．教务管理系统

与本书配套的 Access 数据库应用管理系统，供学生自学时使用，登录 e 会学网站即可下载。

目 录

第1章　数据库基础概述

本章导读

- 数据库科学和技术是信息技术中发展最快与应用最广泛的领域之一。数据库科学和技术就是专门研究如何科学地组织与存储数据、如何高效地获取和处理数据的科学理论与技术方法，是计算机系统和应用系统最核心的科学技术与重要基础之一。
- 毫不夸张地说，几乎在使用计算机的所有领域里，数据库（Database）都担任着关键的角色，包括商业、电子商务、工程、遗传学、法律教育和图书管理科学等。在现代社会里，数据库和数据库系统（Database System），已经成为生活中必不可少的组成部分，人们每天都会和数据库打交道。例如去银行存钱或取钱，预定旅店或航班，查询参考书目，购买商品，所有这些行为都会涉及某人或某个计算机程序对数据库的访问。除了这些传统的数据库应用以外，随着新技术和新的应用需求的出现，涌现出很多新型的数据库应用，如管理图像、音频和视频等数据的多媒体数据库，管理地理信息的地理信息系统，以及为数据挖掘提供集成数据的数据仓库等。

本章要点

- 数据库的发展和概况
- 数据模型
- 关系数据库的术语、关系的性质、关系完整性约束和关系代数
- 关系模式的规范化
- 数据库设计的步骤

1.1　数据管理技术的发展概况

数据与信息

数据（Data）是对事实、概念或指令的一种表达形式，可由人工或自动化装置进行处理。数据经过解释并赋予一定的意义之后，便成为信息（Information）。例如，要表示学生的性别信息，可以用汉字“男”表示男生，“女”表示女生。此处的汉字“男”或“女”就是数据，其表示的信息是学生的性别信息，即该学生是男生或女生的事实。因此，数据和信息是既有联系也有区别的。数据是信息的符号表示或载体，信息是数据的内涵，是对数据的语义解释；信息只有通过数据形式表示出来才能被人们理解，也才能被计算机处理。

数据处理（Data Processing）是将数据转换成信息的过程，其基本目的是从大量的，可能是杂乱无章的、难以理解的数据中抽取并推导出对于某些特定的人们来说有价值和有意义的数据。因此，数据处理是对数据的采集、管理、加工、变换和传输等一系列活动的总称。数据处理贯穿于社会生产和社会生活的各个领域。数据处理技术的发展及其应用的广度和深度，极大地影响着人类社会发展的进程。

数据管理（Data Management）是数据处理的中心环节，它是利用计算机等相关技术，对数据进行有效的收集、存储、检索、应用等的过程，其目的在于充分有效地发挥数据的作用，

满足多种复杂应用的需求。近几十年来，数据管理技术随着计算机硬件和软件的发展而不断发展，经历了人工管理、文件系统管理和数据库系统管理三个阶段：

- 人工管理阶段（20 世纪 40 年代中期—50 年代中期）；
- 文件系统管理阶段（20 世纪 50 年代后期—60 年代中期）；
- 数据库系统管理阶段（20 世纪 60 年代末期至今）。

1.1.1 人工管理阶段

自 1946 年世界上第一台电子数字计算机诞生以来，一直到 20 世纪 50 年代中期以前，计算机还没有现代意义上的操作系统，还没有磁盘等直接存取设备，其主要用途是应用于科学计算，数据的处理方式主要是批处理方式。这一阶段数据管理的任务完全由程序设计人员自负其责，程序员必须自行设计数据的组织方式，因此称为人工管理阶段。这个阶段最基本的特征是完全分散的手工方式，具体表现在：

- 系统没有专用的软件对数据进行管理。计算机无操作系统，更无管理数据的专门软件，数据管理的所有细节都要由程序员完成。每个应用程序都要包括数据的存储结构、存取方法和输入方法等。程序员编写应用程序，还要安排数据的物理存储，因此程序员负担很重。
- 数据不具有独立性。数据是程序的组成部分，数据不独立，程序又依赖于数据，如果修改数据则必须修改相应的程序。如果数据的类型、格式或输入/输出方式等逻辑结构或物理结构发生变化，则必须对应用程序做出相应的修改。
- 数据不保存。对数据进行处理时，数据随程序一道送入内存，用完后全部撤出计算机，由于无外存或只有磁带外存，很少保留数据和运算结果。
- 数据不共享。数据是面向程序的，一组数据只能对应一个程序。即使多个应用程序使用的数据相同，也必须分别定义，无法互相利用。因此，数据之间存在大量冗余，容易导致数据的不一致。数据的一致性需要由应用程序员负责。

在人工管理阶段，程序和数据之间是一一对应的关系，其特点如图 1-1 所示。

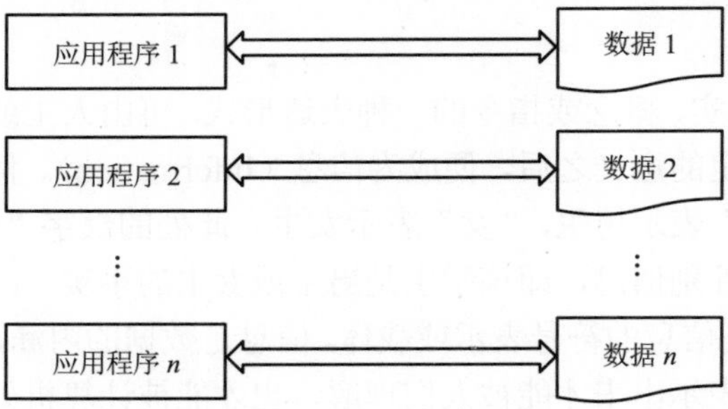

图 1-1 人工管理阶段

1.1.2 文件系统管理阶段

20 世纪 50 年代后期至 60 年代中期，随着计算机硬件的发展，磁盘、磁鼓等直接存取设备开始普及。此外，计算机软件也有了长足的进步，此时的计算机不但有了操作系统，而且基于操作系统还建立了专门管理文件的文件系统。这一时期的数据处理系统是把计算机中的数据组织成相互独立命名的数据文件，并可按文件的名字进行访问，对文件中的记录进行存取。计算机开始大量用于数据管理工作，数据处理方式除了前面人工管理阶段的批处理方式以外，还有联机实时处理方式。这个阶段的基本特征是有了面向应用、具有数据管理功能的文件系统，数据可以长期保存在计算机外存上，可以对数据进行反复处理，并支持文件的查询、修改、插入和删除等操作，具体其表现为：

- 有了专门的数据管理软件文件系统。系统软件方面出现了操作系统、文件管理系统和多用户的分时系统，特别是操作系统中的文件系统专门用来管理外存储器中的数据。
- 数据管理方面，实现了数据对程序一定的独立性。数据不再是程序的组成部分，修改数据不必修改程序，数据在逻辑上具有一定的结构且被组织到文件内，物理上存储在磁带、磁盘上，可以反复使用和保存。文件逻辑结构向存储结构的转换由软件系统自动完成，系统开发和维护工作得以减轻。
- 文件类型多样化。由于有了直接存取设备，就有了索引文件、链接文件、直接存取文件等，对文件的访问既可以是顺序访问，也可以是直接访问。

在文件系统管理阶段，程序和数据（组织成文件的形式）之间的对应关系如图 1-2 所示。

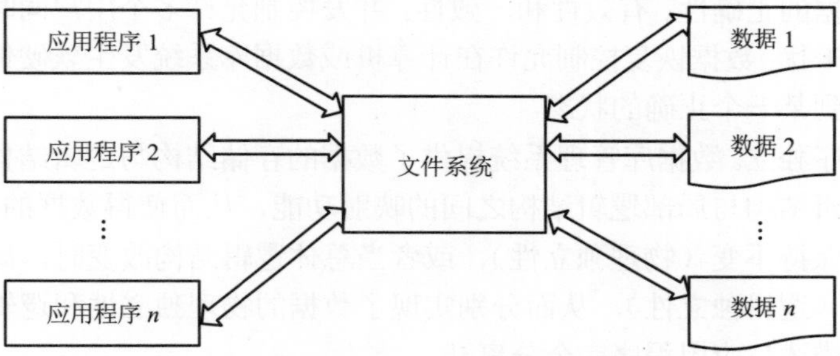

图 1-2　文件系统管理阶段

虽然文件系统实现了记录内的结构化，但从文件的整体来看却是无结构的。文件系统的数据还是面向特定应用程序的，因此数据冗余度大，在数据的共享性和独立性方面还有待提高，为了保证数据的一致性，管理和维护的代价很大。其不足之处，主要表现在：

- 数据冗余度仍然很大。文件系统中文件基本上对应于某个应用程序，数据仍是面向应用的，不同应用程序所需数据有部分相同时，仍需建立各自的数据文件，不能共享，数据维护困难，一致性难以保证。
- 数据与程序独立性仍然不高。文件是为某一特定应用服务的，系统不易扩充。一旦数据逻辑结构改变，就必须修改文件结构的定义及应用程序；应用程序的变化也将影响文件的结构。
- 数据间的联系弱。文件与文件之间是独立的，文件之间的联系必须通过程序来构造。也就是说，数据整体上还是没有结构的，不能反映现实世界中事物之间的固有联系。

1.1.3　数据库系统管理阶段

自 20 世纪 60 年代后期以来，计算机在管理中的应用更加广泛，数据量急剧增大，对数据共享的要求越来越迫切；同时，大容量磁盘已经出现，联机实时处理业务增多；软件价格在系统中的比重日益上升，硬件价格大幅下降，编制和维护应用软件所需成本相对增加。在这种情况下，为了解决多用户、多应用共享数据的需求，使数据为尽可能多的应用程序服务，出现了专门管理数据的软件系统，即数据库管理系统（Database Management System，DBMS）。数据库管理系统很好地解决了文件系统对数据管理的主要缺点。在数据库系统中，数据不再只针对某一个特定的应用，而是面向全组织，具有整体的结构性，冗余度小，共享性高，具有较强的程序与数据之间的独立性，并且可对数据进行统一的控制。主要表现在：

- 数据是面向全组织的，具有整体结构性。数据库中的数据结构不仅描述了数据自身（内部结构性），而且描述了整个组织内数据之间的联系（整体结构性），实现了整个组织内数据的完全结构化。
- 数据冗余度小，易于扩充。数据库从组织的整体来看待数据，数据不再是面向某一特定的应用，而是面向整个系统，在物理上往往只存储一次，减少了数据冗余以及因数据冗余导致的数据不一致。基于数据库管理系统，应用程序可以根据不同的应用需求选择相应的数据加以综合使用，因而系统易于扩充。
- 统一的数据管理和控制功能。包括数据的安全性控制、完整性控制、并发控制和数据恢复控制功能。安全性控制防止不合法使用数据库，造成数据泄露或破坏；完整性控制保证数据的正确性、有效性和一致性；并发控制允许多个用户同时使用数据库资源而不相互干扰；数据恢复控制允许在计算机或数据库系统发生软硬件错误时将数据库系统恢复到某一个正确的状态。
- 数据与程序独立。数据库管理系统提供了数据的存储结构与逻辑结构之间的映射功能及总体逻辑结构与局部逻辑结构之间的映射功能，从而使得数据的存储结构改变时，逻辑结构保持不变（物理独立性），或者当总体逻辑结构改变时，局部逻辑结构可以保持不变（逻辑独立性），从而分别实现了数据的物理独立性和逻辑独立性，把数据的定义和描述与应用程序完全分离开。

在数据库系统管理阶段，程序和数据（组织成文件并存储在数据库中）之间的对应关系如图 1-3 所示。

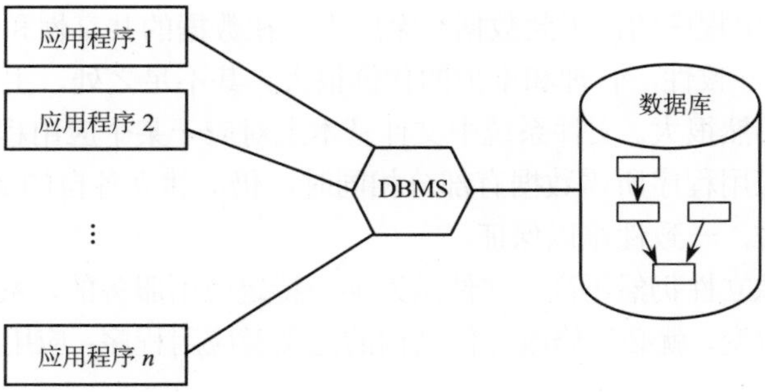

图 1-3　数据库系统管理阶段

数据库的上述特点，使得信息系统的开发从以程序为中心转移到以数据和业务规则为中心上来，实现了数据的集中统一管理，提高了数据的一致性和利用率，增强了系统的可扩展性，从而能更好地为决策服务。因此，数据库技术在信息系统应用中正起着越来越重要的作用。

1.2　数据库技术发展概况

从 20 世纪 60 年代中期开始的 10～20 年，大多数数据库系统是在价格昂贵的大型中央处理机上实现的，这期间数据库系统的主要类型是基于层次模型的系统和网状模型的系统。从 20 世纪 70 年代以来，关系型数据库（Relational Database，RDB）逐渐成为主流的数据库管理系统并一直持续至今。在 20 世纪 80 年代，出现了面向对象的编程语言，对于复杂的结构化的对象进行存储和共享的需求，推动了面向对象数据库（Object Oriented Database，OODB）的发展。在 20 世纪 90 年代，电子商务作为 Web 上的主要应用逐渐流行起来。相应地，为了满足在 Web 上交换数据的需要，出现了许多新的技术。当前，可扩展标记语言（Extensible Markup Language，XML）已经成为在 Web 上或不同类型的数据库之间交换数据的主要标准。数据库系统在传统应用上取得的巨大成功，也鼓舞了其他应用的开发者去积极地使用数据库。而传统上，这些应用使用自己的专用文件和数据结构，现在的数据库系统已经能为这些应用的专用需求提供更好的支持。

根据数据库管理系统所使用的逻辑模型，数据库管理系统的发展可分为三个发展阶段。

- 第一代数据库管理系统：网状和层次数据库管理系统。
- 第二代数据库管理系统：关系数据库管理系统。
- 新一代数据库管理系统：面向对象数据库管理系统和 XML 数据库管理系统等。

1.2.1　网状和层次数据库管理系统

1964 年，通用电气公司的查尔斯・巴赫曼（Charles W. Bachman）主持设计和开发了最早的网状数据库管理系统（Integrated Data Store，IDS）。它的设计思想和实现技术被后来的许多数据库产品所仿效。网络模型用网状结构表示实体与实体之间的多种复杂联系，包括一对一联系、一对多联系和多对多联系。网状模型中节点间的联系是任意的，且任意两个节点之间都可以有联系，因而网状数据模型可以更自然和直接地描述现实世界中实体与实体之间的错综复杂的联系。但网状数据模型运算复杂，处理起来非常困难。

这一阶段的另一个标志性事件是 1971 年提出的数据库标准——DBTG 报告。这是美国数据系统语言委员会（Conference on Data Systems Languages，CODASYL）下属的数据库任务组（Data Base Task Group，DBTG）提出的网状数据库模型以及数据定义语言（Data Definition Language，DDL）和数据操作语言（Data Manipulation Language，DML）的规范说明，并于 1971 年推出了第一个正式报告——DBTG 报告，这也成为数据库历史上具有里程碑意义的文献。DBTG 报告确立了现在被称为“三层模式方法”的数据库模型。1973 年，查尔斯・巴赫曼因“数据库技术方面的杰出贡献”而被授予图灵奖，也被称为“网状数据库之父”。

1969 年 IBM 公司推出了第一个大型商用数据库管理系统（Information Management System，IMS），这一系统是基于层次模型的。层次模型用树形结构来表示各类实体以及实体间的联系。实体用记录表示，实体间的联系用有向边表示。在层次模型中，有且只有一个节点没有双亲节点，这个节点称为根节点，而根以外的其他节点有且只有一个双亲节点。在层次模型中，每个节点表示一个记录型，记录型之间的联系用节点之间的有向边表示，这种联系是父子之间的一对多的联系。每个记录型由若干个字段组成，记录型描述的是实体，字段描述的是实体的属性。由于层次模型是树形结构，所以非常简单直观，处理方便，但是层次模型只能表示节点之间的一对一的联系和一对多的联系，而无法直接表示实体之间的多对多联系。

数据库技术在这一阶段的主要成就，概括起来就是提出了支持三级模式的体系结构，并为以后的数据库技术所采纳，采用存取路径来表示数据之间的联系，并提出了独立的数据定义语言 DDL 和导航式的数据操纵语言 DML。数据库的三级模式和两层映像如图 1-4 所示。

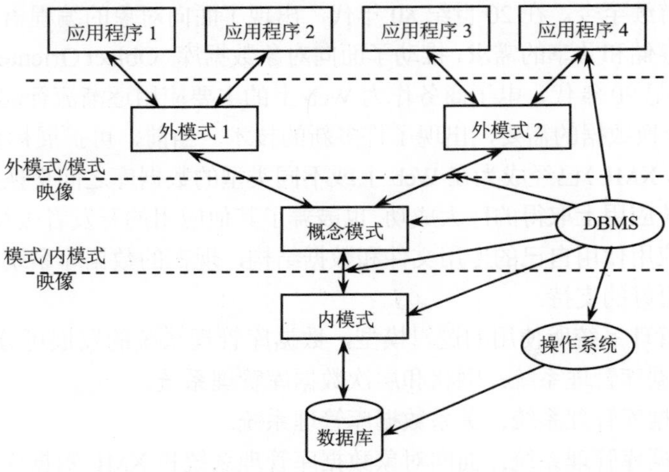

图 1-4　数据库的三级模式和两层映像

图 1-4 中，三级模式是指外模式、概念模式和内模式，其中，外模式是用户模式，是数据库的局部逻辑结构，概念模式是数据库的总体逻辑结构，内模式是数据库的物理结构；两层映像是外模式/模式映像和模式/内模式映像，其中，外模式/模式映像提供了数据的逻辑独立性，模式/内模式映像提供了数据的物理独立性。

1.2.2　关系数据库管理系统

第一代数据库系统存在的主要缺点是，用户在对网状和层次数据库进行存取数据时，仍然需要明确数据的存储结构，指出具体的存取路径。对这一缺点的改进导致关系数据库管理系统的产生。

1970 年，埃德加·弗兰克·科德（E. F. Codd）在美国计算机学会通讯（CACM）上发表了题为 *A relational model of data for large shared data banks* 的论文，为关系数据库技术奠定了理论基础。关系数据库就是以关系模型为基础的。1972 年，他提出了关系代数和关系演算，定义了关系的并、交、差、投影、选择、连接等各种基本运算，为日后成为标准的结构化查询语言奠定了基础。埃德加·弗兰克·科德因为在数据库管理系统的理论和实践方面的杰出贡献于 1981 年获得图灵奖，被誉为"关系数据库之父"。

关系数据库发展之初的典型代表有 IBM San Jose 研究室开发的 System R 和 Berkeley 大学研制的 INGRES。目前，商业化的数据库管理系统大多都是关系型的，如 Microsoft Access、Microsoft SQL Server、IBM DB2、Oracle 以及 MySQL 等数据库管理系统。关系数据库已经成为传统数据库应用的主流数据库系统，现在关系数据库几乎遍布各种类型的计算机，无论是小型的个人计算机还是大型的服务器。

数据库技术在这一阶段的主要成就是奠定了关系模型的理论基础，给出了人们一致接受的关系模型的规范说明，并研究了关系数据语言，包括关系代数、关系演算、结构化查询语言 SQL（Structured Query Language）及 QBE（Query By Example）等，并研制了大量的关系数据库管理系统的原型系统，攻克了系统实现中查询优化、并发控制、故障恢复、事务处理等一系列关键技术。

1.2.3 新一代数据库管理系统

随着新技术的涌现和新应用的需要，出现了很多新型的数据库技术。

1. 面向对象数据库系统

面向对象数据库是面向对象的程序设计技术与数据库技术相结合的产物。面向对象数据库系统的主要特点是具有面向对象技术的封装性和继承性，提高了软件的可重用性。面向对象程序语言操纵的是对象，所以面向对象数据库的一个优势是可直接以对象的形式存储数据。面向对象数据模型有以下特点：

- 使用对象数据模型将客观世界按语义组织成由各个相互关联的对象单元组成的复杂系统。对象用对象的属性和对象的行为进行描述，对象间的关系分为直接关系和间接关系。
- 语义上相似的对象被组织成类。类是对象的集合，对象只是类的一个实例，通过创建类的实例实现对象的访问和操作。
- 对象数据模型具有“封装”“继承”“多态”等面向对象的基本特征。
- 方法实现类似于关系数据库中的存储过程，但存储过程并不和特定对象相关联，方法实现是类的一部分。
- 在实际应用中，面向对象数据库可以实现一些带有复杂数据描述的应用系统，如时态和空间事务、多媒体数据管理等。

2. 分布式数据库系统

分布式数据库系统（Distributed Database System，DDBS）是分布式技术、网络通信技术和数据库技术相结合的产物。在分布式数据库中，数据分别在不同的局部数据库中存储、由不同的数据库管理系统（DBMS）进行管理、在不同的机器上运行、由不同的操作系统支持、被不同的通信网络连接在一起。但是，从用户的角度看，一个分布式数据库系统在逻辑上和集中式数据库系统一样，用户可以在任何一个场地执行全局应用，就好像那些数据是存储在同一台计算机上，由单个数据库管理系统管理一样。这一特性称为分布式数据库系统的透明性。因此，一个分布式数据库在逻辑上仍然是一个统一的整体，只是在物理上分别处于不同的物理节点上。一个应用程序通过网络的连接可以访问分布在不同地理位置的数据库。分布式数据库系统适合于单位分散的部门，允许各个部门将其常用的数据存储在本地，实现就地存放、本地使用，从而提高响应速度，降低通信费用。分布式数据库系统与集中式数据库系统相比具有更高的可靠性，其主要设计思想是增加适当的数据冗余，以提高系统的整体可靠性。具体做法是，在不同的场地存储同一数据的多个副本，当某一场地出现故障时，系统可以对另一场地上的相同副本进行操作，不会因一处故障而造成整个系统的瘫痪，以提高系统的可靠性和可用性。另外，也可以根据距离、成本等选择通信代价最低的数据副本进行操作，以减少通信代价，改善整个系统的性能和响应能力。

3. XML 数据库系统

XML 数据库是 XML 技术和数据库技术的结合。1998 年万维网联盟（W3C）发布了可扩展标记语言 XML，作为 Web 平台上数据表示和交换的标准语言。XML 具有自描述、可扩展、内容和表示分离等特点，得到了广泛的应用，已经成为数据表示和交换的事实上的国际标准。XML 数据库的第一种类型是用现有的数据库支持对 XML 数据的管理，称为支持 XML 的数据库。这种数据库采用的数据模型可以是任何一种非 XML 数据模型，只要提供对 XML 数据的管理即可，因此，在支持 XML 数据库系统中，其核心是 XML 数据和底层数据模型的相互转换。实现这种 XML 数据库系统，就是在原有的数据库系统上，扩充对 XML 数据的处理功能，使之能适应 XML 的数据存储和查询的需要。目前主流的关系数据库管理系统大多都支持对 XML 数据的管理。第二种 XML 数据库类型是纯 XML 数据库。XML 作为一种通用的半结构化标记语言，完全可以用来作为表示和描述数据的基本数据模型。纯 XML 数据库就是以 XML 作为描述数据的基本数据模型，它所存储的数据就是 XML 文档的集合。由于纯 XML 数据库管理系统是直接存储 XML 数据本身，因此在数据库引擎访问 XML 数据时，不像第一种支持 XML 的数据库系统那样，而是无须执行任何数据转换工作，因而效率更高，这是二者的主要区别。第三种类型是混合 XML 数据库，其实质就是纯 XML 数据库和支持 XML 的数据库的混合类型。

4. 数据仓库和数据挖掘

数据库的操作是操作型处理（事务处理），而企业需要在大量数据基础上的决策支持（分析型处理）。因此，传统的数据库无法满足企业这方面的需要。数据仓库是面向主题的、整合的、稳定的，并且时变地收集数据以支持管理决策的一种数据结构形式。它是在数据库等数据资源存在的情况下，为了进一步挖掘数据资源、辅助决策而产生的数据存储集合。操作型数据库的数据组织面向事务处理任务，各个业务系统之间各自分离，而数据仓库中的数据是按照一定的主题域进行组织的。主题是与传统数据库的面向应用相对应的，是一个抽象概念，每一个主题对应一个宏观的分析领域，是在较高层次上将企业信息系统中的数据综合、归类并进行分析利用的抽象。另外，随着物联网、移动互联网等的飞速发展，各行各业产生了大量的数据，使数据库存储的数据量急剧膨胀，因此如何分析并利用这些海量数据，将其转换为有用的信息和知识，以辅助决策管理，既是一个挑战也是一种迫切的需要。这就导致数据挖掘应运而生。数据挖掘也称为数据库中的知识发现，是指从大量数据中挖掘出隐含的、先前未知的、对决策有潜在作用的知识和规则的过程。数据挖掘使用的技术手段主要有人工智能、机器学习和统计学等。

1.3 数据库系统简述

数据库基本概念

数据库系统（Database System）是指用数据库管理系统进行数据管理和处理并支持多种应用的信息系统。它包括计算机硬件系统、系统软件和应用软件，数据库和数据库管理系统以及系统的开发、维护和使用人员等，如图 1-5 所示。其中，计算机硬件包括存储数据和运行数据库系统所需的硬件设备，主要包括 CPU、内存、存储设备、输入设备和输出设备。不同的数据库系统对硬件的需求是不同的，因此，硬件的配置应满足整个数据库系统的需要。系统软件和应用软件主要包括支持数据库系统运行的计算机操作系统、开发各种数据库应用的实用工具和应用软件等。不同的数据库系统需要不同的操作系统支持，对高级程序设计语言、开发工具和应用软件的支持也不完全相同。下面分别介绍数据库系统中的主要组成部分：数据库、数据库管理系统，以及系统的开发、维护和使用人员等。

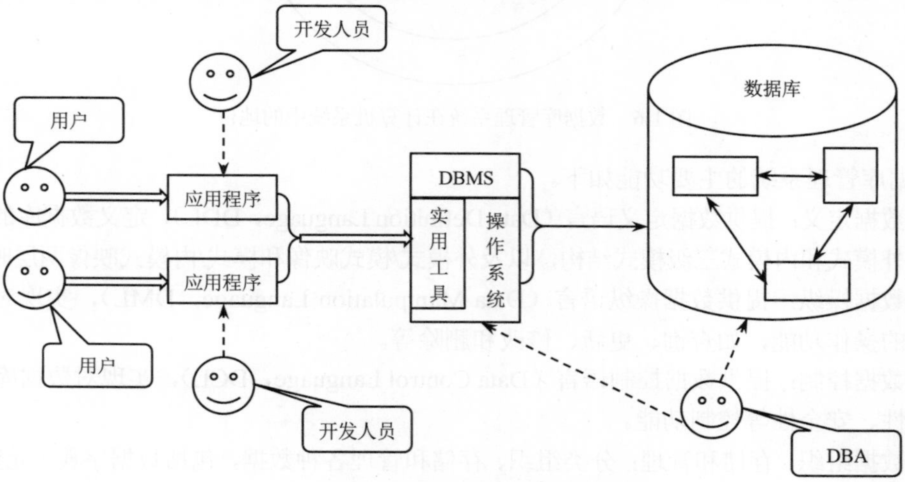

图 1-5　数据库系统组成

1.3.1　数据库

数据库（Database）一般指长期存储在计算机外存上、数据整体有结构且可共享、面向一个组织或部门、支持多种应用的数据集合。它具有以下特点：

- 数据按一定的数据模型组织、描述和存储。如果是关系数据库，那么它使用的数据模型就是关系模型。
- 可以为各种用户和应用程序共享。也就是说，一个数据库可以支持多个不同的应用和用户。
- 数据冗余度小。数据具有整体的结构，相同的数据一般只在外存中保存一次。
- 数据独立性高。数据具有较高的逻辑独立性和物理独立性。
- 易扩展。可以随着应用的需求而更新数据。
- 具有一定的安全性和可靠性等机制。

1.3.2　数据库管理系统

数据库管理系统（Database Management System，DBMS）是数据库系统中的核心软件，它是基于操作系统，能够让用户创建、定义、维护数据库以及控制对数据库访问的软件系统。数据库管理系统在整个计算机系统中的地位如图 1-6 所示。

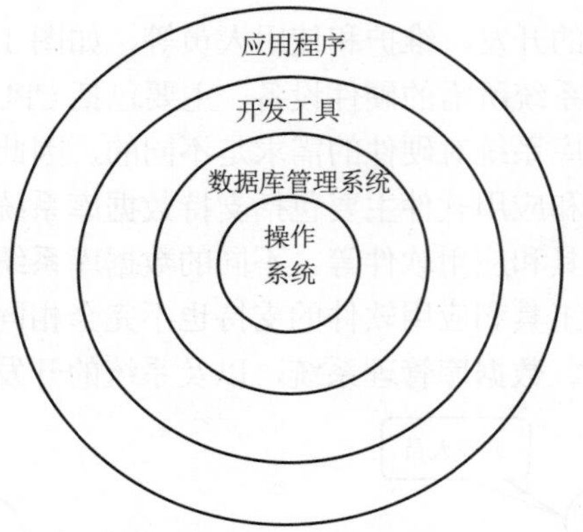

图 1-6　数据库管理系统在计算机系统中的地位

数据库管理系统的主要功能如下。

- 数据定义：提供数据定义语言（Data Definition Language，DDL），定义数据库的模式、外模式和内模式三级模式结构，以及外模式/模式映像和模式/内模式映像两层映像。
- 数据操纵：提供数据操纵语言（Data Manipulation Language，DML），实现对数据库的操作功能，如查询、更新、修改和删除等。
- 数据控制：提供数据控制语言（Data Control Language，DCL），实现对数据库的完整性、安全性等控制功能。
- 数据组织、存储和管理：分类组织、存储和管理各种数据，包括数据字典（元数据）、用户数据和数据的存取路径等。
- 事务管理：保证一组操作的原子性、一致性、隔离性和持久性。
- 并发控制：保证多用户对数据并发操作时的数据库的正确性和一致性。
- 恢复与备份：系统发生故障后保证数据库的正确性和一致性。

目前典型的数据库管理系统有：小型数据库管理系统 Visual FoxPro、Access 等，中型数据库管理系统 Sybase、SQL Server 等，以及大型数据库管理系统 Oracle 等。

1.3.3　系统的开发、维护和使用人员

数据库系统的开发、维护和使用人员主要包括数据库分析和设计人员、应用程序员、终端用户和数据库管理员（Database Administrator，DBA）等。其中数据库分析和设计人员负责应用系统的主要开发和设计过程，这主要包括系统的需求分析和规格说明、数据库系统的概要设计和模式设计，以及确定数据库中需要保存哪些数据；应用程序员负责编写和使用数据库的应用程序，以支持多种用户的使用；终端用户利用数据库系统的接口、应用程序或查询语言等使用数据库，以完成日常的工作；数据库管理员则负责数据库系统的全面管理和控制，主要职责包括以下几点。

- 逻辑设计：决定数据库中的数据的内容和结构。
- 物理设计：决定数据库的存储结构和存取策略。
- 数据库的控制：定义数据的安全性要求和完整性约束条件。
- 数据库的运行和维护：监控数据库的使用和运行，保证其正常高效工作，必要的时候对数据库进行重组或重构，以提高运行效率或满足新的应用需要。

1.4 数据模型

数据模型概述

利用数据库系统管理和使用数据的一个优点就是，数据库系统提供了某些层次上的数据抽象，即通过隐藏数据组织和存储的细节，来突出数据的本质特征以及数据之间的本质联系，以便不同的用户可以在他们更感兴趣的层次上观察数据的细节，从而增进人们对数据及相关业务逻辑的理解。

数据模型（Data Model）就是用于描述数据库结构的概念集合，是数据库管理的形式框架，是数据库系统中用以提供信息表示和操作手段的形式框架。根据数据模型的抽象程度划分，数据模型可以分为三种（抽象程度由高到低）：概念模型、逻辑模型和物理模型。其中，概念模型提供的数据比较抽象，与用户感知数据的方式非常接近；物理模型描述的是数据如何在计算机存储介质（通常是磁盘）上存储的细节，因此物理模型提供的概念只对数据库设计人员有意义，而不是最终用户；而逻辑模型是介于概念模型和物理模型之间，对于最终用户来说虽然不像概念模型那样容易理解，但基本上还是比较容易理解的，而且逻辑模型隐藏了数据在计算机存储的大多数细节信息。下面分别对这些模型进行介绍。

1.4.1 概念模型

概念模型是按照终端用户的观点或认识对现实世界进行建模，主要用于数据库的规划和设计阶段，它强调的是数据的语义表达，是信息世界中的模型，是对现实世界事物及其联系的第一级抽象。概念模型是数据库设计人员通过与用户的沟通和交流，在明确了数据库系统用户的具体需求以后，确定下来的一个高层数据抽象。因此，概念模型与使用哪种类型的数据库管理系统无关，当然更与具体使用哪一种数据库管理系统产品无关。

常用的概念模型建模方法有实体-联系（E-R）方法和统一建模语言 UML（Unified Modeling Language）。

E-R 模型是 Peter Chen 于 1976 年提出的一种语义模型。该模型认为：世界是由一组称作实体的基本对象及这些对象间的联系组成的。E-R 模型使用的基本概念有实体、属性和联系等，其中，实体表示现实世界中的对象和概念，或数据库中描述的来自所管理系统中的一个学生或一门课程，属性进一步描述了实体的某个感兴趣的特征，如学生的姓名或年龄，而两个或多个实体间的联系则表示实体和实体之间的关系，如学生和课程之间的多对多的选课关系。

在 UML 方法中，它的重要组成部分是类图，这在许多方面都与 E-R 图相似。在类图中除了指定数据库模式结构外，还要指定在对象上的操作，在数据库设计阶段可以用这些操作来指定功能需求，从而实现对数据以及数据之间的交互进行详细的设计。

1.4.2 逻辑模型

逻辑模型是面向数据库全局逻辑结构的描述，属于计算机世界中的模型，是按照计算机的观点对数据建模，是对现实世界事物及其联系的第二级抽象。它包括三个部分：数据的结构部分、数据的操作部分和数据上的约束条件。其中，结构部分描述的是数据的静态特征，用于描述数据的语义以及数据与数据之间的联系；操作部分描述的是数据的动态特征，用于表示数据支持的操作类型和功能；约束条件是对数据结构和数据操作的限制，包括数据的一致性和数据的完整性约束等。

逻辑模型的设计是基于概念模型的，一般由数据库设计人员通过手工方式或使用专门的设计工具把最初的概念模型转换成相应的逻辑模型而得到。

逻辑模型的设计与具体使用何种类型的数据库管理系统直接相关。当前，数据库管理系统的常用逻辑模型主要有：层次模型（hierarchical model）、网状模型（network model）、关系模型（relational model）以及面向对象模型（object oriented model）等。其中以层次模型和网状模型为逻辑模型的数据库管理系统称为第一代数据库管理系统，以关系模型为逻辑模型的数据库管理系统称为第二代数据库管理系统，以面向对象模型、XML 等为逻辑模型的数据库管理系统称为第三代数据库管理系统或新一代数据库管理系统。本书讲授的 Access 数据库管理系统属于关系型数据库管理系统。

1.4.3 物理模型

物理模型用来描述数据的物理存储结构和存取方法，是数据库设计人员通过数据库管理系统实现的。物理模型主要针对的是数据库的设计人员和数据库管理员，而终端用户则不必考虑物理层的实现细节。物理模型是最低层次的数据抽象，是面向具体的计算机系统的，因此，物理模型的设计不但与具体使用何种类型的数据库管理系统有关，如关系型还是非关系型，而且还与数据库管理系统的具体产品和版本有关，如是 Access 还是 SQL Server，当然与数据库系统的硬件条件也直接有关，如磁盘、内存、CPU 等的性能。

物理数据模型描述了如何将数据存储为计算机上的文件，它将信息表示为记录格式，记录顺序和存取路径等信息。存取路径是一种结构，它可以有效地查询数据库中的特定记录，索引是存取路径的一个例子，它允许使用索引词或索引关键字直接访问数据。

1.5 关系模型和关系代数

关系模型和关系代数

关系数据库（Relational Database，RDB）所使用的逻辑数据模型是关系模型，以集合论和一阶谓词逻辑为理论基础，并借助于关系代数的方法来处理数据库中的数据。直观地看，关系数据库是包含一系列二维表的数据集合，每一个表都是对一种实体类型的结构化描述，其中表头是关系模式，包括一系列字段，每一个字段都是对实体类型的某一特征的描述，称为属性；表体是同一类型实体的对象集合，其中的每一行都是对一个对象的描述，称为记录。

下面对关系模型和关系数据库常用的术语进行解释。

1.5.1 基本术语

1. 关系（表）

一个关系可以理解成一张规范化了的二维表，通常将一个没有重复行和重复列的二维表看成一个关系，每个关系都有一个关系名（表名）。且在同一关系数据库中，表名不可以重复。

2. 关系模式（表头）

在关系数据库中，关系模式用表头中的字段进行定义，每一个字段表示一个实体的属性，字段的类型、取值范围等描述了相应属性的定义域。

3. 元组（记录）

关系（表）中的每一行就是一条记录，表示实体集中的一个对象。同一个表中的不同对象彼此不同。

4. 属性（字段）

关系（表）中垂直方向的列，称为属性或字段，每一个表中的属性名不可以重复。

5. 域

属性的取值范围称为域，表示一个实体所有对象在这一属性上可能取值的集合。假设表中有属性职业，如果职业只能是教师、工人或公务员之一，而不能是其他取值，那么属性职业的域可以表示为：职业=｛教师，工人，公务员｝。

6. 码（键）

码（键）是属性或属性的组合，其值能够唯一标识表中的一个元组（记录）。如果一个码中再无多余的属性，即去掉任何一个属性后不再满足码的条件，则称这样的码为候选码。在设计和实现数据库的时候，必须选定其中的一个候选码作为主码，且主码只能有一个。所有候选码包含的属性称为主属性，其他属性则称为非主属性。

7. 外码（外键）

如果表中字段（或字段组合）的取值必须是另一个表（或本表自身）自己的主码（或候选码或取值唯一的字段或字段组合）的值，称为外码。

【例 1-1】 考虑下面的关系数据库模式，它包括三个关系模式：

Student(<u>SID</u>, Name, Sex, Age)

Course(<u>CID</u>, CName, Credit, *PCID*)

Score(<u>*SID, CID*</u>, Grade)

其中，加下划线的字段表示主码，如 Student 的主码是学号 SID，表示每一个学生的学号都是唯一的；Course 的主码是课程号 CID，表示每一门课程的课程号是唯一的；Score 的主码是复合主码，包含学号和课程号（SID 和 CID），表示每一个学生的每一门课程只能有一个成绩（用 grade 表示）。斜体字段表示外码，如 Course 的外码 PCID 表示本课程的先修课程号，指向本表的 CID 字段；Score 的外码有两个，分别是 SID 和 CID，它们分别指向 Student 的主码 SID 和 Course 的主码 CID。由于以上关系模式均只有一个候选码，所以主码包含的属性就是各自关系模式的主属性，如关系模式 Student 的主属性是 SID，关系模式 Course 的主属性是 CID，关系模式 Score 的主属性是 SID 和 CID。

假设 Student 表包含的记录如表 1-1 所示。

表 1-1 Student 表

SID	Name	Sex	Age
S1	Mary	F	18
S2	Kate	F	18
S3	John	M	19
S4	Bill	M	19
S5	Jack	M	20

可以看到，本 Student 表包含 5 条记录，表示学号分别是“S1”“S2”“S3”“S4”和“S5”的 5 个学生，每一个学生均用 4 个属性描述，分别是学号（SID）、姓名（Name）、性别（Sex）和年龄（Age）。

1.5.2 关系的性质

关系是一种规范化了的二维表格。关系和二维表格既有联系也有区别。关系的性质如下：

（1）关系中不允许出现相同的元组（记录），即每一行必须有一个主码。这一性质保证关系中的任意行都可以通过主码唯一标识。

（2）关系中元组的顺序（即行序）可任意。根据关系的这一性质，可以改变元组的顺序，使其具有某种排序性质，然后就可以按照这一排序性质进行查询，以提高检索效率。

（3）关系中各个属性必须具有不同的名字，不同的属性可来自同一个域，即它们的分量可以取自同一个域，当然不同的属性也可来自不同的域。假设有以下属性：职业={教师，工人，公务员}，兼职={教师，工人，公务员}，职称={教授，副教授，讲师，助教}，可以看到，属性职业和兼职取自同一个域{教师，工人，公务员}，而和属性职称来自不同的域。

（4）同一属性名下的各个属性值必须是来自同一个域的同一类型的数据。假设表中有属性职业={教师，工人，公务员}，那么对于表中每一行的属性职业，必须是教师、工人或公务员之一，而不能是其他取值。

（5）关系中属性的顺序可任意交换，但交换时应连同属性名一起交换。

（6）关系中每一个属性必须是不可分的数据项，称为属性值的原子性，即属性的取值不能是值的集合。直观地说，表中不能嵌套表。满足这一条件的关系模式称为规范化的关系，否则称为非规范化的关系。

1.5.3 关系完整性约束

为了维护关系数据库中数据的正确性、一致性和完整性，对关系进行数据的操作时，要求必须符合一定的约束条件，称为关系的完整性约束。在关系模型中，关系的完整性主要包括实体完整性、参照完整性和用户自定义完整性。

1. 实体完整性

实体完整性要求组成关系（表）的主码的任意属性均不能取空值（NULL）。例如，Score 表中，外码是复合码，即 SID 和 CID，这两个字段均不能取 NULL。

2. 参照完整性

参照完整性要求参照关系中的每个外码要么为空（NULL），要么等于被参照关系中某个元组的主码。比如，在 Course 表中，某门课程如果没有先修课程，则其外码 PCID 为 NULL，表示本课程无先修课程，但如果取非空值，其值必须出现在 Course 表中；在 Score 表中，外码 SID 和 CID 的取值不能为 NULL，其值必须分别在 Student 的主码 SID 和 Course 的主码 CID 中出现，否则无意义。

3. 用户定义的完整性

用户定义的完整性指对关系中每个属性的取值限制（或称为约束）的具体定义。例如属性性别只能取“男”或“女”，年龄的取值范围为 15～20 等。用户定义完整性是通过关系数据库管理系统在数据定义时保证的，而不应该由应用程序来实现这一功能。

1.5.4 关系代数

在关系数据库管理系统中，数据是以关系模式组织的，所以对数据的处理就是对关系（表）的处理，称为关系运算。关系运算采用集合的操作方式，即参与操作的对象（关系）和运算的结果都是集合，称为“一次一集合”的操作方式，而传统的非关系的数据模型的操作方式是“一次一记录”的方式。关系运算主要有两种方式：一种是关系代数（通过代数的方式），一种是关系演算（通过逻辑的方式），但这两种关系运算方式在表达能力上是等价的。下面以关系代数为例讲解关系运算。关系代数运算主要有以下两类：传统的集合运算和专门的关系运算。

1. 传统的集合运算

从集合论的观点来定义关系，将关系看成是若干个具有 K 个属性的元组集合，通过对关系进行集合操作来完成查询请求。传统的集合运算包括并、交、差及笛卡儿积，这些运算均属于二目运算，即参与运算的是两个关系模式。

要使并、差、交运算有意义，必须满足两个条件：一是具有相同个数的属性数目，即参与运算的两个关系具有相同的属性数目；二是相容性，即这两个关系对应的属性均取自同一个域。以下不经特别说明，均认为参加运算的关系满足这两个条件。

（1）并（Union）。设关系 R 和关系 S 具有相同的目 K，且相应的属性取自同一个域，则关系 R 与 S 的并是由属于 R 或属于 S 的元组构成的集合，并运算的结果仍是 K 目关系。其形式化定义如下：

$$R \cup S=\{t \mid t \in R \vee t \in S\}$$

其中，t 为元组变量。

（2）交（Intersection）。设关系 R 和关系 S 具有相同的目 K，且相应的属性取自同一个域，则关系 R 与 S 的交是由既属于 R 又属于 S 的元组构成的集合，交运算的结果仍是 K 目关系。其形式化定义如下：

$$R \cap S=\{t \mid t \in R \wedge t \in S\}$$

（3）差（Difference）。设关系 R 和关系 S 具有相同的目 K，且相应的属性取自同一个域，则关系 R 与 S 的差是由属于 R 但不属于 S 的元组构成的集合，差运算的结果仍是 K 目关系。其形式化定义如下：

$$R-S=\{t \mid t\in R \wedge t\notin S\}$$

【例 1-2】 假设有表 1-2 和表 1-3 所示的两个关系 Student1 和 Student2，这两个关系并、交、差运算的结果分别如表 1-4、表 1-5 和表 1-6 所示。

表 1-2 关系 Student1

SID	Name	Sex	Age
S1	Mary	F	18
S2	Kate	F	18
S3	John	M	19

表 1-3 关系 Student2

SID	Name	Sex	Age
S2	Kate	F	18
S3	John	M	19
S4	Bill	M	19
S5	Jack	M	20

表 1-4 关系 Student1∪Student2 的运算结果

SID	Name	Sex	Age
S1	Mary	F	18
S2	Kate	F	18
S3	John	M	19
S4	Bill	M	19
S5	Jack	M	20

表 1-5 关系 Student1∩Student2 的运算结果

SID	Name	Sex	Age
S2	Kate	F	18
S3	John	M	19

表 1-6 关系 Student1–Student2 的运算结果

SID	Name	Sex	Age
S1	Mary	F	18

提示

①进行并、交、差运算的两个关系必须具有相同的结构。对于 Access 数据库来说，是指两个表的结构要相同。②交运算可以使用差运算来表示：R∩S=R–（R–S）或者 R∩S=S–（S–R）。

（4）广义笛卡儿积（Extended Cartesian Product）。设关系 R 的属性数目是 K1，元组数目为 m; 关系 S 的属性数目是 K2，元组数目为 n，则 R 和 S 的广义笛卡儿积是一个（K1+K2）列的（m+n）个元组的集合，记作 R×S。

广义笛卡儿积是一个有序对的集合。有序对的第一个元素是关系 R 中的任何一个元组，有序对的第二个元素是关系 S 中的任何一个元组。如果 R 和 S 中有相同的属性名，可在属性名前加上所属的关系名作为限定。

【例 1-3】 假设关系 Course 如表 1-7 所示，对关系 Student1 和 Course 做广义笛卡儿积，运算结果如表 1-8 所示。

表 1-7 关系 Course

CID	CName	Credit	PCID
C1	Data Structure	4	NULL
C2	Database	3	C1
C3	Algorithm	2	C1
C4	SQL Server	3	C2

表 1-8 关系 Student1×Course 的运算结果

SID	Name	Sex	Age	CID	CName	Credit	*PCID*
S1	Mary	F	18	C1	Data Structure	4	NULL
S1	Mary	F	18	C2	Database	3	C1
S1	Mary	F	18	C3	Algorithm	2	C1
S1	Mary	F	18	C4	SQL Server	3	C2
S2	Kate	F	18	C1	Data Structure	4	NULL
S2	Kate	F	18	C2	Database	3	C1
S2	Kate	F	18	C3	Algorithm	2	C1
S2	Kate	F	18	C4	SQL Server	3	C2
S3	John	M	19	C1	Data Structure	4	NULL
S3	John	M	19	C2	Database	3	C1
S3	John	M	19	C3	Algorithm	2	C1
S3	John	M	19	C4	SQL Server	3	C2

2. 专门的关系运算

专门的关系运算既可以从关系的水平方向进行运算，也可以从关系的垂直方向进行运算，主要包括选择、投影和连接运算。

（1）选择（Selection）。选择运算是从关系的水平方向进行运算，是从关系 R 中选取符合给定条件的所有元组，生成新的关系。记作：

$$\sigma_P(r) = \{ t \mid t \in r \wedge P(t) \}$$

其中，条件表达式 P 的基本形式为 $X\ \theta\ Y$，θ 表示运算符，包括比较运算符（<, <=, >, >=, =，≠）和逻辑运算符（∧，∨，┐）。X 和 Y 可以是属性、常量或简单函数。属性名可以用它的序号或者它在关系中列的位置来代替。若条件表达式中存在常量，则必须用英文引号将常量括起来。

【例 1-4】 对表 1-8 中的 Student1×Course 做如下选择运算，$\sigma_{SID='S1'}$(Student1×Course)，运算结果如表 1-9 所示。

表 1-9 $\sigma_{SID='S1'}$(Student1×Course) 的运算结果

SID	Name	Sex	Age	CID	CName	Credit	PCID
S1	Mary	F	18	C1	Data Structure	4	NULL
S1	Mary	F	18	C2	Database	3	C1
S1	Mary	F	18	C3	Algorithm	2	C1
S1	Mary	F	18	C4	SQL Server	3	C2

（2）投影（Projection）。投影运算是从关系的垂直方向进行运算，在关系 R 中选取指定的若干属性列，组成新的关系，记作：

$$\prod_A(r) = \{t[A] \mid t \in r\}$$

投影操作是从列的角度对关系进行垂直分割，取消某些列并重新安排列的顺序。在取消某些列后，元组或许有重复。该操作会自动取消重复的元组，仅保留一个。因此，投影操作的结果使得关系的属性数目减少，元组数目可能也会减少。

【例 1-5】 对学生关系 Student1，若要查询学生的学号和姓名，则可以通过对学生关系做投影操作实现。相应的投影操作如下：

$$\prod_{SID,Name}(Student1)$$

投影的结果仍是一个关系，有 2 个属性、3 个元组，如表 1-10 所示。

表 1-10 $\prod_{SID,Name}$(Student1)的运算结果

SID	Name
S1	Mary
S2	Kate
S3	John

（3）连接（Join）。连接也称θ连接运算。关系 R 和关系 S 的连接运算表示为：

$$R \bowtie_\theta S = \{ t_R \cdot t_S \mid t_r \in R \wedge t_s \in S \wedge (R.A \ op\ S.B) \}$$

其中，⋈是连接运算符，A、B 分别为关系 R 和 S 中的度数相等且可比的连接属性集，op 为比较运算符。显然，连接运算是从广义笛卡儿积 R×S 中选取 R 在 A 属性（组）上的值与 S 在 B 属性（组）上的值满足θ的元组。因此，连接运算也可以表示为：

$$R \bowtie_\theta S = \sigma_P(R \times S)。$$

在连接运算中有两种重要的连接：等值连接和自然连接。

① 等值连接（Equal Join）：当θ为“=”时的连接操作就称为等值连接。也就是说，等值连接运算是从 R×S 中选取 A 属性组与 B 属性组的值相等的元组。

② 自然连接（Natural Join）：自然连接是一种特殊的等值连接。关系 R 和关系 S 的自然连接，首先要进行广义笛卡儿积 R×S，然后进行 R 和 S 中所有相同属性的等值比较的选择运算，最后通过投影运算去掉重复的属性。自然连接与等值连接的主要区别是：对于两个关系中的相同属性（公共属性），在自然连接的结果中只出现一次。

提示

①自然连接要求将两个关系中所有相同的属性都要一一比较，并通过“与”运算符进行连接。②当关系 R 和 S 没有公共属性时，R 和 S 的自然连接就是 R 和 S 的广义笛卡儿积。

【例 1-6】 分别对关系 Student1 和关系 Student2 进行连接、等值连接和自然连接后，运算结果分别如表 1-11、表 1-12 和表 1-13 所示。

表 1-11 连接 Student1 $\bowtie_{Student1.Age<Student2.Age}$ Student2 的运算结果

Student1.SID	Student1.Name	Student1.Sex	Student1.Age	Student2.SID	Student2.Name	Student2.ex	Student2.Age
S1	Mary	F	18	S3	John	M	19
S1	Mary	F	18	S4	Bill	M	19
S1	Mary	F	18	S5	Jack	M	20
S2	Kate	F	18	S3	John	M	19
S2	Kate	F	18	S4	Bill	M	19
S2	Kate	F	18	S5	Jack	M	20
S3	John	M	19	S5	Jack	M	20

表 1-12 等值连接 Student1 $\bowtie_{Student1.Age=Student2.Age}$ Student2 的运算结果

Student1.SID	Student1.Name	Student1.Sex	Student1.Age	Student2.SID	Student2.Name	Student2.ex	Student2.Age
S1	Mary	F	18	S2	Kate	F	18
S2	Kate	F	18	S2	Kate	F	18
S3	John	M	19	S3	John	M	19
S3	John	M	19	S4	Bill	M	19

表 1-13 自然连接 Student1 $\bowtie$ Student2 的运算结果

SID	Name	Sex	Age
S2	Kate	F	18
S3	John	M	19

1.6 关系模式的规范化

对于由一组关系模式组成的数据库模式，如何判断这一数据库模式是一个“好”的模式？直观地说，一个关系模式不应该有不必要的数据冗余，即同一信息在数据库中存储了多个副本。否则不但会浪费大量存储空间，而且会引起多种操作异常。

（1）更新异常：当重复信息的一个副本被修改时，要求其所有副本都必须做同样的修改，否则就会造成数据不一致。

（2）插入异常：当插入数据时，会要求当一些其他数据事先已经存放在数据库中时，才允许进行插入。

（3）删除异常：删除某些信息时导致其他信息同时被删除，导致其他信息的丢失。

如果关系模式设计得不好，为了应对这些异常，系统和数据库管理员要付出很大的代价来维护数据库的完整性。

【例 1-7】 考虑下面的关系模式：S_C_G(<u>SID</u>, Name, <u>CID</u>, CName, Grade)。其中，SID 表示学号，Name 表示姓名，CID 表示课程号，CName 表示课程名，Grade 表示成绩，如

表 1-14 所示。

表 1-14 关系 S_C_G(SID, Name, CID, CName, Grade)

SID	Name	CID	CName	Grade
S1	Mary	C1	Data Structure	90
S1	Mary	C3	Algorithm	80
S2	Kate	C1	Data Structure	89
S2	Kate	C2	Database	90

如果要更新 S1 的姓名，把 Mary 修改为 Jane，则必须把表中的所有 S1 的姓名都更新，否则会造成数据库不一致（更新异常）；如果要新增一门课程，由于此时还没有学生选修本课程，而学生号 SID 是主码的组成属性，不能为空，因而导致无法增加新的课程（插入异常）；如果要删除一个学生 S1，则会导致与之相关联的课程信息 C3 被删除，由于 C3 只有学生 S1 选修，C3 课程信息在整个关系模式中也被删除（删除异常）。

更进一步，如何设计出一个“好”的数据库模式？这是关系模式的规范化理论研究的问题。关系模式的规范化理论是基于函数依赖、多值依赖和连接依赖等概念，对关系模式进行规范化（通过模式分解），使设计的关系模式冗余尽可能少，最大限度地保证不发生各种操作异常。另外，使得分解后的模式具有无损连接和保持依赖的特性。所谓无损连接（Lossless Decomposition），是指能够通过连接操作将分解后所得到的一些关系完全还原成被分解关系的所有实例。所谓保持依赖（Dependency Preserving），是指被分解关系模式上的所有依赖关系（语义的体现）在分解后得到的关系模式上均得以保留。当然，分解后的模式有时无法同时保证无损连接和保持依赖，这时就需要折中考虑。

1.6.1 函数依赖

函数依赖（Functional Dependency，FD）是关系模式上的一种完整性约束，它是现实世界中事物各个属性之间的一种语义上的制约关系，反映的是事物的内涵特征。但在设计数据库模式的时候，有时为了实际应用和模式设计的需求，数据库设计人员也可以在关系模式中强加上某种函数依赖。

定义 1.1（函数依赖） 在关系模式 r(R)中，$\alpha \subseteq R$，$\beta \subseteq R$。对任意关系 r 及其中任意两个元组 t_i 和 t_j（$i \neq j$），若存在 $t_i[\alpha]=t_j[\alpha]$，即元组 t_i 和 t_j 在属性（集）α 上取值相等，则一定存在 $t_i[\beta]=t_j[\beta]$成立，即元组 t_i 和 t_j 在属性（集）β 上取值也相等，则称 α 函数确定 β（或 β 函数依赖于 α），记作 $\alpha \rightarrow \beta$。

【例 1-8】 考虑下面的关系模式：S_D_G(SID, Name, DID, DName, CID, CName, Grade)。其中，SID 表示学号，Name 表示姓名，DID 表示系的编号，DName 表示系名，CID 表示课程号，CName 表示课程名，Grade 表示成绩，（SID，CID）是唯一的候选码，因此也是主码。关系模式 S_D_G 上有以下函数依赖：

SID→Name

SID→DID

DID→DName

CID→CName

｛SID，CID｝→Grade

当然，由于（SID，CID）是主码，因而也成立以下函数依赖：

{SID，CID} → {Name, DID, DName, CName, Grade}

定义 1.2（平凡函数依赖与非平凡函数依赖） 在关系模式 r(R)中，α⊆R，β⊆R。若 β⊆α，即 β 是 α 的子集（注：不要求一定是真子集，只要是子集就可以），则称 α→β 是平凡函数依赖（Trivial FD），否则称 α→β 是非平凡函数依赖。

很显然，对于任一关系模式，所有的平凡函数依赖都必然是成立的，所以它不反映新的语义信息，如图 1-7 所示。因此，关系模式规范化时仅考虑非平凡函数依赖。

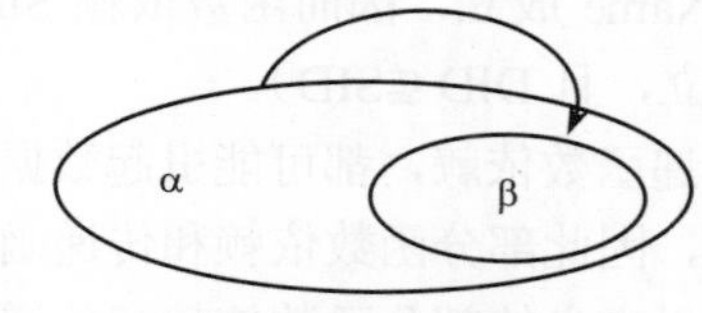

图 1-7 平凡函数依赖

定义 1.3（部分函数依赖与完全函数依赖） 在关系模式 r(R)中，α⊆R，β⊆R。对某一函数依赖 α→β，如果存在 γ⊂α（注：γ 必须是 α 的真子集），使得函数依赖 γ→β 也成立，则称函数依赖 α→β 是部分函数依赖(Partial FD)，否则称函数依赖 α→β 是完全函数依赖(Full FD)。

部分函数依赖示意图如图 1-8 所示。显然，当 α 是单属性时，如果函数依赖 α→β 成立，则它一定是完全函数依赖，因为 α 的真子集 γ 只有空集，不可能使得 γ→β 成立。

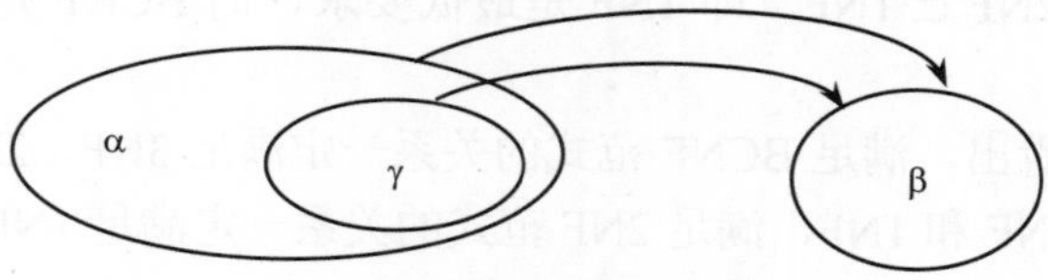

图 1-8 部分函数依赖

【例 1-9】 在关系 S_D_G(<u>SID</u>, Name, DID, DName, <u>CID</u>, CName, Grade)中，以下均为部分函数依赖：

{SID，CID} →Name，因为 SID→Name 成立。

{SID，CID} →DID，因为 SID→DID 成立。

{SID，CID} →DName，因为 SID→DName 成立。

{SID，CID} →CName，因为 CID→CName 成立。

而以下均为完全函数依赖：

SID→Name，因为函数依赖左边是单属性。

SID→DID，因为函数依赖左边是单属性。

SID→ DName，因为函数依赖左边是单属性。

DID→DName，因为函数依赖左边是单属性。

CID→CName，因为函数依赖左边是单属性。

{SID，CID} →Grade，因为函数依赖 SID→Grade 和 CID→Grade 均不成立。

定义 1. 4（传递函数依赖与非传递函数依赖） 在关系模式 r(R)中，α⊆R，β⊆R，γ⊆R，如果函数依赖 α→β 和 β→γ 成立，那么函数依赖 α→γ 一定成立。如果还满足以下条件：①函数依赖 β→α 不成立；②β⊆α 不成立，则称函数依赖 α→γ 为传递函数依赖(Transitive FD)，如图 1-9 所示，否则称非传递函数依赖。

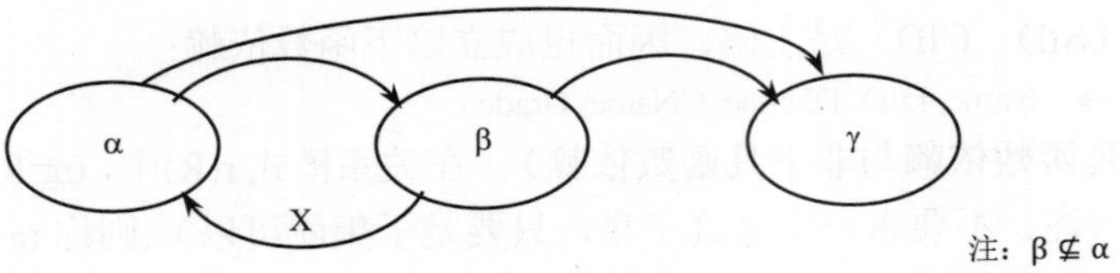

图 1-9　传递函数依赖

【例 1-10】　在关系模式 S_D_G(SID, Name, DID, DName, CID, CName, Grade)中，由于函数依赖 SID→DID 和 DID→DName 成立，因而函数依赖 SID→DName 也成立，且是传递函数依赖（因为 DID→SID 不成立，且 DID ⊄SID）。

不管是部分函数依赖还是传递函数依赖，都可能引起数据冗余，并导致操作异常，包括更新异常、插入异常及删除异常，因此部分函数依赖和传递函数依赖也称为异常函数依赖。以下的关系模式的范式将基于这里定义的部分函数依赖和传递函数依赖的概念，根据引起操作异常的异常函数依赖对关系模式进行分解，从而消除异常。

1.6.2 范式

基于函数依赖理论，关系模式按照规范化程度依次可以分解成：第一范式（1NF）、第二范式（2NF）、第三范式（3NF）和 Boyce-Codd 范式（BCNF）。并且这几种范式满足关系 BCNF ⊂ 3NF ⊂ 2NF ⊂ 1NF。即 1NF 是最低要求，而 BCNF 是基于函数依赖可以达到的最高范式。

从图 1-10 中可以看出，满足 BCNF 范式的关系一定满足 3NF、2NF 和 1NF，满足 3NF 范式的关系一定满足 2NF 和 1NF，满足 2NF 范式的关系一定满足 1NF。

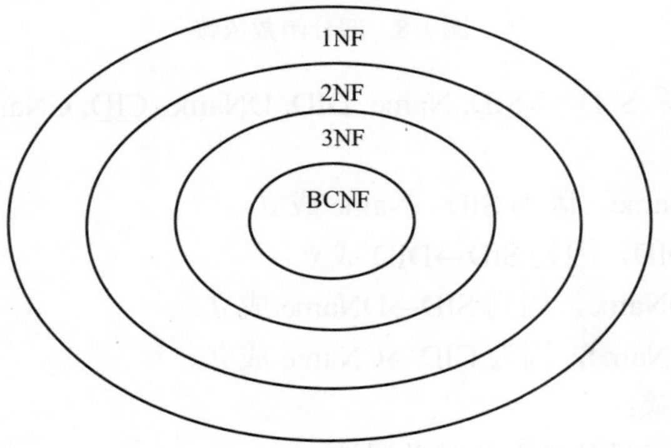

图 1-10　四种范式之间的关系

定义 1.5（1NF）　如果关系模式 r(R)的每个属性对应的域值都是不可分的，即取值为单值（称为属性的原子性），则称 r(R)属于第一范式，记为 r(R)∈1NF。

【例 1-11】　关系 S_D_G(SID, Name, DID, DName, CID, CName, Grade)中的每一个属性都是不可再分的原子值，因而属于 1NF。

【例 1-12】　考虑表 1-15 所示的关系模式，字段 Address 本身又是一个关系模式，因此这一关系模式是外层关系模式嵌套一个内层关系模式，表现为表的嵌套。

表 1-15 嵌套关系模式

SID	Address		
	Province	City	Street
S1	Anhui	Hefei	Rd.Wangjiang 100
S2	Anhui	Huangshan	Rd.Xinanjiang 99
S3	Jiangsu	Nanjing	Rd.Zhongshan 22

可以将字段 Address 分解为三个字段，使得以上关系模式变成 1NF，如表 1-16 所示。

表 1-16 分解后得到的属于 1NF 的关系模式

SID	Province	City	Street
S1	Anhui	Hefei	Wangjiangxi 100
S2	Anhui	Huangshan	Xinanjiang 99
S3	Jiangsu	Nanjing	Xuanwuhu 22

定义 1.6（2NF） 如果关系模式 r(R)∈1NF，且所有非主属性都完全函数依赖于 r(R)的候选码，则称 r(R)属于第二范式，记为 r(R)∈2NF。

【例 1-13】 关系 S_D_G(SID, Name, DID, DName, CID, CName, Grade)中，存在以下部分函数依赖：

{SID，CID} →Name
{SID，CID} →DID
{SID，CID} →DName
{SID，CID} →CName

导致非主属性 Name、DID、DName 和 CName 都部分函数依赖于主码（SID，CID）。因而不是 2NF，即 S_D_G∉2NF。

第二范式的目标就是消除非主属性对候选码的部分函数依赖，方法是将只部分依赖于候选码（即依赖于候选码的部分属性）的非主属性额外组成一个新的关系模式，即不允许候选码的一部分对非主属性起决定作用。对于非 2NF 范式的关系模式，可通过分解进行规范化，以消除部分依赖及其引起的操作异常。

【例 1-14】 如将关系模式 S_D_G(SID, Name, DID, DName, CID, CName, Grade)分解为以下三个关系模式：

S_D(SID, Name, DID, DName)
C(CID, CName)
G(*SID*, *CID*, Grade)

分解后的所有关系模式中，所有非主属性对候选码都是完全函数依赖，因此都属于 2NF 范式。

2NF 范式虽然消除了由于非主属性对候选码的部分依赖所引起的冗余及各种异常，但并没有排除传递函数依赖及其引起的异常。而这正是 3NF 的目标，即去掉关系模式中非主属性对候选码的传递依赖。

定义 1.7（3NF） 如果一个关系模式 r(R)∈2NF，且所有非主属性都直接函数依赖于 r(R)的候选码，则称 r(R)属于第三范式，记为 r(R)∈3NF。

在 3NF 中，不存在非主属性对候选码的传递依赖，即非主属性不能依赖于另一个非主属性，而只能直接依赖于候选码本身。

【例 1-15】 考虑例 1-14 分解后得到的关系模式：

C(<u>CID</u>, CName)

G(<u>*SID*</u>, <u>*CID*</u>, Grade)

它们都是3NF，因为对于关系模式C(<u>CID</u>, CName)来说，唯一的非主属性直接依赖于主码CID，同理，对于关系模式 G(<u>*SID*</u>, <u>*CID*</u>, Grade)来说，唯一的非主属性 Grade 直接依赖于主码（SIS, CID）。

但对于例 1-14 分解后得到的关系模式 S_D(<u>SID</u>, Name, DID, DName)来说，因为存在函数依赖 SID→DID 和 DID→DName，所以函数依赖 SID→DName 成立，且是传递函数依赖，即非主属性 DName 传递函数依赖于候选码 SID。因此，S_D 不属于 3NF，可以根据传递函数依赖 SID→DName 进行分解，得到以下两个关系模式：

S(<u>SID</u>, Name, *DID*)，其中 SID 是主码，DID 是外码，参照关系模式 D 中的主码 DID。

D(<u>DID</u>, Dname)，其中 DID 是主码，被关系模式 S 中的 DID 所参照。

此时，关系模式 S 和 D 均是 3NF。

定义 1.8（Boyce-Codd 范式，简写为 BCNF） 给定满足第 1NF 的关系模式 r(R)，如果所有的成立的非平凡函数依赖 α→β 中的 α 是超码，那么称 r(R)属于 Boyce-Codd 范式，记为 r(R)∈BCNF。

需要注意的是，为确定 r(R)是否属于 BCNF 范式，必须考虑所有成立的函数依赖。从函数依赖的角度来看，满足 BCNF 的关系模式必然满足下列条件：①所有非主属性都完全函数依赖于每个候选码；②所有主属性都完全函数依赖于每个不包含它的候选码；③没有任何属性完全函数依赖于非候选码的任何一组属性。因此，BCNF 范式排除了任何属性（包括主属性和非主属性）对候选码的部分依赖和传递依赖以及主属性之间的传递依赖。

【例 1-16】 对于关系模式 S(<u>SID</u>, Name, *DID*)来说，其上成立的非平凡函数依赖只有 SID→Name 和 SID→DID，且左边 SID 都是码，因此，S 属于 BCNF。同理，对于关系模式 D(<u>DID</u>, DName)，其上成立的非平凡函数依赖只有 DID→DName，且函数依赖的左边 DID 是码，因此它属于 BCNF。

对于非 BCNF 范式的关系模式，可通过分解进行规范化，以消除部分依赖和传递依赖。

【例 1-17】 关系模式 S_C_T(SID, CID, TID)，其中 SID 表示学号，CID 表示课程号，TID 表示教师编号。其上成立的函数依赖有：{SID, CID}→TID 和 TID→CID。因此，候选码是(SID, TID)和(SID, CID)。函数依赖 TID→CID 的左边不是码，因此 S_C_T 不属于 BCNF。根据函数依赖 TID→CID 可将 S_C_T 分解为：

（1）S_C(<u>SID</u>, <u>CID</u>)和 S_T(<u>SID</u>, <u>TID</u>)；

（2）S_C(<u>SID</u>, <u>CID</u>)和 T_C(<u>TID</u>, CID)；

（3）S_T(<u>SID</u>, <u>TID</u>)和 T_C(<u>TID</u>, CID)。

每一种分解方法中得到的模式均是 BCNF。但以上三种分解方式都丢失了函数依赖{SID, CID}→TID，因此都不是保持函数依赖的分解。因此，满足 BCNF 范式的模式分解，可能不是保持依赖分解的。尽管如此，第三种分解方式更加合理，因为它是一种保持无损连接的分解。

综上所述，从函数依赖的角度看，BCNF 是通过函数依赖方法能够得到的最高范式，但可能无法找到一个既保持函数依赖也保持无损连接的 BCNF 的分解；3NF 虽然仍然可能存在数据冗余和异常问题，但总能找到一个既保持函数依赖又保持无损连接的 3NF 的分解。

Access 数据库设计步骤

1.7 数据库设计

数据库系统被设计用来管理大量的信息。这些大量的信息并不是孤立存在的，而是企业行为的一部分；企业的终端产品可以是从数据库中得到的信息，或者是某种设备或服务，数据库对它们起到支持的作用。

数据库设计就是根据用户和应用的要求，将企业或组织中的数据进行合理组织，构造出好的数据库逻辑模式，选定合适的并符合预算的数据库管理系统，并根据给定的硬件、操作系统的特性等构造好的物理模式，来建立能够有效地存储和管理数据的数据库系统的过程。数据库设计的目标，应该是能正确反映应用的实际情况和用户的需求。

1.7.1 数据库设计的步骤

数据库设计通常包括以下几个阶段：需求分析、概念设计、逻辑结构设计、物理结构设计、数据库的实施以及使用与维护等，如图 1-11 所示。其中，需求分析是整个数据库设计过程的基础，它从数据库的所有用户那里收集对数据的需求和对数据处理的要求，并形成需求说明书；概念设计是根据需求说明书形成数据库概念模型的过程；逻辑结构设计是将数据库的概念设计转化为所选择的数据库管理系统支持的逻辑数据模型的过程；物理结构设计是考虑数据库系统所要支持的负载和应用需求，从而为数据库系统选定一个最佳的物理结构；数据库的实施是将前述的设计最终形成实际可使用的数据库系统，并开发相应的应用程序以支持用户的需求；数据库的使用与维护是将数据库系统交付给用户使用，并根据运行过程中出现的问题或用户新的需要对数据库系统进行维护和更新的过程。

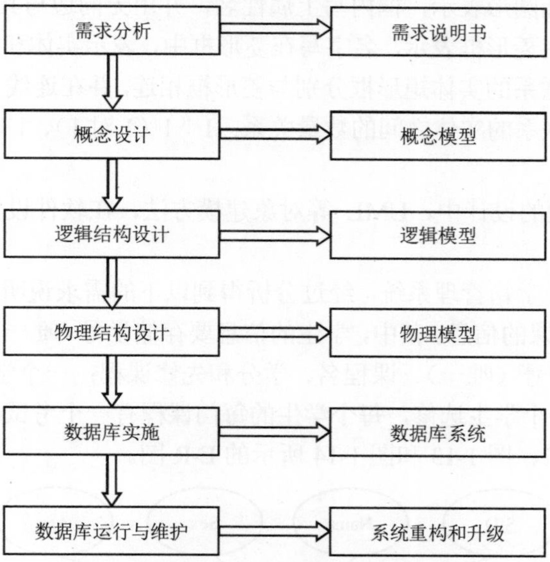

图 1-11　数据库系统的设计过程

对于实际的数据库系统的设计，正如其他软件设计一样，不可能一帆风顺，一蹴而就，往往是上述步骤的不断反复的过程。

1.7.2 需求分析

需求分析是整个数据库设计过程的基础，对于大型数据库系统来说，需求分析往往是最困难和耗时的一步，也是最容易被初学者忽略的一步。

需求分析就是从数据库的所有用户那里收集对数据的需求和对数据处理的要求，把这些需求写成用户和设计人员都能理解，并能接受的说明书。需求分析就是要明确本系统将要提供哪些功能，面向哪些用户，用户对数据是如何使用的。需求分析一般要明确以下事项，如系统的边界和功能需求、要存储的数据类型特别是数据之间的联系及约束、关于数据使用的业务规则、系统的性能需求等。需求分析的过程其实就是数据库设计人员同本应用领域的专家和系统的用户进行深入的沟通和交流，以明确以上任务。需求分析的结果应当是以文档的形式记录下来的需求规格说明书，以备后面的设计过程使用。

1.7.3 概念设计

概念设计是根据前一阶段需求分析中得到的需求规格说明书，运用适当的工具如 E-R 模型将需求规格说明书转化为数据库的概念模型。基于 E-R 模型进行数据库概念设计，就是运用 E-R 模型中的基本概念（如实体、联系及属性等）和工具（E-R 图）去描述数据库系统的数据（用实体和属性描述）、数据之间的联系（用联系和属性描述）及约束规则（实体完整性和参照完整性等）。概念设计的结果就是反映系统数据和数据之间联系的一组 E-R 图。

E-R 模型主要包括实体集、属性集和联系集，其表示方法是：

- 实体用矩形框表示，矩形框内写上实体名。
- 实体的属性用椭圆形表示，框内写上属性名，并用无向边与其实体相连。
- 实体间的联系用菱形框表示，名字写在菱形框中，表示实体和实体之间的联系，用无向连线将参加联系的实体矩形框分别与菱形框相连，并在连线上标明联系的基数约束类型，即参与联系的实体之间的数量关系：1∶1（1 对 1）、1∶M（1 对多）或 N∶M（多对多）。

另外，在概念模型的设计中，UML 等对象建模方法，在软件设计和数据库设计中也越来越流行。

【例 1-18】 对于学籍管理系统，经过分析得到以下的需求说明：学籍管理系统中要存储关于学生、课程和选课的信息。其中，学生的信息要存储学号（唯一）、姓名、性别和年龄；课程的信息要存储课程号（唯一）、课程名、学分和先修课程；一个学生可以选修多门课程，而一门课程也可以被多个学生选修，每个学生的每门课程有一个考试成绩。根据以上需求分析，可以画出如图 1-12、图 1-13 和图 1-14 所示的 E-R 图。

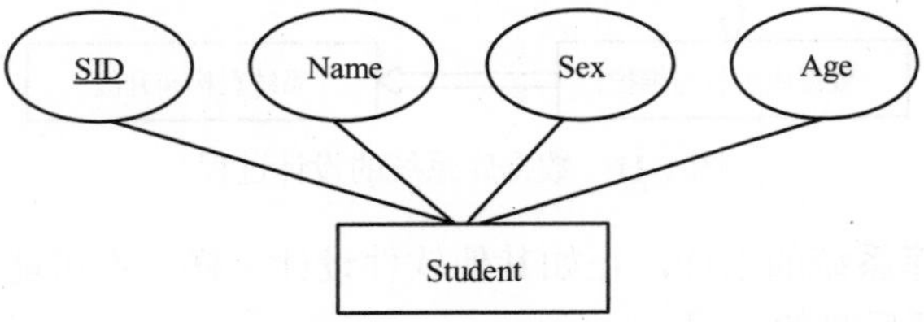

图 1-12 学生 E-R 图

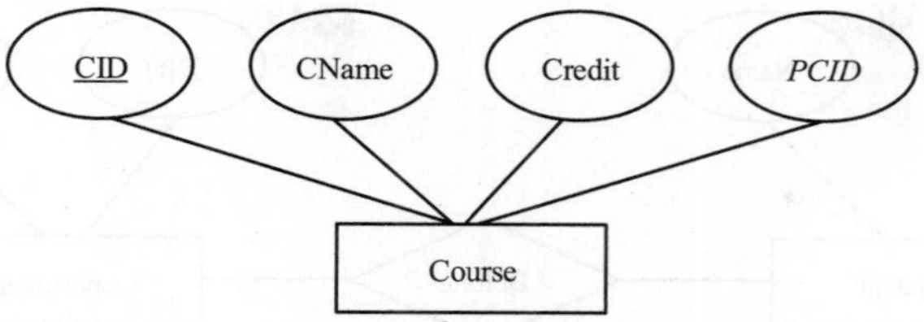

图 1-13　课程 E-R 图

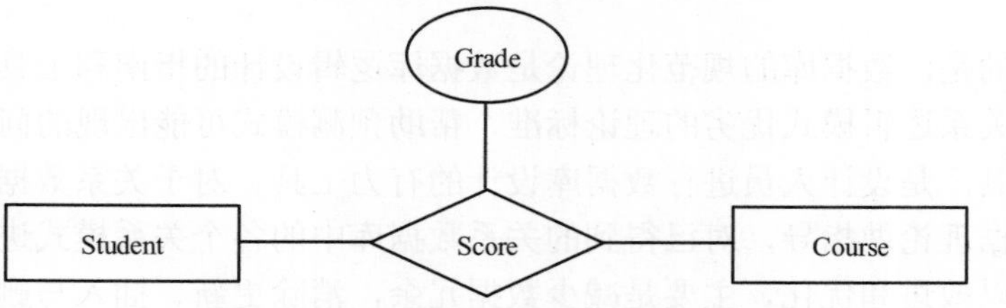

图 1-14　学生和课程的选修联系的 E-R 图

进行概念设计的时候，根据单个应用的需求，画出能反映每一应用需求的局部 E-R 图。然后将这些 E-R 图合并起来，消除冗余和可能存在的矛盾，得出系统总体的 E-R 图。

1.7.4　逻辑结构设计

逻辑结构设计是将数据库的概念设计转化为所选择的数据库管理系统支持的逻辑数据模型，即数据库模式。常见的逻辑模型有：层次模型、网状模型、关系模型以及其他新型数据模型，如面向对象模型和 XML 模型。本书主要讨论的是关系模型的逻辑结构设计。

【例 1-19】　根据例 1-15 的 E-R 图，分别生成如下的关系模式。

Student(<u>SID</u>, Name, Sex, Age)
Course(<u>CID</u>, CName, Credit, *PCID*)
Score(<u>*SID*, *CID*</u>, Grade)

需要说明的是，对于关系 Course，属性 PCID 是一个参照自身关系的外码，即 PCID 参照 CID，但由于一门课程最多只有一门先修课，因而它是一个一对一联系，所以在生成关系模式时，不必生成一个新的关系模式；对于联系 Score，由于它是 Student 和 Course 的多对多联系，所以需要生成一个新的关系模式 Score 以表示这种多对多的联系，并且它的主码是由 Student 和 Course 的主码组成的，即（SID，CID），并且 SID 和 CID 分别参照关系模式 Student 和 Course 的主码 SID 和 CID。

另外，对于一对多（或多对一）联系，如同一对一联系一样，一般情况下也并不需要专门生成一个新的关系模式来表示这种联系。

【例 1-20】　考虑图 1-15 的 E-R 图，如果一个学生只能属于一个系，而一个系可以有多名学生，那么学生和系的属于联系（Belong）就是多对一联系。在转换成关系模式的时候，属于联系不必转换成一个新的关系模式，只需要把这种联系整合进属于联系中“一”的一端即可，即学生（Student）端。最终生成的关系模式如下：

Student(<u>SID</u>, Name, *DID*)
Department(<u>DID</u>, DName)

其中，关系模式 Student 中的属性 DID 是外码，参照关系模式 Department 的主码 DID。

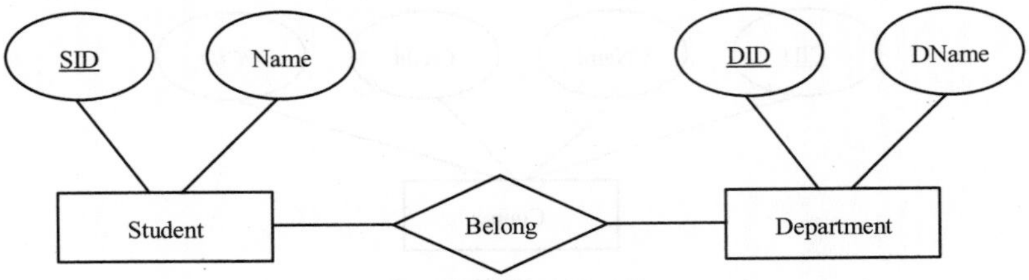

图 1-15 学生和系的属于联系的 E-R 图

需要说明的是，数据库的规范化理论是数据库逻辑设计的指南和工具。关系规范化理论提供了判断关系逻辑模式优劣的理论标准，帮助预测模式可能出现的问题，是产生各种模式的算法工具，是设计人员进行数据库设计的有力工具。对于关系数据库的设计而言，就是以关系数据理论做指导，对已得到的关系数据库中的各个关系模式进行分析，找出潜在的问题并加以改进和优化，主要是减少数据冗余，消除更新、插入与删除异常等。需求分析与概念设计是挖掘用户的需要而进行的数据库设计，而模式求精则是基于关系理论特别是规范化理论对相关逻辑模式进行的优化。运用关系数据库规范化理论进行逻辑结构设计的具体步骤如下：

（1）考察数据库模式中各关系模型的函数依赖关系，对其进行逐一分析，考察是否存在部分函数依赖、传递函数依赖等，以确定各关系模式分别属于第几范式。根据应用需求，确定各关系模式需要达到的范式等级。

（2）根据各关系模式需要达到的范式等级，对各关系模式进行分解或合并。根据应用要求，考察这些关系模式是否合乎要求，从而确定是否要对这些模式进行合并或分解。例如，对于具有相同主码的关系模式一般可以合并。对于那些需要分解的关系模式，可以用规范化方法和理论进行模式分解。最终的关系模式一般要考虑达到以下三个目标：关系模式属于 BCNF，保持无损连接和保持函数依赖。但有时不能同时达到这三个目标，就需根据实际应用需求在 BCNF 和 3NF 中做出选择。

（3）对产生的各关系模式进行评价、调整，确定出较合适的一种关系模式。比如，对于非 BCNF 的关系模式，要考察“异常”是否在实际应用中产生影响以及产生多大影响。对于那些只是查询，不执行更新操作，则不必对模式进行规范化（分解）。实际应用中并不是规范化程度越高越好，有时分解带来的消除更新异常的好处与经常查询需要频繁进行连接所引起的效率低下相比可能会得不偿失。

1.7.5 物理结构设计

物理结构设计的目的就是充分考虑数据库要支持的负载和应用需求，如系统性能和数据存储等，为上一阶段设计的逻辑数据库选定一个最佳的物理结构，主要任务包括确定数据库文件、索引、表的聚集、文件的记录格式和物理结构、文件的存取方法、访问路径和外存储器的分配策略等。

关于物理结构的设计，主要考虑的事项如下：

- 确定数据库的文件组和文件的存取策略，例如文件的存放位置，是否建立索引，如果建立索引，索引结构是何种类型等。
- 确定文件的记录格式和物理结构，例如数据的物理记录格式是变长的还是定长的，数据是否压缩存储。

- 选择何种存取方法，如顺序存储还是随机存储等。
- 决定访问路径和外存储器的分配策略等，如是否分区存储，如分区是进行垂直分区还是水平分区。

本章小结

本章回顾了数据管理技术和数据库技术的发展概况，介绍了数据库系统的组成和数据库的三个数据模型，对于关系数据库重点介绍了关系模型和关系代数，最后介绍数据库设计的方法。

习题 1

习题 1
参考答案

一、单选题

1．数据库系统的核心是（　　）。

A．数据库　B．数据库管理系统　C．数据模型　D．数据库系统

2．用树形结构表示实体之间联系的模型称为（　　）。

A．关系模型　B．层次模型　C．网状模型　D．概念模型

3．下列关于数据库设计的描述中，正确的是（　　）。

A．在需求分析阶段建立数据字典　B．在概念设计阶段建立数据字典

C．在逻辑设计阶段建立数据字典　D．在物理设计阶段建立数据字典

4．将 E-R 图转换成关系模式时，实体和联系都可以表示为（　　）。

A．属性　B．键　C．关系　D．域

5．关系数据库系统能够实现的三种基本关系运算是（　　）。

A．索引、排序、查询　B．建库、输入、输出

C．显示、统计、复制　D．选择、投影、连接

6．下面描述中不属于数据库系统特点的是（　　）。

A．数据完整性　B．数据冗余度高　C．数据独立性高　D．数据共享

7．数据库技术的根本目标是要解决数据的（　　）。

A．存储问题　B．共享问题　C．安全问题　D．保护问题

8．在关系数据库，用二维表表示关系，其中的行就是关系的（　　）。

A．实体　B．域　C．元组　D．属性

9．下列选项中，（　　）不属于专门的关系运算。

A．选择　B．并　C．投影　D．连接

10．数据库的基本特点是（　　）。

A．数据可以共享，数据冗余大，数据独立性高，统一管理和控制

B．数据可以共享，数据冗余小，数据独立性高，统一管理和控制

C．数据可以共享，数据冗余小，数据独立性低，统一管理和控制

D．数据可以共享，数据冗余大，数据独立性低，统一管理和控制

二、填空题

1．数据库系统中实现各种数据管理功能的核心软件称为__________________。

2．在关系模型中把数据看成一个二维表，每一个二维表称为一个____________。

3．数据模型不仅表示事物本身的数据，而且表示_________________。

4．实体与实体之间的联系有三种，它们是________、__________和___________。

5．在关系数据库的基本操作中，从表中取出满足条件的元组的操作称为___________；从表中抽取属性值满足条件列的操作称为___________；把两个关系中相同属性值的元组连接到一起形成新的二维表的操作称为_____________。

三、思考题

1．数据管理的三个阶段分别是什么？其特点是什么？

2．数据库技术的发展经历了哪三个阶段？其特点是什么？

3．数据库系统的主要组成部分是什么？

4．数据模型根据抽象程度不同有哪三种？它们分别用在什么情况下的建模？

5．什么是关系？其主要性质是什么？

6．什么是数据冗余？它是如何引起操作异常的？请举例说明。

7．什么是码、候选码、主码？说出它们的主要区别和联系。

8．什么是函数依赖？和码有什么关系？

9．基于函数依赖的范式有哪几种？它们分别用来消除哪些异常函数依赖引起的异常？

10．数据库设计包括哪些步骤？

第2章　Access 系统概述

本章导读

- Microsoft Access 2010 是微软 Office 2010 系列应用软件的一个重要组成部分，可以方便、快速地开发管理关系数据库。Access 2010 相对于以前版本做了许多改进，在通用性和实用性方面都有很大的提高，网络集成性也得到增强，已经成为目前流行的关系数据库管理系统之一。
- 本章主要内容包括 Access 2010 的基本功能和特点，Access 2010 主窗口的组成和基本操作。

本章要点

- 了解 Access 2010 的特点与新功能
- 掌握 Access 2010 的界面操作、启动与退出

教务管理系统

2.1　引例——认识用 Access 制作的教务管理系统窗口的组成

使用 Access 可以制作一个学校的教务管理系统，本书将以该例贯穿全书始终，并在第 10 章给出详细的设计、完成该教务管理系统。如图 2-1 所示，本节首先认识该系统的窗口组成和各部分的功能。

图 2-1　教务管理系统窗口

通过以上系统界面的操作，将掌握如下知识：

（1）Access 2010 的启动与退出，数据库文件的打开与关闭。

（2）Access 2010 工作窗口的主要组成，每个组成元素的基本功能。

2.2 Access 的发展

Access 从问世至今，经历了一个不断完善的过程，最早诞生于 20 世纪 90 年代初期，经过多次版本升级，功能越来越强大。

1992 年 11 月，微软公司发布了第一款基于 Windows 操作系统的关系数据库管理系统软件 Microsoft Access 1.0。这一版本是微软公司将 Access 作为一个单独的产品发布。

1995 年，微软将 Access 作为 Office 组件中的一部分，发布了 Access 95。它是世界上第一个 32 位的关系数据库系统。

伴随着 Office 办公组件的不断升级，Access 也经历了不同版本的更新。1997 年发布了 Access 97，使得 Access 数据库从桌面应用上升到网络应用范围。随后微软推出了 Access 2000、Access 2003 及 Access 2007 等多个版本，目前使用较多的是 Access 2010。不同版本除了继承以前版本的优点外，又新增了一些实用功能。

在 2010 年 6 月推出了 Microsoft Office 2010 办公软件，Access 2010 作为其中的重要组件之一，无论在操作界面还是功能特性上都有了重大改进。

2012 年 12 月，最新的 Access 2013 伴随着 Office 2013 一同发布。

总体而言，无论是哪个版本的 Access 都是桌面型数据库，比较适合小型关系数据库系统的管理及开发。虽然不同版本的 Access 之间存在一定的差异，但基本功能没有本质的变化，目前 Access 2010 是 Access 较新的版本，区别于前期版本的下拉式菜单和工具栏，在界面上引入导航窗格，使用户操作更直观、方便。

2.3 Access 的功能与特性

作为 Office 办公软件的一员，Access 2010 与 Word 2010、Excel 2010 等具有相似的用户界面及操作环境，具有典型的 Windows 风格。主要功能和特点如下。

1. 关系数据库典型的管理系统

Access 2010 是典型的关系数据库管理系统，它由基本的二维表作为组成元素，可以为表定义主键和外键，定义参照完整性，避免更新和删除的不合理。

2. 数据库对象设计界面直观简洁

数据库对象的设计界面在 Access 2010 版本中得到了进一步的改进，操作方法及界面简洁直观。例如，在 Access 2010 中对报表、窗体及相应控件的设计具有“所见即所得”的设计效果，不必非要编程实现，同时通过布局视图可以改善窗体和报表的设计环境，调整窗体和报表的显示，从而能让用户更方便快捷地设计数据库对象。

3. 提供了附件数据类型

Access 2010 版本提供了附件数据类型，可以使用户将整个文件嵌入到数据库中，实现将图片、文档和其他文件相关记录一起存储，但是文件最大为 2GB。

4．提供字表查看功能

在 Access 2010 中可以为不同表之间搭建合适的关系，这样在主表中就可以方便地浏览、编辑与当前数据表相关的其他数据子表中的数据。

5．与 Word、Excel 及文本文件实现相互导入与导出

在 Access 2010 中不仅能够实现将外部的 Word、Excel 及文本文件数据源导入到数据库中，实现信息共享，还可以实现将数据库中的数据从 Access 中导出到 Word、Excel 及文本文件中，实现数据的备份和数据分析的多种途径。

6．提供了面向对象的集成开发环境

Access 2010 中集成了 VBA 编程，可以借此开发面向对象的数据库应用程序。与其他程序设计语言相比，VBA 更加直观简洁，适合初学者及非专业编程人员使用。

2.4 Access 的安装、启动与退出

Access 的安装、启动与退出

1．Access 2010 的安装

在使用 Access 2010 之前首先要安装 Access 2010。Access 2010 是 Office 2010 的组件之一，安装 Access 2010 就是通过安装 Office 2010 来完成的。

通过执行 Microsoft Office 2010 安装盘中的 setup.exe 文件来启动安装过程，根据安装向导，逐步进行操作即可。安装完成后，就可以使用 Access 2010 了。

2．Access 2010 的启动

在 Windows 系统中安装好 Office 2010 办公系统软件后，就可以使用 Access 2010。要使用该组件来建立数据库，首先要启动该软件。一般来说，启动软件的方法有很多，个人可以根据使用习惯来启动运行软件。对于 Access 2010 应用软件常有以下的启动方法。

（1）最常用的就是利用“开始”菜单启动。单击“开始”按钮，依次选择“所有程序”→“Microsoft Office”→“Microsoft Office Access 2010”命令，即可启动 Access 2010。此时可以看到 Backstage 视图，即 Access 2010 启动窗口，如图 2-2 所示。

（2）创建桌面快捷方式启动。可以直接双击 Access 的桌面快捷图标启动该软件。

（3）通过现有数据库文件启动。在计算机中找到已存在的 Access 2010 数据库文件，直接双击该数据库文件就可以启动 Access 2010，并同时打开此数据库。

启动 Access 2010 后，即可打开其工作窗口，如图 2-2 所示。Access 2010 的工作界面从上向下主要由标题栏、快速访问工具栏、选项卡与功能区、导航窗格、工作区、备注窗格、状态栏等组成。

3．Access 2010 的退出

退出 Access 2010 的方法也有多种。

（1）同 Office 的其他应用软件一样，单击 Access 2010 应用程序窗口左上角的“文件”选项卡，在弹出的菜单中选择“退出”。

图 2-2　Access 启动窗口

（2）双击 Access 2010 应用程序窗口左上角的控制图标。

（3）单击 Access 2010 应用程序窗口右上角的“关闭”按钮。

（4）右击“标题栏”空白处，在弹出的快捷菜单中选择“关闭”命令。

（5）利用快捷键 Alt+F4 关闭。

在退出系统时，如果正在操作的数据库对象没有保存，则会弹出一个对话框，提示是否保存对当前数据库对象的更改。

Access 的系统界面

2.5　Access 的工作环境

Access 2010 采用功能区用户界面，替代了早期版本中的多层菜单和工具栏。启动 Access 2010，首先出现 Backstage 视图，创建或打开数据库后进入 Access 工作界面，如图 2-3 所示。主要由标题栏、导航栏、工作区、状态栏等组成。

1. 标题栏

Access 2010 的标题栏主要由系统图标、快速访问工具栏、最大化/最小化和关闭按钮组成，同时能够显示本文件的名称及软件名称。

系统图标位于窗口的左上角，单击该按钮，可以打开下拉菜单以实现相关操作，如图 2-4 所示。

快速访问工具栏位于系统图标的右侧，列出了最常用的命令，只需单击即可访问命令。默认包括“保存”“恢复”和“撤销”命令，通过单击其下拉菜单，可以选择在快速访问工具栏中自定义创建更多的快速启动按钮，如图 2-5 所示。

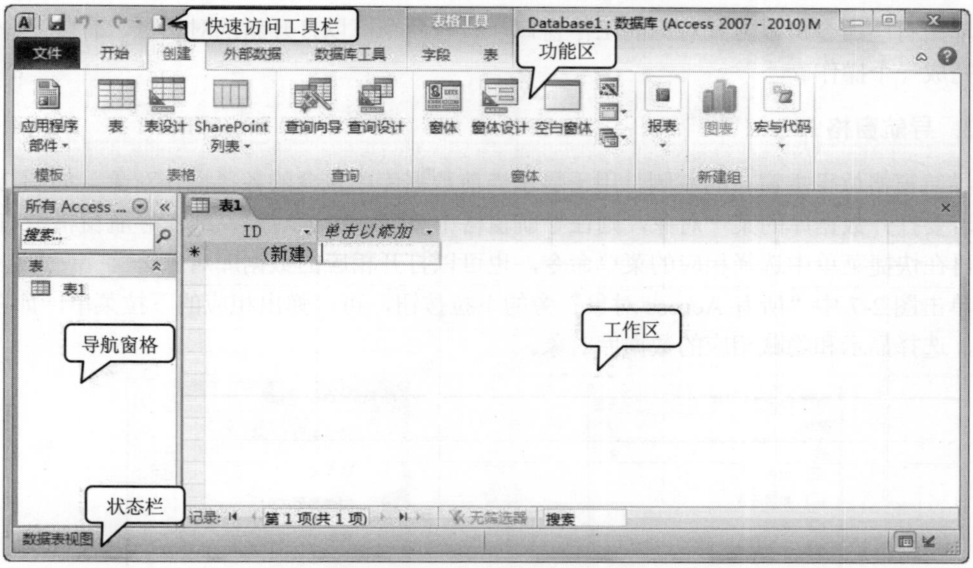

图 2-3　Access 工作界面

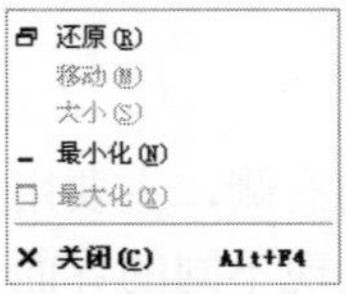

图 2-4　系统图标下拉菜单

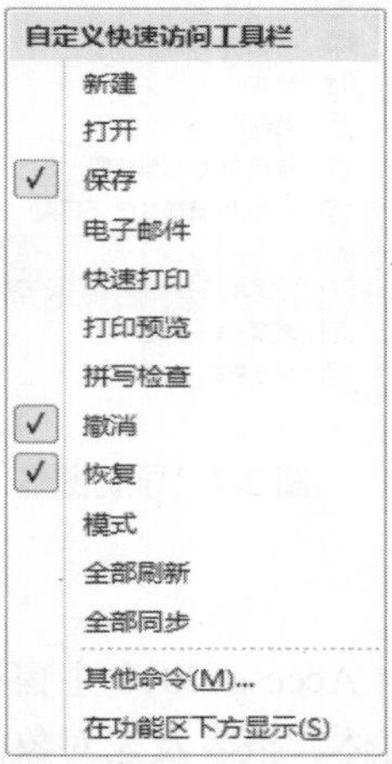

图 2-5　快速访问工具栏下拉菜单

2. 功能区与选项卡

功能区取代了之前版本的下拉式菜单和工具栏，是 Access 2010 中主要的操作界面，如图 2-6 所示。

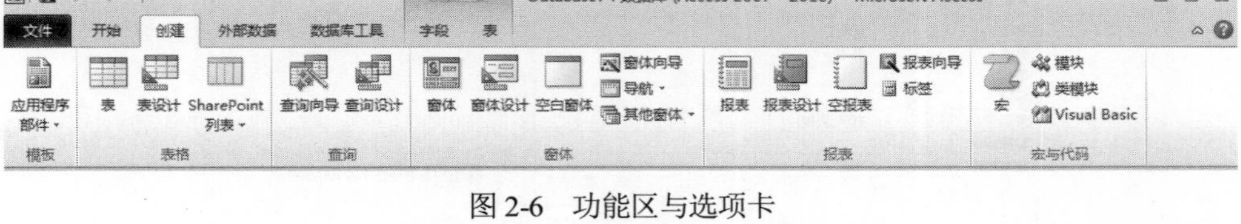

图 2-6　功能区与选项卡

在 Access 2010 中，主要的选项卡包括“文件”“开始”“创建”“外部数据”“数据库工具”，每个选项卡都包含多组及相应组的相关命令。例如，在“创建”选项卡中，从左到右依次为“模板”“表格”“查询”“窗体”“报表”及“宏与代码”命令组。

单击有些命令可以打开对应的工作窗口，有些命令可以打开新的对话框，有些命令则可直接完成一个操作。

3. 导航窗格

导航窗格位于主窗口的左侧，用于显示当前数据库中包含的各类操作对象，如图 2-7 所示。若要打开数据库的某一对象，则在导航窗格中直接双击该对象，或在导航窗格中右击对象，再在快捷菜单中选择相应的菜单命令，也可以打开相应的数据库对象。

单击图 2-7 中“所有 Access 对象”旁的下拉按钮，可以弹出相应的下拉菜单，如图 2-8 所示，选择显示和隐藏相应的数据库对象。

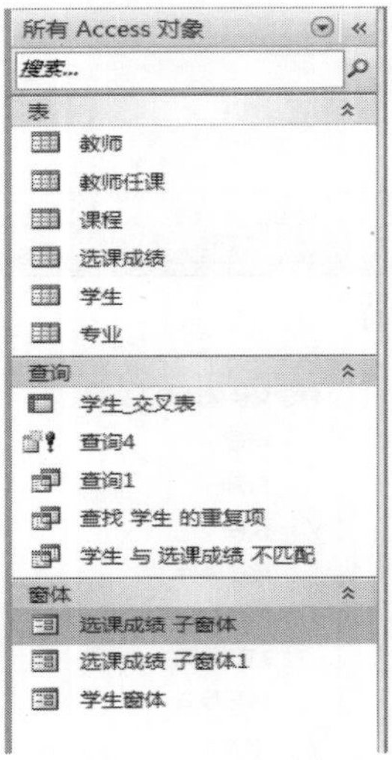

图 2-7　导航窗格

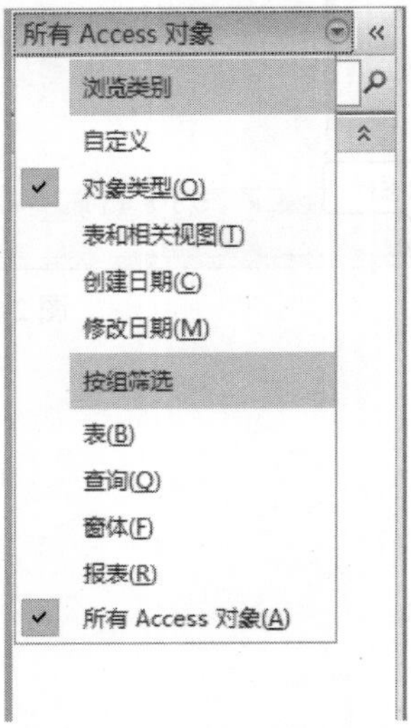

图 2-8　导航栏下拉菜单

4. 工作区

工作区位于 Access 2010 主窗口的右下方，导航窗格的右侧，主要用来设计、编辑、显示表、查询、窗体、报表及宏对象的区域，在不同视图下呈现不同的界面。如图 2-9 所示，显示的是数据库表在设计视图下的状态。

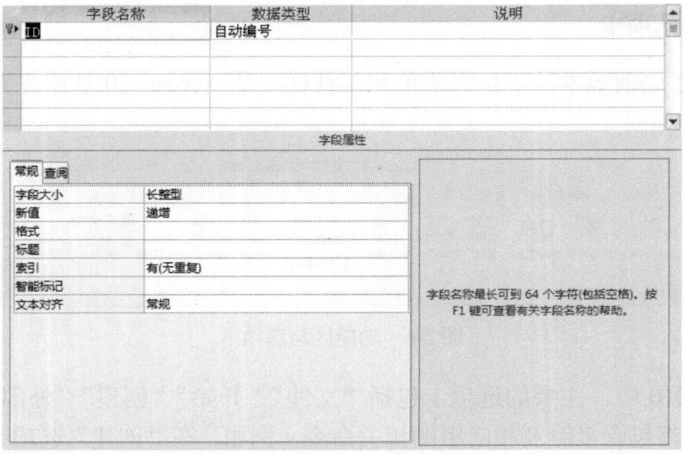

图 2-9　编辑工作区

5. 状态栏

状态栏是位于 Access 2010 主窗口底部的条形区域。左侧显示数据库当前视图，右侧是各种视图切换按钮，可以快速切换视图状态。

教务管理系统

2.6 实例——认识教学管理系统窗口的组成

下面通过启动 Access 2010 打开引例中的教学管理系统，熟悉该系统的基本工作窗口及常见操作。

1. 启动 Access，打开教学管理系统

当需要创建一个新的数据库文件时，可单击“开始”按钮，在“所有程序”中选择“Microsoft Office”，启动 Access 2010。本例的教学管理系统现已建立，可以在计算机中找到“教学管理系统”的数据库文件，直接双击该文件就可以打开了。

2. 观察认识 Access 2010 窗口的组成，分析与其他 Office 组件的相似之处，以及各个组成元素的基本功能

Access 工作界面是一个典型的 Windows 风格的窗口，与 Office 2010 其他组件的窗口非常相似，包含常见的各种基本元素，操作方法也基本相同，但是，它也有自己特有的界面及元素，如图 2-10 所示。

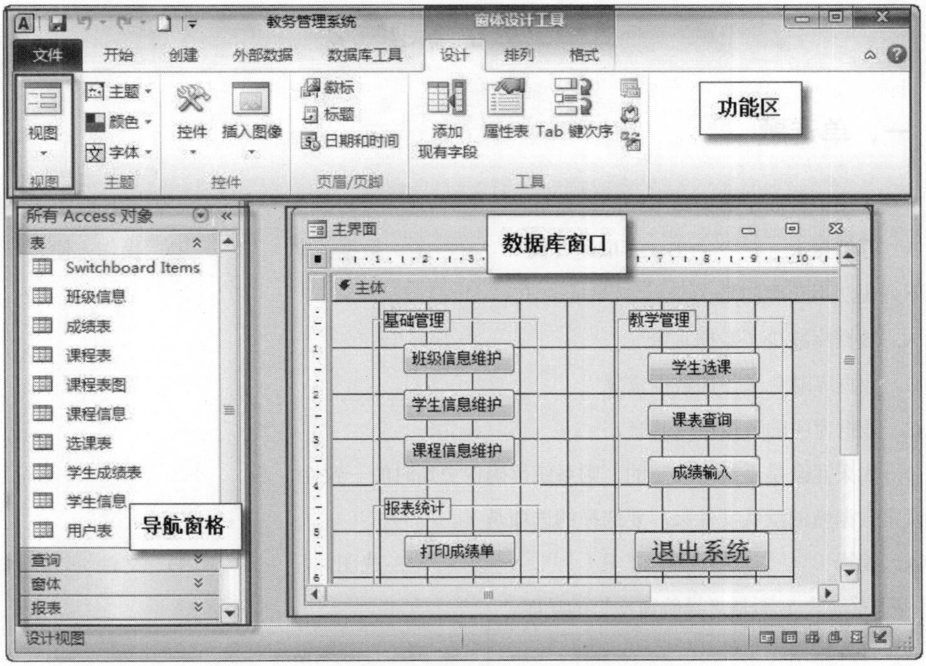

图 2-10 认识教务管理系统主窗口

（1）主窗口中的标题栏、功能区及工具按钮。这是所有 Office 2010 组件都具有的组成元素，但在 Access 主窗口的功能区中，有其特有的选项卡、关系、属性等工具按钮。

（2）主窗口中的导航窗格。其中显示的是当前数据库文件所包含的数据库对象图标和组图标。当选中其中一组对象右边的下拉按钮时，就会展开显示这一类对象所含有的具体对象列表。例如，选中表，导航窗格中就会展开显示当前数据库中所有的表对象名称及图标。

（3）数据库窗口。启动 Access 并打开一个数据库后，相应的数据库窗口会显示在主窗口中。单击“最大化”按钮，数据库的窗口就会与 Access 主窗口融为一个整体。同时，如果在导航窗格中双击另一个对象，则会出现另一个相应的数据库对象窗口。

（4）在“开始”选项卡中，视图工具按钮使用得相对多一些。特别是通过“视图”按钮打开的“设计视图”是 Access 中使用最普遍的操作环境，它可以用来设计表、查询、窗体、报表等所有 Access 数据库对象。

建议通过反复练习熟练掌握设计视图的使用方法。

本章小结

Access 是一个典型的关系数据库管理系统。本章主要内容包括 Access 2010 的基本特点与 Access 数据库窗口的组成、结构及操作界面；Access 的启动与退出。

Access 是 Microsoft Office 组件的一部分，具有典型的 Windows 风格，也具有与 Office 2010 相似的操作界面，例如，任务窗格、帮助与向导、所见即所得等。Access 窗口与一般的 Windows 窗口相似，由功能区和工具按钮等组成。

习题 2
参考答案

习 题 2

一、单选题

1. 下列各项中，属于数据库系统的特点是（　　）。

A. 存储量大　　B. 存取速度快　　C. 数据共享　　D. 操作方便

2. 下列说法不正确的是（　　）。

A. 数据库减少了数据冗余

B. 数据库避免了一切数据重复

C. 数据库中的数据可以共享

D. 如果冗余是系统可控制的，则系统可确保更新时的一致性

3. 设置数据库的默认文件夹，要选择的选项是（　　）。

A. 编辑　　B. 工具　　C. 视图　　D. 文件

4. 下列（　　）不是“导航窗格”的功能。

A. 打开数据库文件　　B. 打开数据库对象

C. 删除数据库对象　　D. 复制数据库对象

4. 不能退出 Access 2010 的操作方法是（　　）。

A. 按 Alt+F4 组合键

B．双击标题栏的控制按钮

C．选择“文件”→“关闭”命令

D．单击 Access 2010 主窗口中的“关闭”按钮

5．Access 2010 数据库系统是（　　）数据库系统。

A．层次　　B．关系　　C．窗体　　D．网络

二、填空题

1．在 Access 2010 中，建立数据库文件可以选择“文件”选项中的________命令。

2．在 Access 2010 窗口中从________菜单项中选择“打开”命令，可以打开一个数据库文件。

3．Access 是________组件的组成部分。

4．Access 是一个典型的________数据库管理系统。

三、思考题

1．Access 2010 的启动和退出各有哪些方法？

2．创建或打开数据库后，Access 2010 窗口有什么特点？

3．Access 2010 的功能区包括哪些选项卡？每个选项卡包含哪些菜单命令？每个菜单命令的作用是什么？

4．“文件”菜单中的“关闭数据库”命令和“退出”命令有什么区别？

5．Access 2010 的导航窗格有什么特点？

四、操作题

1．检查计算机上是否已经安装了 Access 2010。如果尚未安装，请安装。

2．练习启动/退出 Access 2010 的操作方法。

第 3 章　数据库的创建与使用

本章导读

- Access 作为微软 Office 组件的一部分，功能丰富、操作直观简便，受到用户的广泛欢迎，几乎成为桌面数据库的标准选择。Access 是一种关系数据库管理系统，它提供各种向导与控件，用户不必编写代码就可以得到较强功能的数据库应用程序。
- 本章主要内容包括 Access 数据库中各个对象的简介，设计 Access 数据库的基本方法与过程；通过系统提供的模板创建与模板类似的数据库，以及建立空白 Access 数据库的主要方法与操作过程。

本章要点

- 了解 Access 2010 基本对象
- 创建数据库
- 使用数据库

3.1　引例——用 Access 创建教务管理系统空数据库

教务管理系统之空数据库

从本章开始，将以创建学校的教务管理系统为主线，介绍 Access 2010 的使用及应用。本案例将使用 Access 2010 制作一个空的“教务管理系统”，如图 3-1 所示。最后将数据库文件保存为“教务管理系统”。

图 3-1　“教务管理系统”空数据库

实现以上案例，要求掌握的知识如下。

（1）Access 创建数据库的工作环境。

（2）创建数据库以及数据库的使用方法。

经过本章的学习后，读者即可掌握上述知识并创建出本案例。

3.2 Access 数据库对象

Access 数据库对象

Access 数据库由若干个数据库对象组成，包括表、查询、窗体、报表、宏和模块。不同的数据库对象在数据库中起着不同的作用，数据库可以看成是不同对象的容器。当打开一个数据库对象时，各种对象图标就会在导航窗格中显示。

1. 表

表又称为数据表，是数据库的基础，是数据库中用来存储数据的对象。它是整个数据库系统的数据源，也是数据库其他对象的基础，查询、报表和窗体都是从表中获得数据信息，以实现用户的某一特定的需求。

数据表是一个二维结构，或者说是一种关系，由行与列组成，其中的一列就是一个字段，一行就是一条记录。一个 Access 数据库中可以有多个表，这些表之间常存在一定的关系，通过建立相应的关系，可以将各个表的数据项关联起来，以方便应用。

在 Access 中，用户可以通过表向导、表设计视图及 SQL 语句创建表，并且可以在表的设计视图中对表的字段、属性等进行修改、维护和加工处理等操作。

如图 3-2 所示，就是利用表设计视图显示学生表的字段组成。

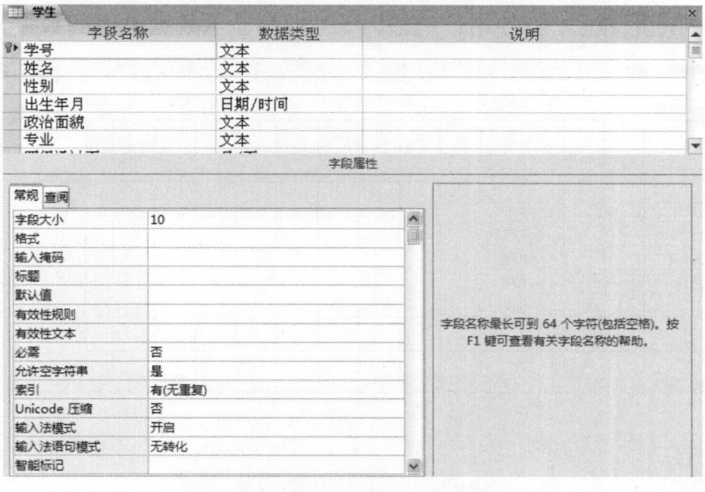

图 3-2 “学生表”设计视图窗口

2. 查询

在实际应用中，用户对数据库的主要需求之一就是从数据库中搜索符合特定要求的信息，这就是查询。查询就是按照一定的条件从一个或多个表中筛选出所需要的数据而形成的一个动态数据集，并在一个虚拟的数据表窗口中显示出来，如图 3-3 所示。这个动态数据集以表的形式显示，但它并不保存，只有在运行查询的时候才动态生成，随着数据源表内容的变化，查询的结果表也会动态变化。

查询大体上可以分为选择查询和操作查询，选择查询指的是从表中检索出所需要的数据或进行计算的查询；操作查询则是用于添加、更改或删除数据的查询。

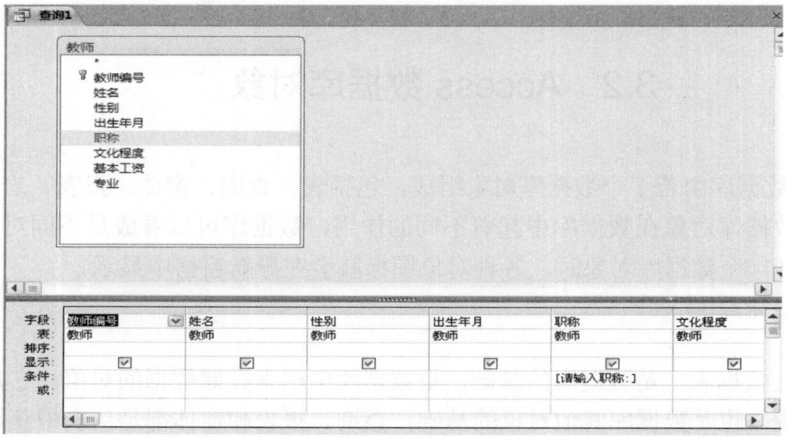

图 3-3　查询设计视图窗口

查询过程中可以包含条件。对于有条件的查询，用户在 Access 查询设计器下方的 QBE 网格中定义查询准则。QBE 窗格分成几列，每一列有一些行并且含有一个字段，字段来自查询表中，用户通过设置字段来控制查询的结果。

3. 窗体

窗体是用户和 Access 应用程序之间交流的接口。它是数据库中应用最多的一个对象，可以提供非常直观的图形界面，方便用户的输入、编辑和显示数据表中的数据，如图 3-4 所示。

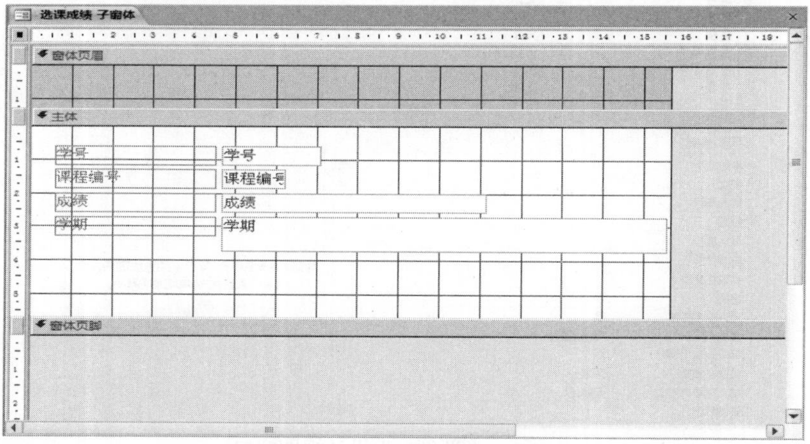

图 3-4　窗体设计视图窗口

窗体分为“绑定”窗体和“未绑定”窗体。“绑定”窗体可以用于输入、编辑、显示来自该数据源的数据；“未绑定”数据源的窗体仍然可包含操作应用程序所需要的命令按钮、标签或其他控件。

对于一个完善的数据库应用系统，用户常通过窗体对数据库中的数据进行各种操作，而不是直接针对表、查询等进行操作。

4. 报表

报表是 Access 中数据库提供的一种信息输出手段，可以将数据库中的数据提取出来进行分析、整理和计算，并将数据以格式化的方式发送到打印机中。

从理论上说，可以根据需求创建任何格式的报表，报表中的信息来源于一个或者多个表，也可以来源于查询。在报表中，不仅可以对输出数据的格式布局进行编辑，同时可以对记录进行分组和排序等操作。

利用报表设计器可以完成报表的设计，并可以预览，如图 3-5 所示为报表设计视图下的工作窗口。

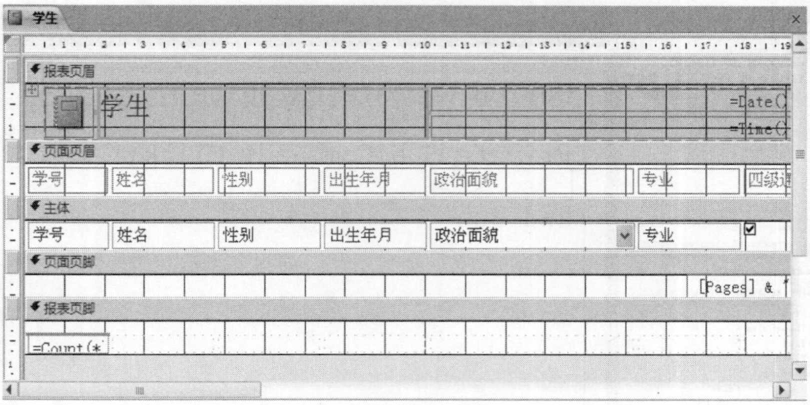

图 3-5 报表设计视图窗口

5．宏

宏是一系列操作命令的集合，每一个操作都对应 Access 的某项特定功能，如打开窗体、打开报表等，如图 3-6 所示为宏设计窗口。

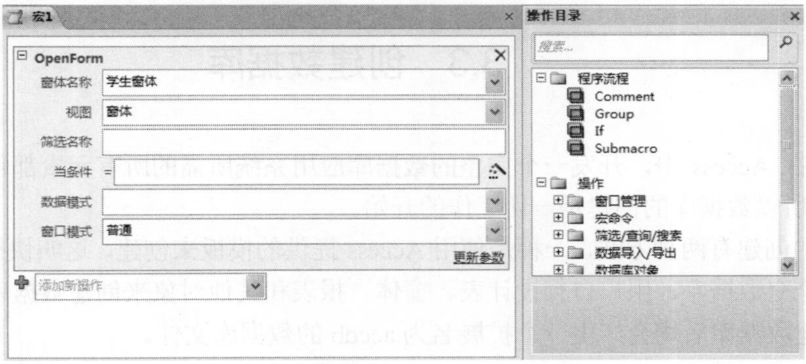

图 3-6 宏设计窗口

在 Access 中可以将宏看成是一种简化的编辑语言，可以生成要执行的操作而无须在 VBA 模块中写代码。利用宏可以使大量的重复性操作自动完成，从而使维护和管理 Access 数据库更加简单，但宏也可能会引发潜在的安全风险。

6．模块

用户可以通过宏完成大多数的数据处理任务，但真正能够支持应用开发的还是 VBA 模块。

模块是 VBA 编程的主要对象，即由 VBA 程序设计语言编写的程序集合或是一个函数过程。通过在 Access 中编写 VBA 程序，用户可以编写出性能更好、运行效率更高的数据库应用程序。

数据库中有两种基本类型的模块：标准模块和窗体类模块。如图 3-7 所示为按钮的类模块窗口。

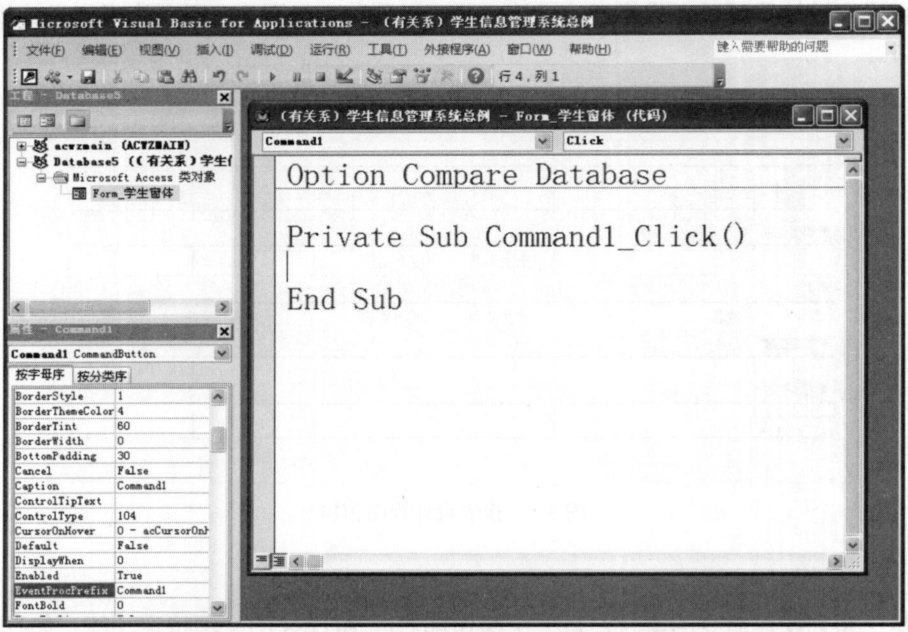

图 3-7　VBA 模块窗口

3.3　创建数据库

创建数据库

在 Access 中，开发一个完整的数据库应用系统所需的所有元素都包含在数据库中，所以数据库的创建是一切工作的开始。

数据库的创建有两种方法，一种是使用 Access 提供的模板来创建，这叫快捷方法；另一种是建立一个空数据库，用户自行设计表、窗体、报表和其他对象来创建数据库。无论哪一种方式，创建数据库后均会产生一个扩展名为.accdb 的数据库文件。

1．建立空数据库

【例 3-1】 创建“教务管理系统”空数据库，并保存在 D 盘 Access 文件夹中。

操作步骤如下：

（1）启动 Access 2010，选择“文件”→“新建”命令，在中间窗格中单击“空数据库”选项，如图 3-8 所示。

（2）在右侧窗格“文件名”文本框中将默认的文件名“Database1.accdb”改为“教务管理系统”。

（3）单击其右侧的文件夹浏览图标，修改存储位置为 D 盘 Access 文件夹。

（4）单击“创建”按钮，即可完成空数据库的建立。

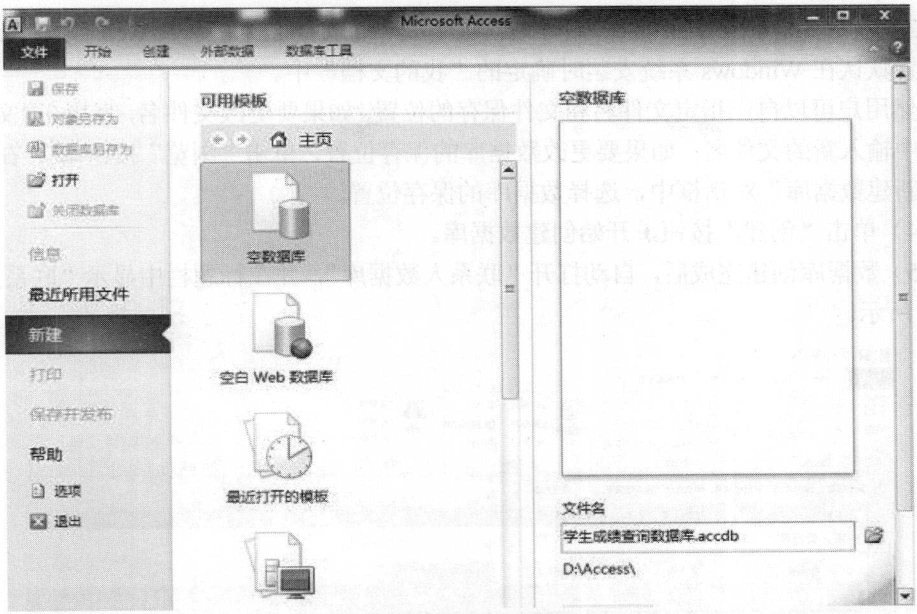

图 3-8 创建空数据库

2. 利用模板创建数据库

【例 3-2】 利用模板创建“联系人 Web 数据库.accdb”数据库，保存在 D 盘 Access 文件夹中。

操作步骤如下：

（1）启动 Access。

（2）在启动窗口的模板类别窗格中，双击“样本模板”，打开“可用模板”窗格，可以看到 Access 提供的 12 个可用模板分成两组。一组是 Web 数据库模板，另一组是传统数据库模板——罗斯文数据库模板。Web 数据库模板是 Access 2010 新增的功能。这一组 Web 数据库模板可以让新老用户比较快地掌握 Web 数据库的创建，如图 3-9 所示。

图 3-9 “可用模板”窗格

（3）选中“联系人 Web 数据库”，则自动生成一个文件名“联系人 Web 数据库.accdb”，保存位置默认在 Windows 系统安装时确定的“我的文档”中。

当然用户可以自己指定文件名和文件保存的位置。如果要更改文件名，直接在“文件名”文本框中输入新的文件名；如果要更改数据库的保存位置，单击“浏览”按钮，在打开的“文件新建数据库”对话框中，选择数据库的保存位置。

（4）单击“创建”按钮，开始创建数据库。

（5）数据库创建完成后，自动打开“联系人数据库”，并在标题栏中显示“联系人”，如图 3-10 所示。

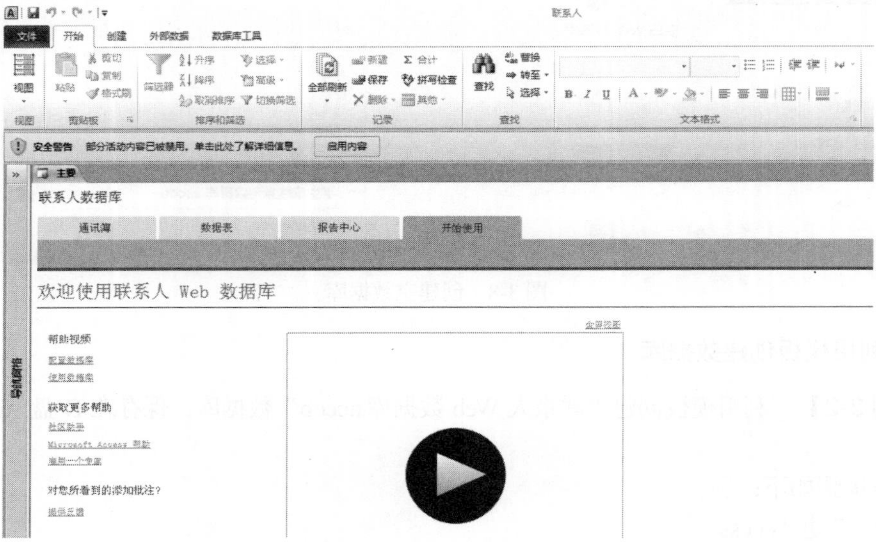

图 3-10　联系人数据库

3.4 数据库的操作

数据库的打开与关闭

在 Access 中，数据库文件经常会被打开或者关闭，这也是数据库最基本的操作。例如，在数据库中添加对象、修改其中某对象的内容、删除某对象等，在进行这些操作之前应先打开数据库，操作结束后要关闭数据库。

1. 数据库的打开

数据库建立好后，就可以对其进行各种操作了，但在进行这些操作之前要先打开数据库。打开数据库的常用方法有三种：

（1）在资源管理器中双击扩展名是.accdb 的数据库文件。

（2）在启动 Access 2010 后，选择“文件”→“打开”命令，弹出如图 3-11 所示的“打开”对话框，选择目标地址的数据库文件也可以打开数据库文件。

单击“打开”按钮右边的下拉按钮，显示打开数据库文件的 4 种方式，如图 3-12 所示。一般来说，如果仅仅有一个用户需要访问数据库，可以用独占方式打开；如果有多个用户需要访问数据库，则用共享方式，同时考虑每一个用户的访问权限。

- 打开：常用于数据库在多用户环境中进行共享访问，其他用户都可以读写数据库时，选择“打开”选项。
- 以只读方式打开：常用于打开数据库后只能进行只读访问，可以查看数据库但不可以编辑数据库。
- 以独占方式打开：当以独占方式打开数据库时，其他用户在试图打开数据库时就会收到“文件已在使用”的消息。
- 以独占只读方式打开：当以此方式打开数据库时，其他用户仍能打开该数据库，但是被限制为只读方式。

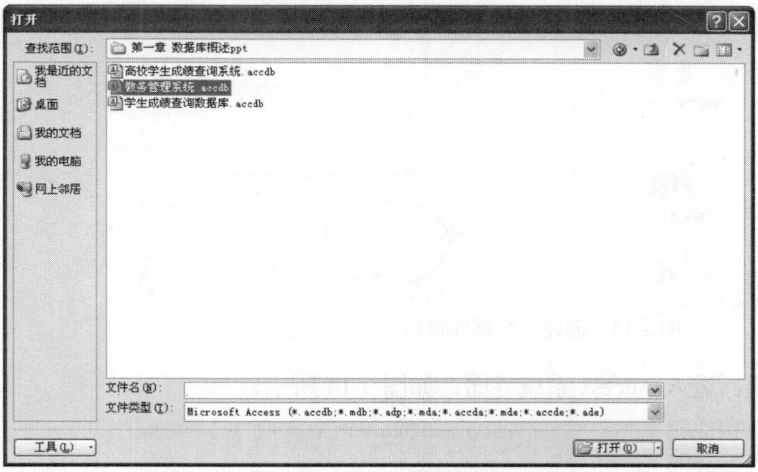

图 3-11 “打开”对话框

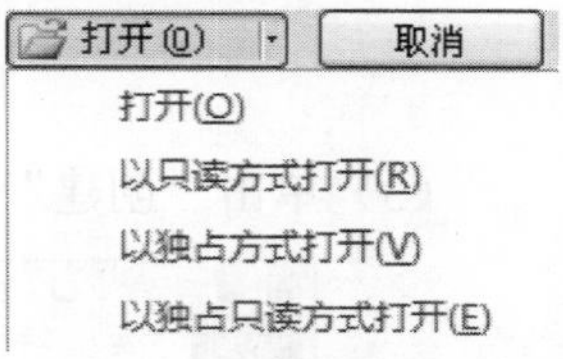

图 3-12 打开数据库的方式

（3）在“文件”选项卡中打开最近使用的数据库文件。

2. 数据库的关闭

为了保证数据的安全性，当完成数据库的操作后，一定要正常退出 Access，主要有以下 4 种方法。

（1）单击右上角的“关闭”按钮。

（2）单击左上角图标，选择“关闭”命令。

（3）双击左上角图标。

（4）选择“文件”→“关闭”命令。

通过以上命令或方法就可以关闭当前的数据库。

3.5 实例——创建一个空的教学管理系统数据库

创建数据库的方法有很多，下面将通过创建引例中的空“教务管理系统”案例来介绍如何创建一个空的数据库系统。

（1）启动 Access，进入 Access 系统首页窗口。

（2）在 Access 系统首页界面中，单击“空数据库”图标，打开创建空数据库窗口，如图 3-13 所示。

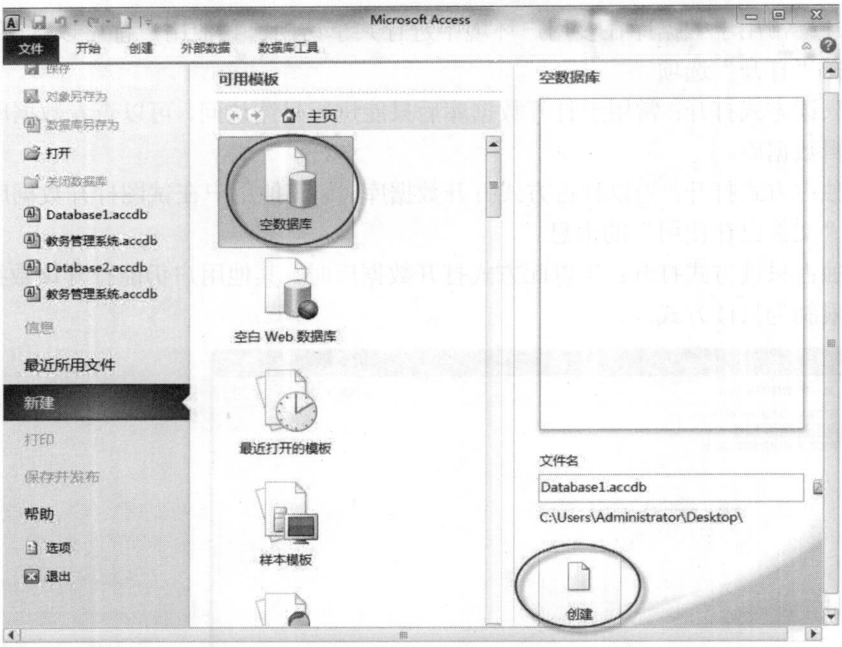

图 3-13　创建空数据库窗口

（3）单击“创建”按钮，进入 Access 系统界面，如图 3-14 所示。

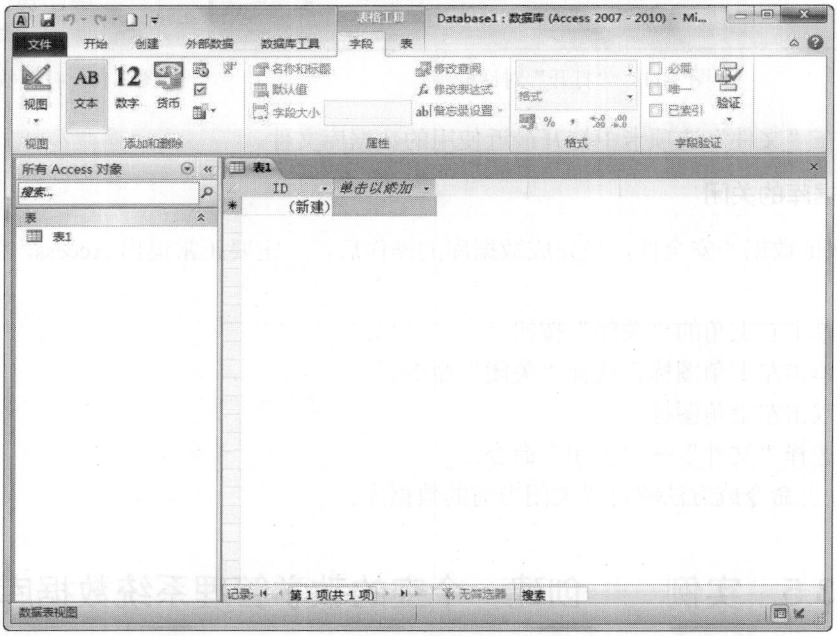

图 3-14　Access 系统窗口

（4）在 Access 系统窗口中，首先关闭所有的数据库对象，然后打开“文件”菜单。

（5）在“文件”菜单下，选择“数据库另存为”命令，弹出“另存为”对话框，如图 3-15 所示。首先确定数据库的文件名、数据库的保存位置，然后单击“保存”按钮，一个空数据库的创建工作就完成了。

图 3-15 “另存为”对话框

本 章 小 结

本章主要内容包括 Access 数据库的组成；利用向导创建 Access 数据库及创建空白 Access 数据库的基本方法。

Access 数据库包含表、查询、窗体、报表、宏与模块 6 个对象，这 6 个对象共同存储在一个扩展名为.accdb 的数据库文件中，为应用与操作提供了方便。

创建数据库是所有操作的前提。根据 Access 提供的模板可以方便地创建与已有模板类似的数据库，但未必能够满足用户的应用需求。大多数情况下，先创建一个空白数据库，再根据用户需求创建表、查询、窗体等各种数据库对象。

习 题 3

习题 3
参考答案

一、单选题

1．在 Access 2010 中，数据库和表的关系是（　　）。

A．数据库和表各自存放在不同的文件中　　B．表也叫数据表，等同于数据库

C．一个数据库可以包含多个表　　D．一个数据库只能包含一个表

2．Access 在同一时间，可打开（　　）个数据库。

A．1　　B．2　　C．3　　D. 4

3．以下不属于 Access 2010 对象的是（　　）。

A．表　　B．文件夹　　C．窗体　　D．查询

4．在 Access 2010 数据库中，专门用于打印的对象是（　　）。

A. 数据表　　B. 查询　　C. 窗体　　D. 报表

5. 以下叙述中，正确的是（　　）。

A. Access 2010 只能使用系统菜单创建数据库应用系统

B. Access 2010 不具备程序设计能力

C. Access 2010 只具备模块化程序设计能力

D. Access 2010 具有面向对象的程序设计能力

6. 以下 Access 2010 对象中，用来检索和查询数据的是（　　）。

A. 表　　B. 查询　　C. 文件夹　　D. 窗体

7. 用 Access 2010 创建的数据库文件，其扩展名是（　　）。

A. .adp　　B. .dbf　　C. .accdb　　D. .frm

8. 在 Access 2010 中，空数据库是指（　　）。

A. 没有查询的数据库　　B. 没有窗体的数据库

C. 没有任何数据库对象的数据库　　D. 表中没有数据的数据库

二、填空题

1. 在 Access 2010 中，所有数据库对象都存放在一个扩展名为__________的数据库文件中。

2. 空数据库是指该文件中____。

3. Access 中的数据库对象有______、______、______、______、______和______。

4. 在建立数据库应用系统之前，首先要创建一个空白___________。

5. Access 数据库文件的扩展名是______。

三、思考题

1. Access 2010 中建立数据库的方法有哪些？

2. Access 数据库中 6 个对象的主要用途有哪些？

四、操作题

1. 利用 Access 2010“学生”数据库模板创建“学生”数据库，在“导航窗格”中按“对象类型”来组织显示所有 Access 对象，然后分别打开“学生”数据库的“表”“查询”“窗体”“报表”等数据库对象，分析各种数据库对象的特点与作用。

2. 创建空的“教师”数据库并查看其数据库属性。

3. 先关闭“教师”数据库，再以独占方式打开。

第 4 章　表的创建与使用

本章导读

- 表是 Access 数据库中最基本的对象，是数据库中用来存储和管理数据的对象，是整个数据库工作的基础，也是查询、窗体与报表对象的主要数据来源。表设计得好坏，直接关系到数据库的整体性能，也制约着其他数据库对象的设计和使用。

本章要点

- 表的组成
- 表的创建
- 表的属性设置
- 建立表间关系
- 数据表的导入与导出

教务管理系统之表

4.1　引例——用 Access 创建“学生信息”表

使用 Access 软件在“教务管理系统”数据库中创建一个“学生信息”表案例，如图 4-1 所示。要求使用表设计视图创建表的结构，在数据表视图中录入数据；导入“成绩表”，建立“学生信息”表与“成绩”表的关系。

学生信息

学号	姓名	班级编号	性别	年级	政治面貌	民族	籍贯	身份证号	出生日期	单击以添加
20180000001	白小露	20180101	女	2018	团员	汉族	四川		2000-07-11	
20180000002	白小革	20180101	女	2018	团员	回族	陕西		1999-12-01	
20180000003	史诗侠	20180101	女	2018	党员	汉族	河北		2000-07-13	
20180000004	黄雅柏	20180101	男	2018	团员	汉族	广西		1999-09-17	
20180000005	谢丽秋	20180101	男	2018	团员	汉族	四川		2000-04-11	
20180000006	李柏麟	20180101	男	2018	团员	回族	陕西		2001-01-11	
20180000007	谢丽秋	20180101	男	2018	党员	汉族	河北		2000-07-20	
20180000008	林慧音	20180101	男	2018	团员	汉族	广西		2000-08-18	

成绩编号	课程编号	成绩	单击以添加
53	2	89	
56	1	67	
57	5	70	
58	7	87	
59	10	88	
64	9	83	
* (新建)	0	0	

图 4-1　“学生信息”表

实现以上案例，要求掌握的知识如下。

（1）Access 数据库表的创建方法；

（2）表的构成；

（3）表中字段的数据类型；

（4）表的主键、索引、属性设置；

（5）数据的导入操作；

（6）关系的创建。

经过本章的学习，读者即可掌握上述知识并创建出本案例。

4.2 表的构成

什么是表

在 Access 中，表对象是一个满足关系模型的二维表。它是由表名、表中若干字段、表中主关键字以及表中的具体数据项构成的。通常把表名、表中字段的属性、表中主关键字段的定义视为对表结构的定义，把对表中数据的定义视为对表中记录的定义。

表 4-1 是“教务管理系统”数据库中的另一张学生基本信息表（该表有别于引例中的“学生信息”表，因为该表数据类型丰富，利用该表能更好地阐述数据表的知识点，而引例中的“学生信息”表将与本章 4.9 节实例和第 10 章综合案例前后呼应）。若想将表 4-1 的全部信息输入到计算机中，就要定义表名、表结构并给表输入表数据。

表 4-1 “学生”表

学号	姓名	性别	出生日期	政治面貌	四级通过否	爱好特长	照片
16010001	徐啸	女	1994/10/16	群众	True	擅长唱歌跳舞	
16010002	辛国年	男	1995/1/17	团员	True	主持过演讲比赛	
16010003	徐玮	女	1996/1/19	团员	True	喜欢绘画	
16020001	邓一欧	男	1995/5/20	团员	False	喜欢篮球	
16020002	张激扬	男	1997/1/18	党员	True	担任学生会干事	
16020003	张辉	女	1995/10/21	团员	False	喜欢唱歌	
16030001	王克非	男	1996/1/8	团员	True	喜欢足球	
16040001	王刃	男	1997/5/28	党员	False	演讲比赛获一等奖	

表结构的设计

表结构就是表头，它直接决定了表中数据以何种格式存储。设计表结构首先要设计有哪些字段，并给字段取名。

1．字段名的命名规则

（1）可以是汉字、字母、数字、空格及特殊字符的任意组合，但不能用句号（。）、感叹号（!）、单引号（'）和方括号([]);

（2）不能以空格或控制符号（从 0 到 31 的 ASCII 值）开头；

（3）不能超过 64 个字符。

2．Access 字段类型

字段类型就是字段中存储数据的类型，它决定了 Access 将以什么方式存储该字段的内容，即该字段将能存储什么性质的数据。

Access 常用的数据类型有 12 种。

（1）文本：用于保存字符串，默认有 255 个字符，是默认数据类型。例如，姓氏、电话号码都可以设置成文本型字段。

（2）备注：用于保存解释性的长度较大的字符串（超过 255 个字符），在用户界面下最多可输入 65535 个字符，以编程方式最大可以输入 2GB 的字符。例如简历、摘要可定义为备注型字段。备注型字段不能排序和索引。

（3）数字：用于保存能够进行算术运算的数值数据（涉及货币计算的除外），例如价格、数量、分数等。由于数字型数据的表现形式和存储形式的不同，数字字段的数据类型又分为字节、整型、长整型、单精度型、双精度型等，其长度由系统设置，如表 4-2 所示。在 Access 中，数字型的默认字段类型为长整型。

表 4-2 数字型的子类型

类 型	取 值 范 围	小数	字节
字节	0～255	无	1
整型	–32768～32767	无	2
长整型	–2147483648～2147483647	无	4
单精度	-3.4×10^{38}～3.4×10^{38}	7 位	4
双精度	-1.797×10^{308}～1.797×10^{308}	15 位	8
同步复制 ID	全局唯一标识符	N/A	16
小数	$-9.99\ldots\times10^{27}$～$9.99\ldots\times10^{27}$	28 位	12

（4）货币：用于存储货币数据。Access 会根据用户输入的数据自动添加货币符号和千位分隔符。默认有两位小数。

（5）日期/时间：用于存储日期、时间或日期时间的组合，占用 8 字节存储空间。具体格式可由用户自己选择。

（6）自动编号：其值由 Access 自动按照记录添加时的顺序指定一个唯一的顺序编号（不允许用户输入或改变其值）。一个表中只能有一个该类型的字段。

（7）是/否：用于存储逻辑判断的结果。真值可以用 True 或 Yes 或 On 表示，假值可以用 False 或 No 或 Off 表示。

（8）OLE 对象：用于存储比较特殊的多媒体数据，如图形、图像、音频、视频、动画及其他软件的文件内容。

（9）超链接：存储超级链接地址，如常用的网址或 E-mail 地址。

（10）查阅向导：用于输入值比较固定的数据，数据输入时使用组合框从列表中选择输入，而列表内容由用户创建时指定。

（11）附件：可以将图像、电子表格文件、文档、图表和其他类型的支持文件附加到数据库的记录，这与将文件附加到电子邮件非常类似。还可以查看和编辑附加的文件，具体取决于数据库设计者对附件字段的设置方式。

（12）计算：通过同一表中其他字段计算而得的字段。

注意

对于某一数据而言，可以使用的数据类型可能有多种，可根据字段的用途和性质来选择一种最合适的类型。如果在表中输入数据后需要更改字段的数据类型，保存表时由于要进行大量的数据转换处理，等待时间会比较长。如果字段中的数据类型与更改后的数据类型设置发生冲突，则有可能丢失其中的某些数据。

3. 表结构的定义

设计表结构就是分别确定表中所包含字段的字段名、字段类型、字段属性以及表的主键等。根据 Access 中字段类型以及表 4-1 所含的数据语义，可以对表 4-1 的字段属性进行定义。表 4-3 是“学生”表结构。

表 4-3 “学生”表结构

字段名	数据类型	字段长度	备注
学号	文本	8	主键
姓名	文本	10	
性别	文本	1	
出生日期	日期/时间	系统默认长度	
政治面貌	查阅向导		
四级通过否	是/否		
爱好特长	备注		
照片	OLE 对象		

创建表

4.3 表的创建

创建表的工作包括构造表中的字段、字段命名、定义字段的数据类型和设置字段的属性等内容。

在 Access 中，为数据库创建表的方法主要有三种：一是使用“表”视图创建表；二是使用“表设计”视图创建表；三是使用“SharePiont 列表”创建表。其中，使用“SharePiont 列表”创建表是通过 SharePoint 网站，实现本地数据库与网站数据库之间的导入与链接，在此不做过多介绍。除了这三种方法外，利用“外部数据”选项卡的“导入并链接”方法也可以在数据库中创建表或向表中添加记录。

4.3.1 使用“表”视图创建表结构

本书以“教务管理系统”数据库为例创建数据表，如果没有创建“教务管理系统”数据库，请创建该数据库；如果已创建该数据库，先打开数据库，如图 4-2 所示。

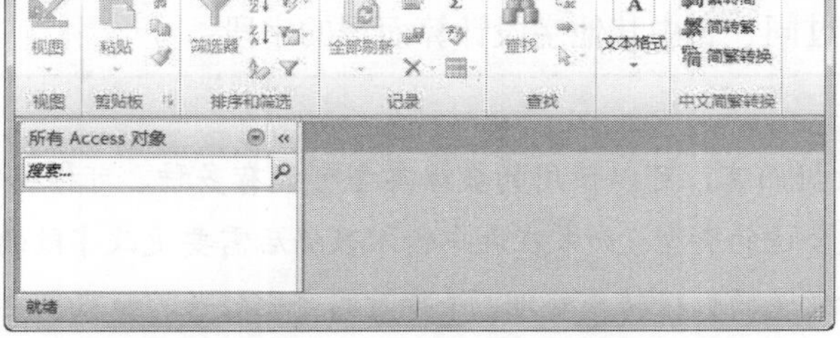

图 4-2 打开“教务管理系统”数据库窗口

使用数据表视图创建“学生”表的过程如下：

（1）单击“创建”选项卡的“表格”组中的“表”按钮，此时，在导航窗格的右侧将创建名为“表 1”的新表，且在功能区加载了“表格工具”的“字段”与“表”选项卡，如图 4-3 所示。

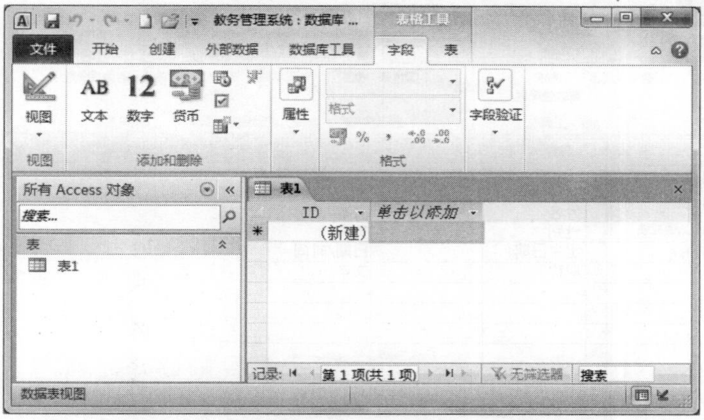

图 4-3 使用数据表视图创建表的窗口

（2）选中 ID 字段列，单击“表格工具/字段”选项卡下“属性”组中的“名称与标题”按钮，打开“输入字段属性”对话框，输入字段名称为“学号”，单击“确定”按钮。

（3）单击“格式”组中的“数据类型设置”下拉列表，选择“文本”，在“属性”组中设置“字段大小”为 8。

（4）单击数据表视图中“学号”字段后的“单击以添加”按钮，在弹出的快捷菜单中选择字段的数据类型为“文本”，将反显的默认字段名称“字段 1”修改为“姓名”，按回车键确认修改，然后修改字段大小为 10。依次重复该操作设置其他字段。

（5）单击快速访问工具栏中的“保存”按钮，在弹出的“保存”对话框中输入表名为“学生”，单击“确定”按钮后，就完成了学生表结构的创建工作。此时在导航窗格中就出现了“学生”表取代了“表 1”。

4.3.2 使用表“设计视图”创建表结构

使用设计视图创建表的工作主要是定义表字段的属性。字段属性的定义主要包括字段名称、字段类型、字段的大小、格式、有效性规则、有效性文本与输入掩码等。

使用数据表设计视图创建“教师”信息表的过程如下。

（1）单击“创建”选项卡的“表格”组中的“表设计”按钮，此时，在导航窗格的右侧将创建名为“表 1”的新表，且打开如图 4-4 所示的表设计视图，又称为表设计器。表设计器主要包括两部分，上半部分是进行字段名称、字段类型与字段说明的定义；下半部分是对字段属性进行定义，该部分由“常规”与“查阅”两个选项卡组成。“常规”选项卡主要完成字段常规属性（如字段大小、格式、输入掩码等）的定义。在默认情况下，“查阅”选项卡只有“显示控件”一个属性，且通常显示控件的默认值是“文本框”。所谓文本框，就是只能提供一个可输入方框的控件。用户在设计表时可把显示控件设为列表框和组合框。列表框和组合框中的数据源可以用表/查询、值列表与字段列表，这些对象用于控制字段输入时的数据来源的定义。例如，如果用户要为“性别”字段设置输入选择列表框，可以在“查阅”选项卡中将“显示控件”设置为“列表框”，“行来源类型”选择“列表值”，“行来源”设置为"男";"女"。

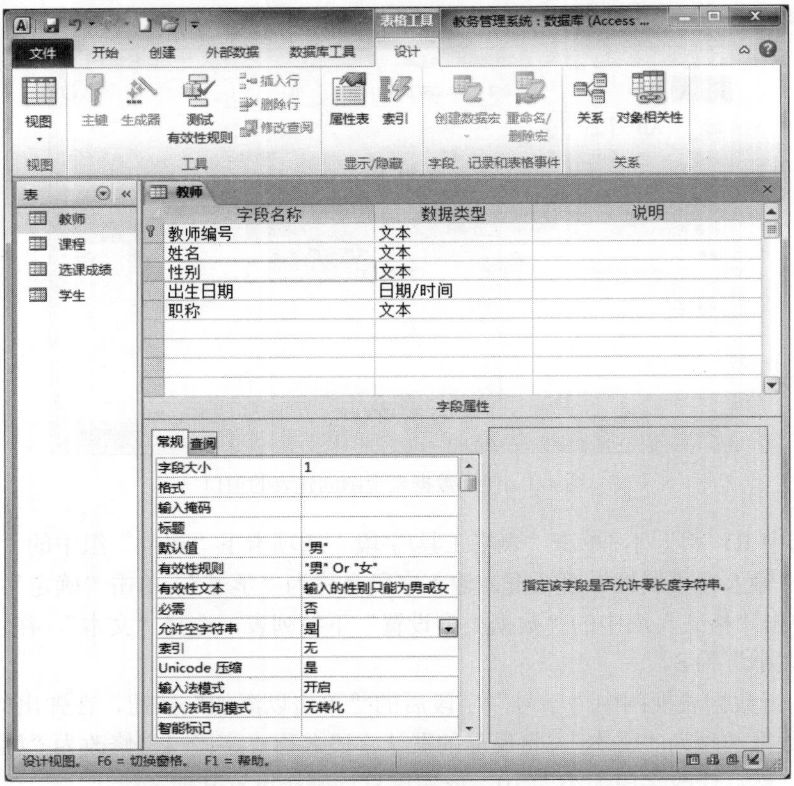

图 4-4　表设计视图

（2）在设计视图的“字段名称”栏中输入字段的名字。在“数据类型”栏中选择相应的数据类型。“说明”栏可以不输入，但是推荐用户在这里输入对字段的描述。这样，不但可以帮助用户维护数据库，而且当用户在创建了相关的表单时，这些描述信息会自动提示在表单的状态栏中。

除了上述三个属性外，字段还有一些常规属性，这里介绍“字段属性”窗格中“常规”选项卡中常用项的含义。

① 字段大小：对于文本类型，表示字段的长度；对于数字类型，则表示数字的精度或范围。

② 格式：用于设置当前字段的显示和打印格式，不影响数据的存储。如设置教师表中的工作时间字段为短日期显示格式。

③ 输入掩码：是一种输入格式，由字面显示字符和掩码字符组成，用于定义数据的输入格式。主要用于“文本”和“日期/时间”型数据。

假如定义了“教师”表中“联系电话”字段，使其书写格式为前 5 位为“0551-”，后 8 位为数字。则输入掩码属性设置为“0551-”00000000。

④ 标题：字段在显示时的列标题，若不指定，则显示字段名。

⑤ 有效性规则：用来限制输入数据必须遵守的规则，限制字段的取值范围，确保输入数据的合理性。如将学生表中年龄字段取值范围设在 14～25 之间。

⑥ 有效性文本：当输入的数据不符合有效性规则时，系统将提示出错信息。

⑦ 默认值：字段默认输入的内容。如设置学生表中性别字段的默认值为“女”。

⑧ 必需：指定字段内容是否必须填写。

⑨ 索引：索引是在数据库表中对一个或多个列的值进行排序的结构。使用索引可以获得对数据库表中特定信息的快速访问。如设置学生表中姓名字段为“有重复索引”。

（3）为表创建主键。右击“教师编号”字段，弹出快捷菜单，选择“主键”命令。

（4）单击快速访问工具栏中的“保存”按钮，在弹出的“保存”对话框中输入表名为“教师”，单击“确定”按钮后，就完成了“教师”表结构的创建工作。此时，在导航栏里就出现了“教师”表。

4.3.3　利用“表”视图输入表数据

表结构定义完成后，便可向表中输入数据，即记录的添加，这个操作需在“表”视图窗口完成。各种类型数据的输入方法如下。

（1）文本型和备注型：直接输入。

（2）数字型：直接输入，又分为字节型、整型、长整型、单精度型和双精度型，注意各类型的取值范围。

（3）货币型：直接输入数值，货币符号和千位分隔符自动输入。

（4）日期/时间型：直接输入，但年、月、日之间用符号“-”或“/”分隔，且必须合法。

（5）自动编号型：系统按记录输入的顺序自动编号输入，且不允许改变。

（6）是/否型：选中（打钩）为“是”，未选中为“否”。

（7）超链接型：必须是一个网页地址或 E-mail 地址，直接输入。

（8）OLE 对象型：选中输入字段→插入菜单→对象（或右击→插入对象）→指定插入文件→确定。

OLE 对象的输入分为嵌入和链接，默认为嵌入，若指定链接，请选中“链接”项。

嵌入是当源文件中数据改变时不影响表中的数据；链接是表中数据随着源文件的改变而变化。

（9）查阅向导型：在组合框中选择或直接输入。该类型用于值较为固定的字段，如“教师”表中的“性别”“学历”“职称”等字段。创建时需指定其列表值（来源于其他表或自行输入）。

4.4　表的操作

编辑和使用表

4.4.1　表的视图

视图是用户操作时的界面，表有数据表视图、数据透视表视图、数据透视图视图和设计视图 4 种。常用的是数据表视图和设计视图。

1. 数据表视图

在数据表视图中可以完成表中数据的所有操作，如输入、编辑、浏览、排序和筛选等。在导航窗格中双击表，默认打开的视图即为数据表视图，显示表结构及所有记录的界面，如图 4-5 所示。

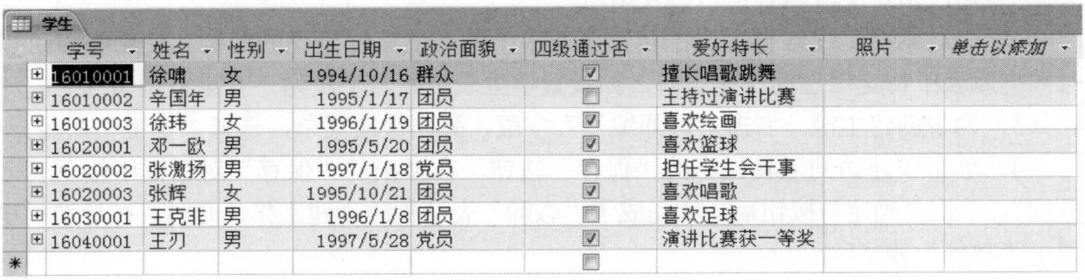
学生

学号	姓名	性别	出生日期	政治面貌	四级通过否	爱好特长	照片	单击以添加
16010001	徐啸	女	1994/10/16	群众	☑	擅长唱歌跳舞		
16010002	辛国年	男	1995/1/17	团员	☐	主持过演讲比赛		
16010003	徐玮	女	1996/1/19	团员	☑	喜欢绘画		
16020001	邓一欧	男	1995/5/20	团员	☑	喜欢篮球		
16020002	张激扬	男	1997/1/18	党员	☐	担任学生会干事		
16020003	张辉	女	1995/10/21	团员	☑	喜欢唱歌		
16030001	王克非	男	1996/1/8	团员	☐	喜欢足球		
16040001	王刃	男	1997/5/28	党员	☑	演讲比赛获一等奖		

图 4-5 “学生”数据表视图

2. 设计视图

可以在表的设计视图中创建和修改表结构，提供详细的字段设置，如图 4-4 所示。

3. 数据透视表视图

数据透视表视图主要用于创建一种统计表，表以行、列、交叉点的内容展示统计属性。如图 4-6 所示，通过数据透视表展示了不同性别的人数。

学生
将筛选字段拖至此处
将列字段拖至此处

性别	姓名 的计数
男	5
女	3
总计	8

图 4-6 “学生”数据透视表示例

4. 数据透视图视图

数据透视图视图主要用于创建统计图，Access 提供了丰富的图表类型来直观地显示统计数据。

切换不同视图的方法如下。

方法一：双击打开表后，单击“开始”选项卡或“表格工具”→“字段”选项卡中最左端图标“视图”组中的下拉按钮，展开视图选项。

方法二：打开表后，在表名上右击，弹出快捷菜单，选择不同视图。

方法三：打开表后，在状态栏最右侧单击不同视图的图标，依次是数据表视图、数据透视表视图、数据透视图视图和设计视图。

4.4.2 主键操作

主键又叫主关键字或主码，是数据表中一个或者多个字段的组合。主键的作用是区分表中的各条数据记录，使得设置为主键的字段数据不出现重复或者空值。在关系数据库管理系统中，每个表都有一个主键，以保证实体完整性。

主键选择是否合理，直接影响表的性能。设置主键可以防止表中出现重复数据，当记录的主键值重复时将会出现系统提示，不允许插入重复记录。可以根据实际情况，设置自动编号字段、单字段或者多字段组合作为表的主键。

1. 自动编号字段

将自动编号字段指定为表的主键是创建主键的最简便方法。如果在保存新建的表之前没有设置主键，此时 Access 将询问是否要创建主键，如图 4-7 所示，回答是，将设置自动编号字段为表的主键。

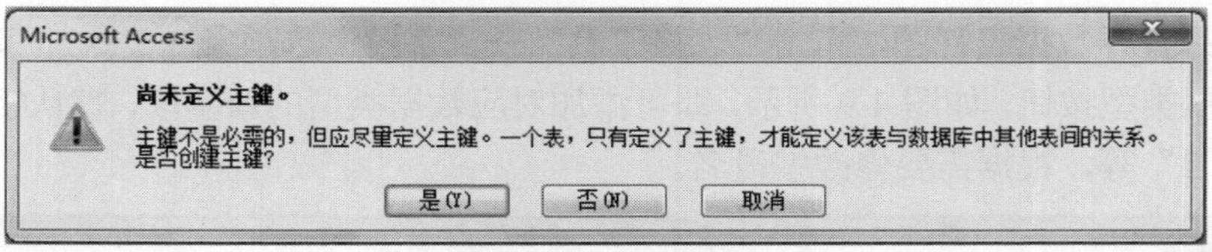

图 4-7 定义主键

2. 单字段主键

在表中，如果某个字段不包含重复值（唯一）和空值（NULL），可以将该字段指定为主键，例如“学生”表中的“学号”字段。

3. 多字段主键

在不能保证任何字段都包含唯一值时，可以将两个或更多的字段组合指定为主键，例如“选课成绩”表（学号、课程号、成绩），需要把“学号”和“课程号”两个字段组合起来作为主键，才能唯一标识一条记录。

在 Access 中，打开表设计视图，选定需要设置为主键的字段（按下 Shift 键可选择多个连续字段，按下 Ctrl 键可选择不连续的多个字段），右击弹出快捷菜单，选中“主键”选项，或单击“表格工具”→“设计”选项卡→“工具”组→“主键”命令。

4.4.3 常用表操作

1. 修改表结构

表创建后不可避免地要修改表结构，例如修改字段名、插入或删除字段等。

（1）修改字段名。

方法一：打开表设计视图，直接更改字段名。

方法二：打开数据表视图，找到需要修改的字段名，双击或右击标题行字段名称，选择“重命名字段”命令后修改。

方法三：打开数据表视图，光标移至需要修改的字段列上，单击“表格工具”→“字段”选项卡→“属性”组→“名称和标题”按钮，弹出“输入字段属性”对话框，在“名称”文本框中输入修改后的字段名。

（2）插入新字段。

方法一：打开表设计视图，单击“表格工具”→“设计”选项卡→“工具”组→“插入行”按钮，如图 4-8 所示；或者右击设计视图上半区域，弹出快捷菜单，选择“插入行”命令。

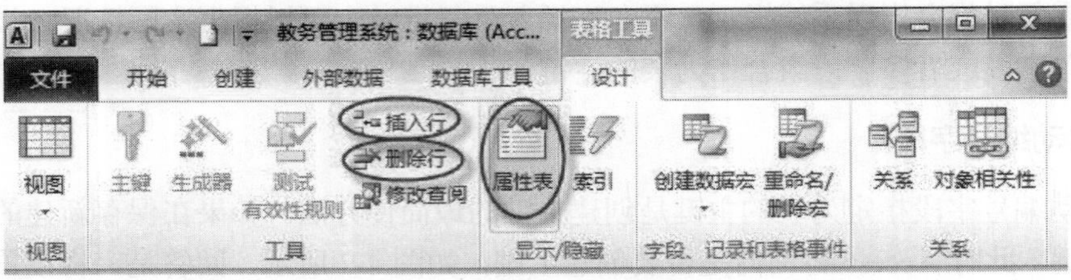

图 4-8 “表格工具”→“设计”选项卡

方法二：打开数据表视图，单击“表格工具”→“字段”选项卡→“添加和删除”组→任意一种数据类型按钮，如图 4-9 所示，即可添加对应数据类型的新字段，默认字段名为“字段 1”“字段 2”等，根据需要修改字段名。

图 4-9 “表格工具”→“字段”选项卡

（3）删除已有字段。

方法一：打开表设计视图，单击“表格工具”→“设计”选项卡→“工具”组→“删除行”按钮，如图 4-8 所示；或者右击设计视图上半区域，弹出快捷菜单，选择“删除行”命令。

方法二：打开数据表视图，单击“表格工具”→“字段”选项卡→“添加和删除”组→“删除”按钮，如图 4-9 所示；或者右击字段名称，弹出快捷菜单，选择“删除字段”命令。

（4）改变字段位置。

在使用数据表视图查看数据时，往往需要移动某些列来观察一些字段以更好地分析、使用数据。需要把一些列放在一起观察，这样就需要改变 Access 2010 数据表中的字段顺序。在 Access 2010 数据表视图中重新安排字段，需要先选中想要移动的数据列，全部字段列的数据记录都高亮显示后，按住鼠标左键拖动此列到新的位置。可以每次只选择并拖动一列，也可以选择拖动多列。

在数据表视图下更改了字段位置，只是改变了显示布局，表结构的字段次序并没有发生改变。如果想永久改变表结构的字段次序，需要打开表设计视图，选中想要更改的字段，按住鼠标左键拖动到新的位置。

2. 使用“属性表”窗格设置表属性

Access 2010 数据表属性的设置是适用于整张表，而不是针对某个字段，可以设置打开表的默认视图、子数据表是否展开、是否按某种排序方式显示数据、是否自动应用筛选条件等。

打开属性表的方法如下。

（1）打开表的设计视图。

（2）单击“表格工具”→“设计”选项卡→“显示/隐藏”组→“属性表”选项，如图 4-8 所示。

（3）“属性表”窗格出现在编辑区的右侧，如图 4-10 所示。

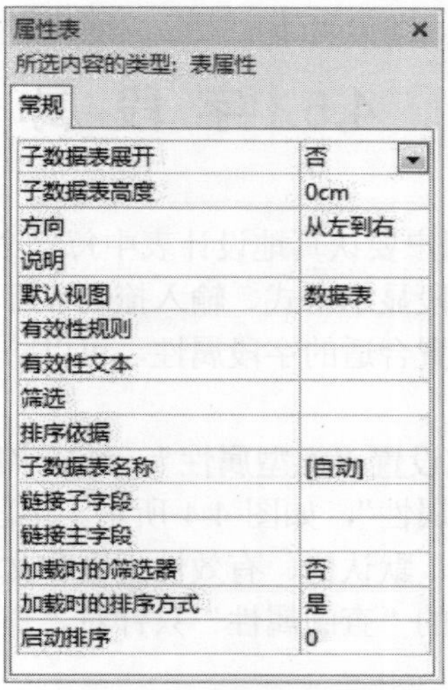

图 4-10 “属性表”窗格

3. 重命名表

（1）打开数据库，在导航窗格选中需要重命名的表（注意，表不能打开）。

（2）右击表名，弹出快捷菜单，选择“重命名”命令；或直接按 F2 键，修改表名称。

4. 复制表

如果需要新建的表和已经创建的表结构类似，或者想在已经创建好的表上做一些练习和修改，又担心会破坏表，这时，可以通过复制表来完成工作。

（1）打开数据库，在导航窗格选中需要复制的表。

（2）单击“开始”选项卡→“剪贴板”组→“复制”命令；或者右击，打开快捷菜单，选择“复制”命令；或者按 Ctrl+C 组合键，复制源数据表。

（3）单击“开始”选项卡→“剪贴板”组→“粘贴”命令；或者右击，打开快捷菜单，选择“粘贴”命令；或者按 Ctrl+V 组合键，弹出“粘贴表方式”对话框。

（4）在“表名称”文本框中输入复制表的名称，并根据需要在下面的三个“粘贴选择”中选择其中一个。

（5）单击“确定”按钮，完成表的复制操作。

5. 删除表

为了避免数据丢失，在删除表之前最好备份表或数据库。

（1）打开数据库，在导航窗格中选中需要删除的表（注意，表不能打开）。

（2）单击“开始”选项卡→“记录”组→“删除”命令；或者右击，打开快捷菜单，选中“删除”命令；或直接按 Del 键，弹出“删除表”对话框，单击“是”按钮，选中的表将被删除。

> **提示**
>
> 如果删除的表与其他表建立了关系，则应先删除与其他表的关系，才能删除该表。

字段属性

4.5 字段属性

在设计表结构时，用户要认真地设计表中每一个字段的属性，如字段名称、数据类型、字段大小，还要考虑对字段显示格式、输入掩码、标题、默认值、有效性规则及有效性文本等属性进行定义。通过设置合适的字段属性，可以防止不正确数据的录入、定义字段显示外观和行为特征等。

打开表设计视图，上半区域设置“类型属性”，包括字段名称、数据类型、说明，下半区域设置“常规属性”和“查阅属性”，如图 4-4 所示。字段的常规属性用于设置字段大小、小数位数、显示格式、输入掩码、默认值、有效性规则和文本、索引等。常规属性随字段的数据类型不同而有所不同。字段的“查阅属性”只针对“查阅向导”型字段，设置行来源、列表显示格式等。

4.5.1 类型属性

（1）字段名称：直接输入具有一定含义的简洁字段名称，同一表中字段名称不重复。

（2）数据类型：位于设计视图网格第二列，从下拉列表中选择合适的数据类型。

（3）说明：为字段增加文字说明，描述字段的含义、设计目的、数据特点等，增强表设计的可读性，该属性属于注释内容，对表结构和表性能无任何影响。

4.5.2 常规属性

1. 字段大小

使用“字段大小”属性可以设置“文本”“数字”或“自动编号”类型的字段中可保存数据的最大容量。

（1）“文本”数据类型，其“字段大小”可设置为 1～255 之间的任何一个数字作为字段最大长度，即输入字符数不允许超出最大字符数。

（2）“数字”数据类型，其“字段大小”属性的设置及其值范围参考表 4-2，根据实际数据的表达范围和表达需要选择合适的“数字”子类型。

（3）“自动编号”数据类型，其“字段大小”属性可设为“长整型”或“同步复制 ID”，其中，“同步复制 ID”也称为“全球统一定位符（GUID）”，是由 Windows 计算得到的全球唯一码，是一个 32 位的十六进制数。通常设置为“长整型”。

对“字段大小”属性有以下几点说明。

（1）在设置一个字段的“字段大小”属性时，并不是设置得越大越好，而应坚持“够用即可”的原则，或者说应该使用尽可能小的“字段大小”，因为较小的数据需要的内存少，处理速度更快。

（2）如果在一个已包含数据的字段中，将“字段大小”的值由大变小时，可能会丢失数据。例如，如果把某一“文本”类型字段的“字段大小”从 255 改为 50，则超过 50 个字符以外的数据都会丢失。

（3）如果“数字”类型字段中的数据大小不适合新的“字段大小”设置，则小数位数可能被四舍五入，或得到一个 Null 值。例如，如果将单精度数据类型变为整型，则小数值将四舍五入为最接近的整数，而且值大于 32767 或小于–32768 都将成为空字段。

（4）在设计表视图中，保存对“字段大小”属性的更改之后，无法撤销由于更改该属性所产生的数据更改。

2．格式

“格式”属性用于指定字段的数据显示格式，在输入数据后改变数据的显示方式，不影响数据值。

“格式”有系统格式和自定义格式两种类型。系统格式是使用系统提供的格式，适合于大多数应用领域对数据的一般要求；自定义格式适合于某些有特殊要求的字段数据进行细致的格式设置。

在 Access 2010 提供的 12 种数据类型中，自动编号、数字、货币、日期/时间、是/否和计算 6 种数据类型既可以用系统格式设置，又可以进行自定义格式设置；而文本、备注和超链接 3 种数据类型只可以使用自定义格式设置；OLE 对象和附件没有“格式”属性。

（1）“数字”型：包括自动编号、数字、货币和计算型。

① 系统格式：系统提供“常规数字”“货币”“欧元”“标准”“百分比”和“科学记数”，用户可以直接在“格式”属性下拉列表中选择。

② 自定义字段格式：自定义的数字格式可以有 1～4 节，使用分号作为每一节的分隔符，每一节都包含不同数值的格式设置。一般格式为：

正数的格式；负数的格式；零值的格式；空值（NULL）的格式

例如：$0.00;($0.00);"Zero";"No data"，表示数值大于 0 时，以$符号开头保留两位小数的形式显示，输入 12.3，显示为$12.30；数值小于 0 时，以$符号开头保留两位小数并加上小括号，输入–12.3，显示为（$12.30）；数值等于 0 时，显示 Zero；空值显示 No data。在实际的使用中，不一定要设置所有小节内容，可以只设置正数格式，如“$0.00”，正数将按照设置格式显示，其他则直接显示。

上例是通过占位符“0”来设置格式，Access 还提供了其他占位符方便用户设置更加灵活的格式，如表 4-4 所示。

表 4-4 “数字”型格式占位符

符号	说 明
0	数字占位符，显示一个数字或 0。如 0000.00，输入 12.3 显示为 0012.30
#	数字占位符，显示一个数字或不显示。如####.##，输入 12.3 显示为 12.3
.	小数分隔符
,	千位分隔符。如##,###.00，输入 12345 显示为 12,345.00
$	在该位置显示字符“$”
%	数字将乘以 100，并附加一个百分号。如 0.0%，输入 0.234 显示 23.4%
E–或 e–	科学记数法，只对负指数使用符号。如#.###E–00，输入 0.12345 显示为 1.235E–01，输入 12.345 显示为 1.235E01
E+或 e+	科学记数法，只对正指数使用符号。如#.###E+00，输入 0.12345 显示为 1.235E–01，输入 12.345 显示为 1.235E+01
“文本”	用双引号括起来的任何文本。如 0.00“元”，输入 12.345 显示为 12.35 元
[颜色]	用于向格式中某个部分的所有值应用颜色。必须用方括号括起颜色的名称并使用下列名称之一：黑色、蓝色、蓝绿色、绿色、洋红色、红色、黄色或白色。如 0.00[绿色];0.00[红色]，输入整数显示为绿色，输入负数显示为红色

（2）日期/时间型的常用格式。

① 常用字段格式：系统提供的格式和示例如图 4-11 所示。

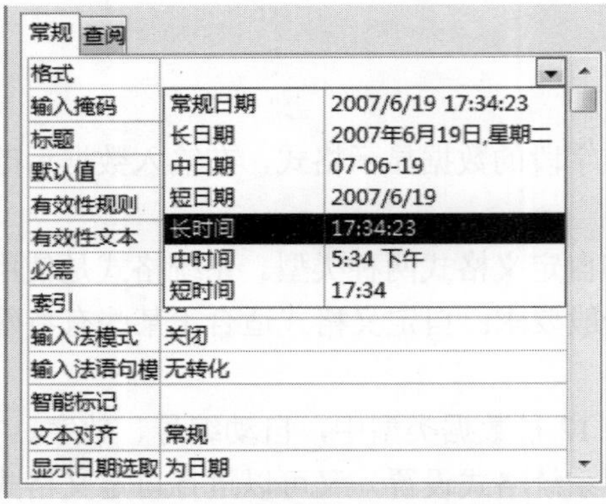

图 4-11 日期/时间数据类型的常用字段格式选项

② 自定义字段格式："日期/时间"型字段的自定义格式可以包含两部分：日期格式和时间格式。用户可以通过 Access 定义的符号来自定义格式，例如格式 yyyy/mm/dd hh:nn，输入 2016-4-30 5:30，显示为 2016/04/30 05:30。常用符号含义如表 4-5 所示。

表 4-5 日期/时间数据类型的常用自定义格式符号

符号	说　明
/	日期分隔符
:	时间分隔符
y	一年中的日期数（1~366）
yy	年的最后两个数字（01~99）
yyyy	完整的年份值（0100~9999）
m	月份。m，以一位或两位数显示（1~12）；mm，以两位数显示（01~12）；mmm，月份名称的前三个字母（Jan~Dec）；mmmm，月份的全称（January~December）
d	日期。d，以一位或两位数显示；dd，以两位数显示；ddd，星期名称的前三个字母（Sun~Sat）；dddd，星期名称的全称（Sunday~Saturday）
w	星期。w，一周中的日期（1~7）；ww，一年中的周（1~53）
q	季度，用 1~4 显示
h	小时。h，以一位或两位数显示（0~23）；hh，以两位数显示（00~23）
n	分钟。n，以一位或两位数显示（0~59）；nn，以两位数显示（00~59）
s	秒。s，以一位或两位数显示（0~59）；ss，以两位数显示（00~59）
AM/PM	末尾为 AM 或 PM 表示 12 小时制的时间，如 4:00PM。还可用 am/pm、A/P 或 a/p

（3）是/否类型。

① 常用字段格式选项：系统提供"真/假""是/否""开/关"三种格式，如 True、Yes、On 或-1 表示"是"，用 False、No、Off 或 0 表示"否。"但 Access 2010 使用一个复选框类型的控件作为"是/否"数据类型的默认控件，用户浏览到的是和，因此，首先要将复选框变为文本框，格式设置才有效。可通过设计视图下字段属性中的"查阅"选项

卡设置。

② 自定义字段格式：显示控件设为文本框，可以输入两个文本信息，中间用分号分隔，分别表示“是”和“否”对应的信息。例如，是/否类型字段“四级通过否”，设置格式：“未通过”;“已通过”，当值为“是”时，显示“已通过”，值为“否”时，显示“未通过”。

（4）文本与备注类型的自定义格式。“文本”和“备注”字段的自定义格式最多有两节，用分号分隔，第一节表示有文本的字段格式；第二节表示零长度字符串及 NULL 值的字段格式（默认值）。

例如，文本型字段格式设置为@;"None"，输入字符时，显示输入的字符，如果没有输入字符，显示“None”，其中，@为文本型字段占位符，Access 还提供了其他文本与备注字段的占位符，含义说明如表 4-6 所示。

表 4-6　文本与备注类型的自定义格式占位符

符号	说明	设置示例	输入数据	显示
@	在该位置可以显示任意可用的字符，不足规定长度，自动在数据前补空格，右对齐	（@@@@）-（@@@@@@@@）	055166886888	（0551）-66886888
&	不足规定长度，自动在数据后补空格，左对齐	（&&&&&&&&）	6299680	（6299680 ）
>	所有字母变为大写	>	Axhu	AXHU
<	所有字母变为小写	<	axhu	axhu

3. 标题

字段标题是字段的别名，在数据表视图中，它是字段列标题显示的内容，在窗体和报表中，它是该字段标签所显示的内容。

如果某一字段没有设置标题，系统将字段名称当成字段标题。因为可以设置字段标题，用户在定义字段名称时，可以用简单的符号，所以大大方便了对表的操作。

4. 输入掩码

输入掩码用于设置字段的输入格式，强制用户按指定格式输入数据，输入掩码主要用于文本类型和日期/时间型字段，也可以用于数字型和货币型字段。

输入掩码和格式的区别是：“格式”是用来控制数据输出格式的属性，“输入掩码”是用来控制数据输入格式的属性。但要注意，如果同时使用“格式”和“输入掩码”属性，它们的结果不能相互冲突。

设置“输入掩码”属性有两种方法，一是用向导设置，二是手工设置。

（1）用向导设置输入掩码（以设置邮政编码为例）。

① 打开表设计视图。

② 选中要设置的字段，单击“常规”属性中“输入掩码”属性设置框右侧的···按钮，打开“输入掩码向导”对话框，如图 4-12 所示。

③ 在“输入掩码向导”对话框中，选择“邮政编码”，单击“下一步”按钮，弹出确认对话框，“占位符”可选其他符号，默认为下划线。

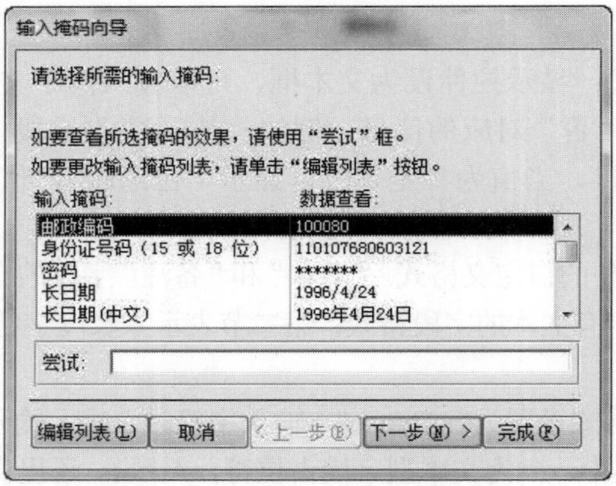

图 4-12 "输入掩码向导"对话框

④ 查看无误后，单击"完成"按钮，关闭向导对话框。

⑤ "输入掩码"属性框内容为：000000；0；_。

⑥ 保存，"邮政编码"输入掩码设置完成。

（2）手工设置输入掩码。

"输入掩码向导"对话框只能够处理"文本"或"日期/时间"字段类型，而对于数字和货币字段来说，必须手工来输入掩码。手工设置输入掩码要求直接在字段的"输入掩码"属性框中输入定义格式。输入掩码的定义最多可以包含三节，各个节之间使用分号分隔，例如：（999）0000-0000；0；" "。表 4-7 和表 4-8 分别给出每节的含义及常用输入掩码的设置字符。

表 4-7 输入掩码每节的含义

节	含义
第一节	输入掩码本身
第二节	确定是否保存原义显示字符。0，以输入的值保存原义字符；1 或空白，只保存输入的非空格字符
第三节	显示在输入掩码处的非空格字符。可以使用任何字符。" "（双引号、空格、双引号的组合）代表一个空格。如果省略该节，默认为下划线（_）

表 4-8 输入掩码的设置字符

符号	说明	掩码示例	数据示例
0	必选项，只能输入 0~9 的数字	000-000000	正确输入：010-881128； 错误输入：01-0881128，因为"-"前必须输入 3 个数字，后面必须输入 6 个数字
9	可选项，0~9 的数字或空格	（999）99999	（10）8811；（010）88118
L	必选项，字母	LL0000	AH5381
?	可选项，字母	??-0000	A-5381;AH5381
A	必选项，字母或数字	AA-9999	3U-5381
a	可选项，字母或数字	aa-9999	H-538;H8-538
&	必选项，任一字符或空格	&&&&&	AH1*H
C	可选项，任一字符或空格	CCCCC	HAX

5. 默认值

使用“默认值”属性可以指定添加新记录时自动输入的值。通常表中某字段大部分数据内容相同或需要由系统自动输入值时使用。比如，“学生”表的“性别”字段默认值设为“男”；“订单”表的“订单日期”字段默认值设为 Now()（注：Now()是返回当前时间的函数），新增订单时，系统自动添加新记录产生时间为“订单日期”。设置默认值的目的在于简化输入，提高输入速度。默认值可以是常数、表达式或函数。

6. 有效性规则和有效性文本

定义字段的“有效性规则”属性，是给表输入数据时设置的字段值的约束条件，即用户自定义完整性约束。输入的数据如果不满足有效性规则的表达式，系统将显示提示信息，并强迫光标停留在该字段所在的位置，直到数据符合字段有效性规则为止。

系统的提示信息内容由“有效性文本”属性决定。如果“有效性文本”未设置，提示信息为系统信息，否则，提示信息显示“有效性文本”设置内容。

“选课成绩”表的“成绩”字段属性设置如图 4-13 所示，“有效性规则”限制用户只能输入 0~100（包含 0 和 100）的数字，如果输入数值不在这个范围，系统将弹出提示对话框，显示“有效性文本”设置的内容，如图 4-14 所示，要求用户重新输入。

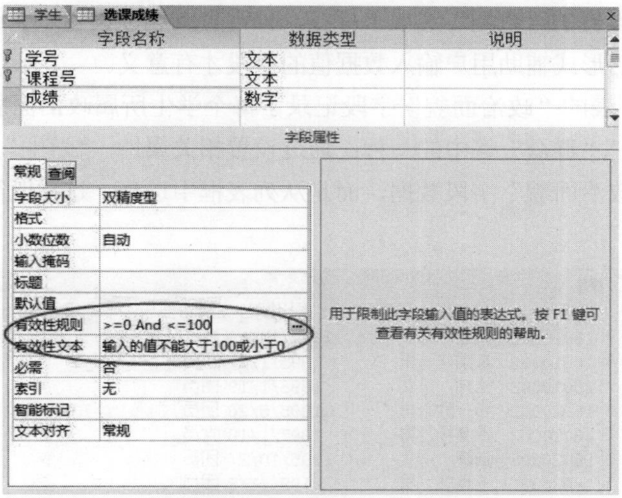

图 4-13　“成绩”字段属性

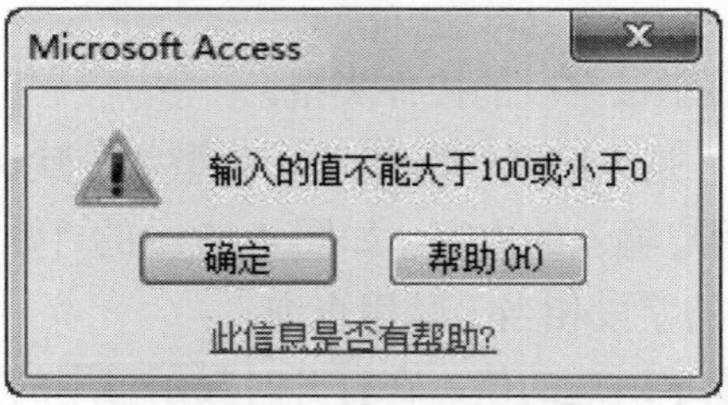

图 4-14　系统提示对话框

可以直接输入“有效性规则”属性的内容，也可以单击右侧…按钮，打开“表达式生成器”对话框完成设置。

7. 新值

决定自动编号字段是随着每个新值递增还是使用随机数。

（1）递增：从 1 开始，并为每条新记录增加 1。

（2）随机：为每条新记录分配一个随机值。值的字段大小为长整型，范围从 –2147483648~+2147483647。

8. 小数位数

针对数字或货币类型，指定保留小数位数。

9. 必需

指定字段的值是否必填，即 Null 值是否有效。

10. 允许空字符串

仅适用文本、备注和超链接表字段，指定字段是否允许输入零长度字符串。

4.5.3 查阅属性

单击字段属性设置的“查阅”选项卡标签，打开查阅属性设置。查阅属性仅对那些需要以列表框或组合框的形式辅助用户输入数据值的字段才有意义。

例如，“学生”表的“政治面貌”字段记录了每个学生所属政治面貌的类别，该字段的值是“党员”“团员”“群众”等中的一种。通过设置相关属性，“学生”表如图 4-15 所示，用户不需要输入“政治面貌”字段数据，而是从列表框中选择。这样既简化了输入，又能保证数据的准确性。

学生

学号	姓名	性别	出生日期	政治面貌	四级通过否
16010001	徐啸	女	1994/10/16	群众	☑
16010002	辛国年	男	1995/1/17	团员	☐
16010003	徐玮	女	1996/1/19	团员	☑
16020001	邓一欧	男	1995/5/20	团员	☑
16020002	张激扬	男	1997/1/18	党员	☐
16020003	张辉	女	1995/10/21	团员	☑
16030001	王克非	男	1996/1/8	团员	☐
16040001	王刃	男	1997/5/28	党员	☑

图 4-15 “学生”表部分数据

（1）显示控件，用来显示该字段的控件类型。

① 文本框（或复选框）：是系统默认选项（是/否型字段默认为复选框，其他类型字段默认为文本框），显示已经由用户输入的内容，如图 4-15 中的“姓名”字段。“显示控件”设置为“文本框”或“复选框”的字段相当于禁用查询。

② 组合框：在关闭时显示所选的值，在打开时显示可用的值列表。

③ 列表框：在打开的窗口中显示值列表。

（2）行来源类型，选择填充查阅字段的类型。

① 表/查询：查阅字段数据来自数据库中的表或查询。

② 值列表：查阅字段数据来自于用户设定的值。

③ 字段列表：查阅字段数据来自于表或查询字段的名称。

（3）行来源，根据选择的行来源类型，具体指定为查阅字段提供数据的表、查询或值列表。

① “行来源类型”属性为“表/查询”或“字段列表”时，此属性设置为表名或查询名或者 SQL 语句。

② “行来源类型”属性为“值列表”时，此属性设置为由分号分隔的值列表。

图 4-15 中“学生”表的“政治面貌”字段的查阅属性设置如下。

- 显示控件：组合框。
- 行来源类型：值列表。
- 行来源：“党员”“团员”“群众”。

4.6 索 引

索引

4.6.1 什么是索引

字段的索引与书的目录类似。一本书的目录会按某些规则列出本书所包含的全部主题，以及每个主题所在的页码，读者通过目录可以很快找到需要的内容。同样，在一张记录非常多的数据表中，如果没有建立索引，数据库系统只能按照顺序查找所需要的记录，这将会耗费很长的时间来读取整张表。如果事先为数据表创建了有关字段的索引，在查找记录时，就会快得多。

创建索引是为了提高数据记录的搜索速度，但在追加、删除或更新数据时，必须更新受影响的表中的所有索引以反映变化，会占用一定的时间。因此，需要权衡整体性能，创建合理的索引。

在数据表中创建索引的原则是确定经常依据哪些字段查找信息和排序，对于 Access 数据表中的字段，不同字段值的数量多，而且符合如下所有条件，则推荐对该字段设置索引：

（1）字段的数据类型为文本型、数字型、货币型或日期/时间型。

（2）常用于查询的字段。

（3）常用于排序的字段。

4.6.2 索引操作

在 Access 中，按照功能将索引分为以下几种类型。

1. 唯一索引

索引字段的值不能相同，即没有重复值。若给该字段输入重复值，系统会提示操作错误，若已有重复的字段要创建索引，不能创建唯一索引。

2. 普通索引

索引字段的值可以相同，即有重复值。主要作用就是加快查找和排序的速度。一个表中可以有多个普通索引。

3. 主索引

当把字段设置为主键后，该字段就是主索引，索引属性值为“有（无重复）”。

唯一索引与主索引相似，其索引属性值为“有（无重复）”，只是一个表中只能有一个主索引，而唯一索引可以有多个，主索引字段决定处理记录的顺序。

Access 可以对单个字段或多个字段来创建记录的索引。基于单个字段的索引称为单索引，基于多个字段的索引称为复合索引。

例如在“学生”表中设置“姓名”为普通索引，操作步骤如下：

（1）打开“学生”表设计视图，光标移至“姓名”字段。

（2）设置“姓名”的“索引”属性为“有（无重复）”，如图 4-16 所示。或者，单击“表格工具”→“设计”选项卡→“显示和隐藏”组→“索引”命令，打开“索引”对话框，如图 4-17 所示，添加索引 Ind_Name（索引名称可自己命名），设置索引字段为“姓名”。

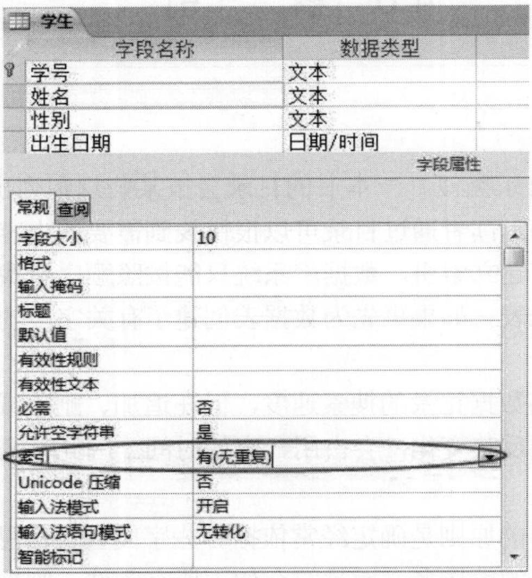

图 4-16　为“学生”表中“姓名”字段设置索引

（3）保存设置。

如果取消索引，可以选中索引字段后，设置“索引”属性为“无”，也可以打开索引设置对话框，如图 4-17 所示，选中需要删除的索引，按 Del 键。

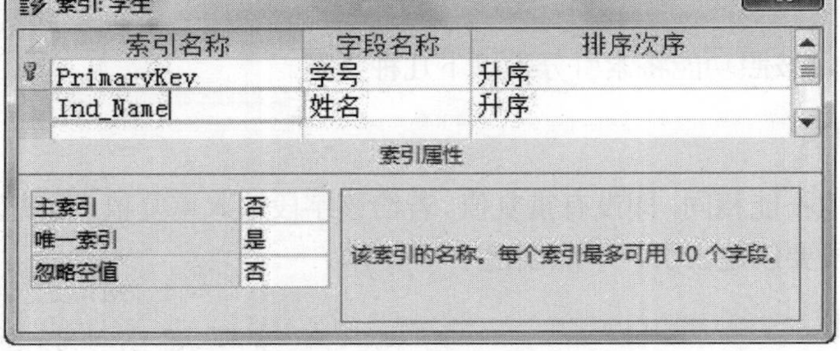

图 4-17　索引设置对话框

4.7 表间关系

表间关系

通常一个数据库中包括多个表，这些表很少是孤立存在的，尤其是在一个设计良好的数据库中，各表之间基于相同属性的字段存在着联系，Access 中把这种联系称为表间关系。建立表间关系，不仅建立了表之间的关联，还保证了表间数据操作的同步性和数据参照完整性，避免意外删除或更改相关联数据，避免出现孤立记录。

在数据表视图中，对于已经设置了表间关系的主表，左侧记录选择器旁多了一个⊞号图标，可展开查看对应子表的数据。

4.7.1 表间关系类型

Access 提供的关系创建功能可以创建一对一和一对多的关系，不能直接创建多对多的关系，多对多的关系由多个一对多的关系实现。

1. 一对一关系

在一对一关系中，第一个表中的每条记录在第二个表中只有一个匹配记录，而第二个表中的每条记录在第一个表中只有一个匹配记录。这种关系并不常见，因为多数以此方式相关的信息都存储在一个表中，可以使用一对一关系将一个表分成许多字段，或出于安全原因隔离表中的部分数据，或存储仅应用于主表的子集的信息。在标识此类关系时，这两个表必须共享一个公共字段。

两个表之间若想建立“一对一”关系，一是要确定两个表的关联字段；二是要定义“主”表中该字段为主键或唯一索引（字段值无重复）；三是要定义另一个表中与“主”表相关联的字段为主键或唯一索引（字段值无重复）；四是确定两个表具有“一对一”的关系。

2. 一对多关系

一对多关系是数据库中最常见的一种关系，它是指一个表中的一条记录可以对应另一个表的多条记录。在一对多关系中，“一”方为主表，关联字段通常为表关系的主键字段；“多”方为相关表，关联字段往往是该表的外键字段。

在“教务管理系统”数据库中，一个学生可以选修多门课程，因此，在表关系的一对多中，“一”方应该为“学生”表中的字段“学号”，而“多”方应该为“选课成绩”表中的字段“学号”。

两个表之间若想建立“一对多”关系，一是要确定两个表的关联字段；二是要定义“主”表中该字段为主键或唯一索引（字段值无重复）；三是要定义另一个表中与“主”表相关联的字段为普通索引（字段值有重复）；四是确定两个表具有“一对多”关系。

3. 多对多关系

在多对多关系中，第一个表中的一条记录能与第二个表中的多条记录匹配，并且第二个表中的一条记录也能与第一个表中的多条记录匹配。要建立具有多对多关系的两个表之间的关联，只能通过先构造定义第三个表（称为连接表），再通过第三个表分别和原先的两个表建立一对多关系。也就是说，一个多对多关系最终将转化为通过使用第三个表的两个一对多关系。这两个一对多关系，第三个表都作为表关系的“多”方。因此，第三个表中至少应该包括两个字段，这两个字段作为表关系的外键。

在“教务管理系统”数据库中，一个学生可以选修多门课程，一门课程可以被多个学生选修，“学生”表与“选课成绩”表之间是一对多关系，“课程”表与“选课成绩”表也是一对多关系，所以“学生”表和“课程”表之间是多对多关系。

4.7.2 创建表间关系

在“教务管理系统”数据库中，创建“学生”表和“选课成绩”表的一对多关系，并实施参照完整性。

“学生”表和“选课成绩”表的共有字段是表示学生的字段，分别是“学生”表中的“学号”和“选课成绩”表中的“学号”。设置表间关系的具体操作如下：

（1）确保共有字段都已创建索引，一方“学生”表的“学号”是主键或唯一索引，多方“选课成绩”表的“学号”是普通索引。

（2）单击“数据库工具”选项卡→“关系”组→“关系”，如果是第一次打开“关系”窗口，会出现“显示表”对话框，如图 4-18 所示，否则，单击“关系工具”→“设计”选项卡→“关系”组→“显示表”，打开“显示表”对话框。

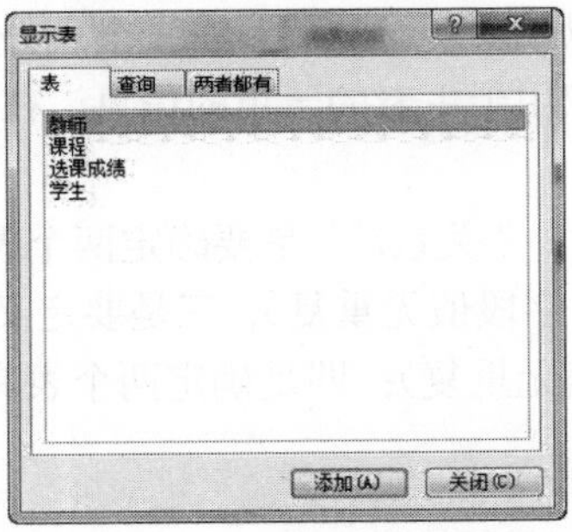

图 4-18 “显示表”对话框

（3）选中“学生”表和“选课成绩”表，单击“添加”按钮，添加表对象至“关系”窗口，关闭“显示表”对话框。

（4）在“关系”窗口，将“学生”表中的“学号”字段拖到“选课成绩”表的“学号”字段位置，弹出“编辑关系”对话框，如图 4-19 所示。

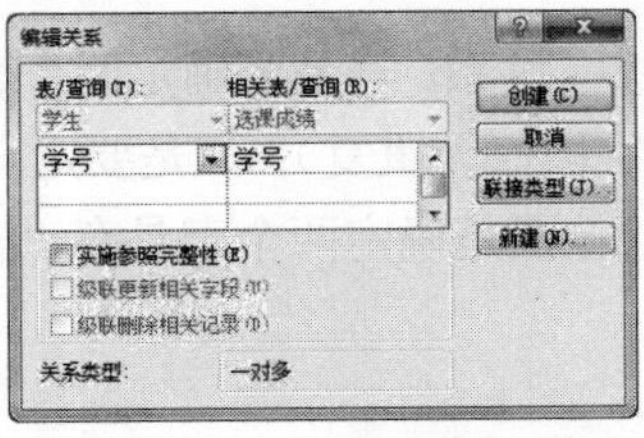

图 4-19 “编辑关系”对话框

（5）在“编辑关系”对话框中，选中“实施参照完整性”复选框，单击“创建”按钮，返回“关系”窗口，“学生”表和“选课成绩”表的一对多关系已创建，如图 4-20 所示。

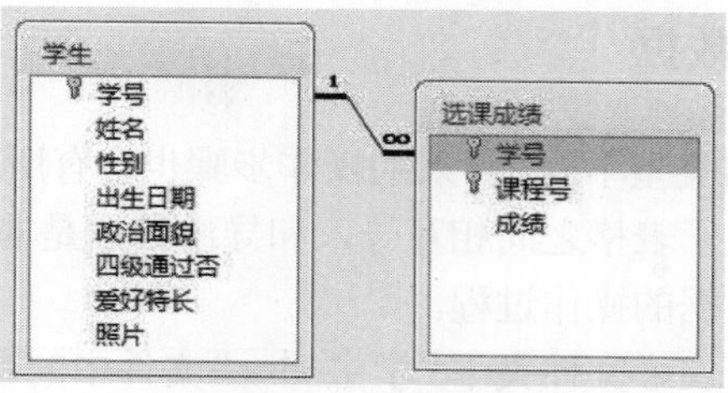

图 4-20　一对多关系示例

（6）单击“关系工具”→“设计”选项卡→“关系”组→“关闭”按钮，保存设置，结束数据库中表间关联关系的建立。

> **提示**
>
> 图 4-19 中选中“级联更新相关字段”复选框后当主表的连接字段值改变时，子表对应的字段值将自动改变；选中“级联删除相关记录”复选框后当主表记录删除时，子表与之对应的记录也将由系统删除。因此，使用这两个选项要慎重，避免不必要的数据更改和丢失。这两个复选框默认为未选中。

4.7.3　更改表间关系

具体操作步骤如下。

（1）打开“教务管理系统”数据库。

（2）单击“数据库工具”选项卡→“关系”组→“关系”，打开“关系”窗口。

（3）双击要更改的两个表之间的关系连线；或选中关系连线，右击，弹出快捷菜单，选择“编辑关系”命令，打开“编辑关系”对话框，如图 4-19 所示，进行更改。

（4）单击“确定”按钮，完成表间关系的更改。

4.7.4　删除表间关系

具体操作步骤如下。

（1）打开“教务管理系统”数据库。

（2）单击“数据库工具”选项卡→“关系”组→“关系”，打开“关系”窗口。

（3）选中要删除的两个表之间的关系连线，按 Del 键；或右击，弹出快捷菜单，选择“删除”命令，弹出系统提示框，单击“是”按钮，即可删除表间关系。

4.8　数据的导入与导出

导入导出

Access 数据库有多种方法实现与其他应用程序的数据共享，既可以直接从某个外部数据源获取数据来创建新表或追加到已有的表中（即数据的导入），也可以将表或查询中的数据输出到其他格式的文件中（即数据的导出）。外部数据源可以是一个文本文件、电子表格文件（如 Excel）或其他数据库文件，也可以是另一个 Access 数据库文件等。

4.8.1 从外部数据导入数据

由于导入的外部数据的类型不同，导入的操作步骤也会有所不同，但基本步骤是类似的。在 Access 数据库和 Excel 电子表格之间相互导入和导出数据是非常常见的操作。下面以 Excel 电子表格为例，说明导入数据的操作过程。

【例 4-1】 将 D 盘 Access 文件夹下“学生.xlsx”文件中的数据导入到“教务管理系统”数据库中作为“学生 4”表，要求第一行包含列标题，学号为主键，其余选项默认。

操作步骤如下：

（1）启动“教务管理系统”数据库，单击“外部数据”选项卡，在“导入并链接”命令组中单击“Excel”命令按钮，弹出如图 4-21 所示的“获取外部数据”对话框。

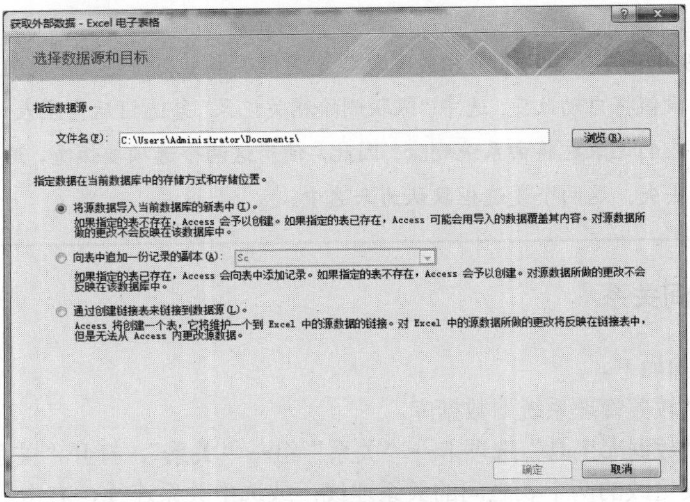

图 4-21　“获取外部数据”对话框

（2）在“获取外部数据”对话框中，单击“浏览”按钮，指定数据源为“D:\Access\学生.xlsx”，选中“将源数据导入当前数据库的新表中”单选按钮，并单击“确定”按钮。

（3）弹出“导入数据表向导”对话框，要求选择工作表或区域，如图 4-22 所示，这里选择“学生”工作表，单击“下一步”按钮。

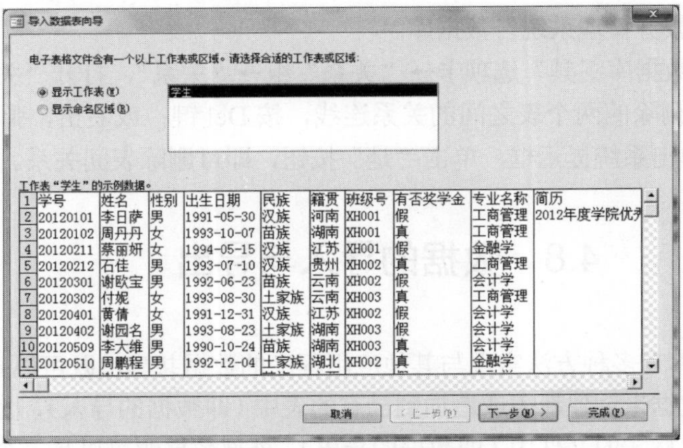

图 4-22　选择工作表

（4）弹出“导入数据表向导”第 2 个对话框，要求确定指定的第一行是否包含列标题，本例选中“第一行包含列标题”复选框，如图 4-23 所示，然后单击“下一步”按钮。

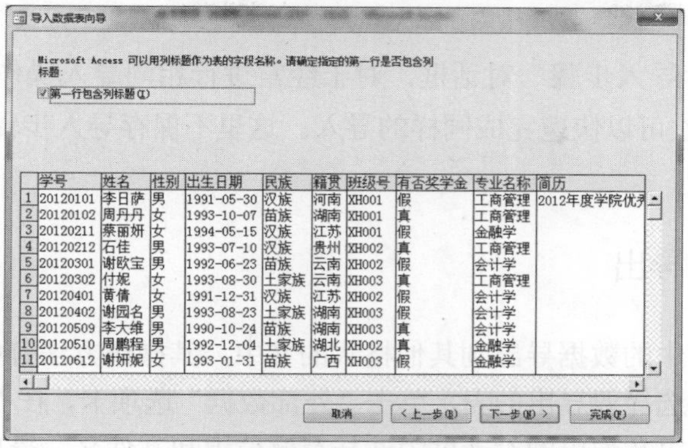

图 4-23 指定第一行包含列标题

（5）弹出“导入数据表向导”第 3 个对话框，要求指定字段信息，包括设置字段数据类型、索引等，这里选择默认选项，如图 4-24 所示，然后单击“下一步”按钮。

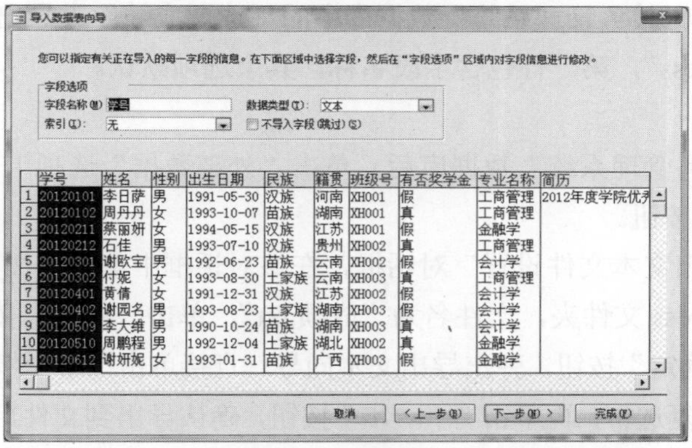

图 4-24 设置字段信息

（6）弹出“导入数据表向导”第 4 个对话框，要求对新表定义一个主键，如选中“我自己选择主键”单选按钮，则可以选定主键字段。这里选定“学号”，如图 4-25 所示，然后单击“下一步”按钮。

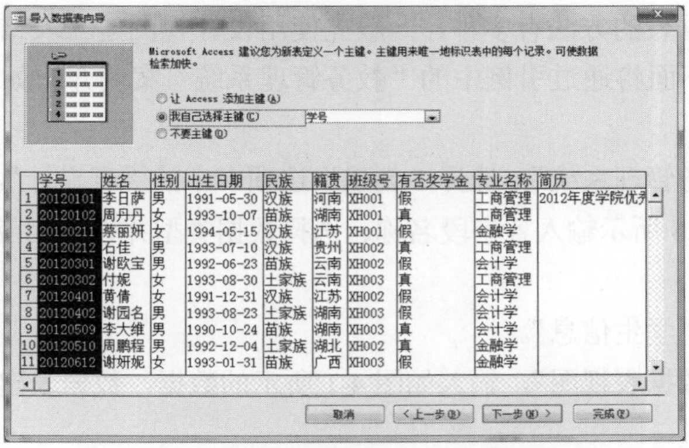

图 4-25 设置主键

（7）弹出“导入数据表向导”第 5 个对话框，在“导入到表”文本框中，输入表的名称“学生 4”，然后单击“完成”按钮。至此，学生 4 表完全导入到当前数据中，完成了使用导入方法创建表的过程。

（8）弹出“保存导入步骤”对话框，对于经常进行相同导入操作的用户，可以把导入步骤保存下来，下一次可以快速完成同样的导入。这里不保存导入步骤，单击“关闭”按钮即可。

4.8.2 表中数据的导出

将 Access 数据库中的数据导出到其他格式的文中，其操作方法有如下两种：

- 在导航窗格中选择要导出的表，单击“外部数据”选项卡，在“导出”命令组中选择文件的类型，再在弹出的对话框中选择存储位置和文件名，最后单击“确定”按钮。
- 在导航窗格中选择要导出的表，右击，并在快捷菜单中选择“导出”命令，在弹出的菜单中选择文件的类型，再在弹出的对话框中选择存储位置和文件名，最后单击“确定”按钮。

【例 4-2】 将“教务管理系统”数据库中的“选课成绩”表导出为“成绩.txt”文件，保存路径为“D:\Access”，第一行包含字段名称，其余选项默认。

操作步骤如下：

（1）启动“教务管理系统”数据库后，单击“外部数据”选项卡，在“导出”组中单击“文本文件”命令按钮。

（2）弹出“导出文本文件设置”对话框，在该对话框中单击“浏览”按钮，选择导出文件位置为 D 盘 Access 文件夹，文件名为“成绩.txt”，单击“保存”按钮返回对话框。

（3）再单击“确定”按钮，弹出导出文本向导，直接单击“下一步”按钮后，勾选“第一行包含字段名称”复选框，再单击“下一步”按钮，确认导出到文件后单击“完成”按钮。

（4）不保存导出步骤。文件导出结束后可查看导出文件数据。

4.9 实例——用 Access 创建“学生信息”表

教务管理系统之表

创建数据表的方法有多种，一般先使用设计视图建立表结构，在数据表视图下输入数据。下面将通过引例中的“教务管理系统”案例介绍如何创建一个完整的数据表。主要步骤如下：

（1）启动“教务管理系统”，选择“创建”选项卡中的“表设计”。

（2）按如图 4-26 所示输入各字段名称、选择数据类型并设置相应字段大小，设置“学号”字段为主键。

（3）保存名为“学生信息”。

（4）切换到“数据表视图”，输入如图 4-1 所示的数据，数据表建立完成。

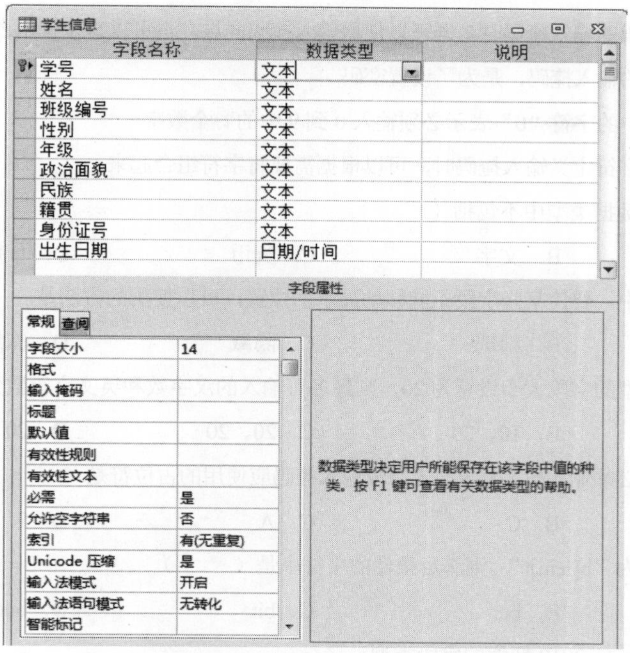

图 4-26　“学生信息”对话框

本章小结

表是 Access 数据库中最重要的数据库对象，存储着各种数据，是其他数据库对象操作的基础。表由表结构和表数据组成。本章围绕表结构的创建、维护和表结构的操作等内容展开，具体包含深入认识 Access 表对象、创建/维护表的方法、表的字段属性设置/维护、表数据操作以及索引、表间关系和表数据的导入/导出。

习 题 4

习题 4
参考答案

一、单选题

1．在 Access 2010 的数据类型中，不能建立索引的数据类型是（　　）。

A．文本型　　B．OLE 对象型　　C．备注型　　D．数字型

2．假设表 A 与表 B 建立“一对多”关系，下述说法中正确的是（　　）。

A．表 B 中的一个记录能与表 A 中的多个记录匹配

B．表 A 中的一个记录能与表 B 中的多个记录匹配

C．表 B 中的一个字段能与表 A 中的多个字段匹配

D．表 A 中的一个字段能与表 B 中的多个字段匹配

3．以下关于“输入掩码”的叙述中，错误的是（　　）。

A．在定义字段的输入掩码时，既可以使用输入掩码向导，也可以直接使用占位符或者字面字符

B．定义字段的输入掩码，是为了设置密码

C．输入掩码中的字符“0”表示必须输入 0 到 9 中的一个数字

D．直接使用字符定义输入掩码时，可以根据需要将字符组合起来

4．Access 提供的数据类型中不包括（　　）。

A．备注　　B．文字　　C．货币　　D．日期/时间

5．在数据表视图中，要使某些字段不能移动显示的位置，可以使用的方法是（　　）。

A．排序　　B．筛选　　C．隐藏　　D．冻结

6．若“文本”类型的字段大小设置为 20，则最多可输入的汉字数和英文字符数分别是（　　）。

A．10、10　　B．10、20　　C．20、20　　D．20、40

7．要求某个字段必须输入数字 0~9，该字段输入掩码应使用的占位符是（　　）。

A．0　　B．C　　C．A　　D．9

8．设置查找内容为“b[!eiu]t”，则满足条件的字符串是（　　）。

A．bat　　B．bet　　C．bit　　D．but

9．（　　）是 Access 2010 新增的字段类型。

A．OLE 对象　　B．超链接　　C．计算　　D．备注

10．如果要限制输入数据的范围，可以设置的字段属性是（　　）。

A．字段大小　　B．默认值　　C．输入掩码　　D．有效性规则

11．在表中，能够使用“输入掩码向导”设置属性的数据类型是（　　）。

A．数字和文本　　B．文本和日期/时间　　C．备注和文本　　D．文本和货币

12．如果表的字段中要存储两个图片文档，那么该字段的数据类型应该是（　　）。

A．附件　　B．OLE 对象　　C．超链接　　D．备注

13．以下可以改变“字段大小”属性的字段类型是（　　）。

A．时间/日期　　B．是/否　　C．数字　　D．备注

14．设置字段的（　　）属性，当输入该字段的数据时显示“ * ”。

A．格式　　B．默认值　　C．标题　　D．输入掩码

15．默认值设置是通过（　　）操作来简化数据输入。

A．用指定的值填充字段　　B．用与前一个字段相同的值填充字段

C．清除用户输入数据的所有字段　　D．清除重复输入数据的必要

16．Access 2010 表中不包含以下（　　）字段类型。

A．文本　　B．数字　　C．主键　　D．计算

17．在 Access 2010 的数据表视图中，不能进行的操作是（　　）。

A．修改字段名称　　B．设置有效性规则　　C．设置索引　　D．设置字段大小

18．如果要限制字段输入 4 位数字年份，则字段的输入掩码应设置为（　　）。

A．9999　　B．0000　　C．####　　D．YYYY

19．向现有的 Access 表中导入外部数据时，不能向（　　）字段导入数据。

A. 文本　　B. 数字　　C. 附件　　D. 货币

20. 建立表间关系时，关系连线中至少有一侧是（　　）字段。

A. 单主键　　B. 复合主键　　C. 单索引　　D. 复合索引

二、填空题

1. Access 表都要求设置__________个主键。

2. 表间关系类型包括一对一、__________和__________。

3. 在 Access 2010 数据库中，OLE 对象和__________类型字段可以存储二进制数据和文件。

4. 数据库中的每个表都应该有一个字段或字段集，用来唯一标识该表中的存储记录。这个字段或字段集称为__________。

5. 主键的索引属性设置为__________。

6. 数据库表间联接类型包括内部联接、__________和__________。

7. 超链接类型的字段值可以是指向原有的文件/网页或者__________。

8. 在 Access 2010 数据表视图中，可以通过__________选项卡设置字段属性。

9. 在“成绩表”中有字段：平时成绩、期中考试、期末考试和总评成绩。其中，总评成绩=平时成绩+期中考试*20%+期末考试*70%，在建表时应将字段“总评成绩”的数据类型定义为__________。

10. 在 Access 2010 表中，通过__________类型字段返回表达式的运算结果。

三、思考题

1. Access 提供了哪些数据类型？分别存储什么数据？

2. 如何创建表？

3. 简述 4 种表视图的特征。

4. 字段的输入掩码和格式有何不同？字段的有效性规则有什么作用？什么情况下需要设置查阅属性？

5. 索引的作用是什么？哪些情况下应该创建索引？

6. 创建表间关系时，可以选择“实施参照完整性”“级联更新相关字段”“级联删除相关字段”，这三个选项的作用分别是什么？

四、操作题

建立一个名为 Sample1.accdb 的空数据库。请按以下要求完成相关操作。

（1）在 Sample1.accdb 数据库中建立“课程”表，表结构如表 4-9 所示。

表 4-9

字段名称	数据类型	字段大小	格式
课程编号	文本	8	
课程名称	文本	20	
学时	数字	整型	

续表

字段名称	数据类型	字段大小	格式
学分	数字	单精度型	
开课日期	日期/时间		短日期
必修否	是/否		是/否
简介	备注		

（2）根据“课程”表的结构，判断并设置主键。

（3）在“课程”表中，设置“学时”字段的相关属性，使其输入的数据大于 0。

（4）在“课程”表中，设置“学分”字段的默认值为 3。

（5）在“课程”表中输入表 4-10 所示记录。

表 4-10

课程编号	课程名称	学时	学分	开课日期	必修否	简介
2018001	Access	56	3	2019/9/1	☑	公共课

第5章　查询的创建与使用

本章导读

- 查询是 Access 中一个重要的数据库对象。利用查询可以从表中按照一定的条件取出特定的数据，在取出数据的同时可以对数据进行统计、分析和计算，还可以根据需要对数据进行排序并显示出来。查询结果可以作为窗体、报表等其他数据库对象的数据来源，也可以通过查询向多个表中添加和编辑数据。

本章要点

- 查询的基本概念
- 创建选择查询
- 创建参数查询
- 创建交叉表查询
- 创建计算查询
- 创建动作查询
- 使用 SQL 创建查询

教务管理
系统查询

5.1　引例——“教务管理系统”中班级信息的搜索

在“教务管理系统”中，实现用班级编号或年级或班级名称及其组合的查询功能，结果显示在下方的子窗体中。如图 5-1 所示，结果为搜索班级的全部信息。

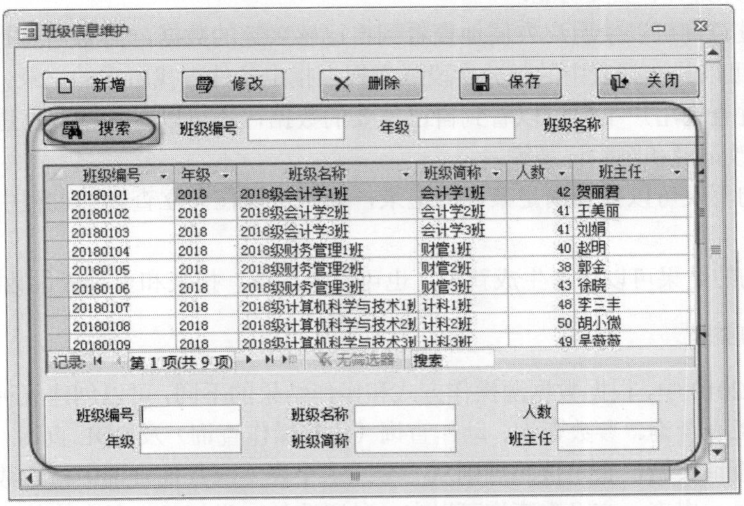

图 5-1　“教务管理系统”中班级信息的搜索

实现以上引例的搜索功能，需要掌握的知识如下。

（1）查询的概念、查询的创建与使用；

（2）查询条件；

（3）查询条件表达式中窗体各控件的引用。

查询的基本概念

5.2 查询的基本概念

查询是根据一定的条件，从一个或多个表中提取数据并进行加工处理，返回一个新的数据集合。查询是关系数据库中的一个重要概念，利用查询可以让用户根据选择条件对数据库进行检索，筛选出一组满足指定条件的记录，从而构成一个新的数据集合，以方便用户对数据库进行查看和分析。查询结果总是与数据源中的数据保持同步，是依据数据源中最新的数据提供查询结果，查询结果亦可作为其他查询、窗体、报表的数据源。

5.2.1 查询简介

查询是 Access 中非常重要的对象之一。下面先对查询做必要的介绍。

1．查询的设计方法

在 Access 中，创建查询的方法主要有两种：查询向导和查询设计。查询向导会说明在创建查询的过程中需要的步骤及做出的选择，有效地指导用户如何创建查询，并以图形的方式显示查询结果。查询设计视图分为上、下两部分，功能也更为丰富，上半部分显示查询的数据源及其字段列表，下半部分显示并设置查询中字段的属性。在查询设计中，可实现多种方式的查询，也可以修改已有的查询，还可以修改作为窗体、报表或数据访问页数据源的 SQL 语句。此外，在查询设计视图中所做的更改也会反映到相应的 SQL 语句中。

2．查询的功能

查询可以实现以下主要功能：

（1）通过查询可以使用户方便地查看到自己感兴趣的数据，而将当前不需要的数据排除在外。用户可以只选择表中的部分字段或者根据指定条件查找所需的记录。

（2）通过查询用户不但可以看到自己需要的数据，还可以对这些数据进行编辑，包括添加记录、修改记录和删除记录等。

（3）查询不仅可以找到满足条件的记录，而且可以在建立查询的过程中进行各种统计和计算。

（4）查询的结果可以用于生成新表，也可以为窗体、报表和页等提供数据。

3．查询的类型

在 Access 2010 中，根据数据源操作方式和操作结果的不同，可以创建五种类型的查询：选择查询、交叉表查询、参数查询、动作查询（也称操作查询）及 SQL 查询。其中，选择查询是最常见的查询类型，它是按照规则从一个或多个表，或其他查询中检索数据，并按照所需的排列顺序显示出来。交叉表查询可以在一种紧凑的、类似于电子表格的格式中，显示来源于表中某个字段的合计值、计算值、平均值等。参数查询可以在执行时显示自己的对话框，提示用户输入信息。它不是一种独立的查询，只是在其他查询中设置了可变化的参数。动作查询是在一个操作中更改许多记录的查询，动作查询又可分为四种类型：删除查询、更新查询、追加查询和生成表查询。SQL 查询是使用 SQL 语句创建的查询，经常使用的 SQL 查询包括联合查询、传递查询、数据定义查询和子查询等。动作查询、SQL 查询必须在选择查询的基础上创建。

5.2.2 查询准则

在实际查询中，并非只是简单地查找所需字段及记录，往往是要指定一定的条件进行查询。例如，查找平均分在 80 分以上的学生的信息。这就需要在设计查询的过程中定义相应的查询条件，即查询准则。查询条件通常是由运算符、常量、函数以及字段名和属性等组成的表达式。大多数情况下，查询准则就是一个关系表达式。

1. 运算符

表达式中常用的运算符包括算术运算符、比较运算符、连接运算符、逻辑运算符和特殊运算符等。如表 5-1 所示，列出了一些常用的运算符。

表 5-1 常用运算符

类型	运算符	含 义	示 例	结 果
算术运算符	+	加	1+3	4
	–	减，用来求两数之差或者表达式的负值	4–1	3
	*	乘	3*4	12
	/	除	9/3	3
	^	乘方	3^2	9
	\	整除	17\4	4
	mod	取余	17 mod 4	1
比较运算符	=	等于	2=3	False
	>	大于	2>1	True
	>=	大于等于	"A">="B"	False
	<	小于	1<2	True
	<=	小于等于	6<=5	False
	<>	不等于	3<>6	True
连接运算符	&	字符串连接	"计算机" & 6	计算机 6
	+	当表达式都是字符串时作用与 & 相同；当表达式是数值表达式时，则为加法算术运算	"计算机"+"基础"	计算机基础
逻辑运算符	And	与	1<2 And 2>3	False
	Or	或	1<2 Or 2>3	True
	Not	非	Not 3>1	False
	Xor	异或	1<2 Xor 2>1	False

续表

类型	运 算 符	含 义	示 例	结 果
特殊运算符	Is(Not)Null	“Is Null”表示为空，“Is Not Null”表示不为空		
	Like	判断字符串是否符合某一样式，若符合，其结果为 True，否则结果为 False		
	Between A and B	判断表达式的值是否在 A 和 B 之间的指定范围，A 和 B 可以是数字型、日期型和文本型		
	In(stringl,string2, …)	确定某个字符串值是否在一组字符串值内	In("A,B,C")等价于"A"Or"B"Or"C"	
通配符	*	匹配任意数量的字符，可以在字符串中的任意位置使用星号（ * ）	wh* 将找到 what、white 和 why	
	?	匹配任意单个字母字符	B?ll 将找到 ball 和 bull	
	[]	匹配方括号内的任意单个字符	b[ae]ll 将找到 ball 和 bell	
	!	匹配方括号内的字符以外的任意字符	b[!ae]ll 将找到 ball 和 bell	
	-	匹配一定字符范围中的任意一个字符，必须按升序指定该范围（从 A 到 Z，而不是从 Z 到 A）	b[a-c]d 将找到 bad、bbd 和 bcd	
	#	匹配任意单个数字字符	1 # 3 将找到 103、113 和 123	

2. 函数

Access 2010 为用户提供了丰富的不同用途的标准函数，灵活运用这些函数不仅可以简化许多运算，而且完善了 Access 2010 的许多功能，帮助用户完成各种工作。如表 5-2 所示，列出了一些常用函数。

表 5-2 常用函数及说明

类 型	函数	函 数 格 式	说 明
统计函数	总计	Sum(<字符表达式>)	返回字符表达式中的总和。字符表达式可以是一个字段名，也可以是一个含字段名的表达式，但所含字段应该是数字数据类型的字段
	平均值	Avg(<字符表达式>)	返回字符表达式中的平均值。平均值表达式可以是一个字段名，也可以是一个含字段名的表达式，但所含字段应该是数字数据类型的字段
	计数	Count(<字符表达式>)	返回字符表达式中的个数，即统计记录个数。字符表达式可以是一个字段名，也可以是一个含字段名的表达式，但所含字段应该是数字数据类型的字段
	最大值	Max(<字符表达式>)	返回字符表达式中值的最大值。字符表达式可以是一个字段名，也可以是一个含字段名的表达式，但所含字段应该是数字数据类型的字段
	最小值	Min(<字符表达式>)	返回字符表达式中值的最小值。字符表达式可以是一个字段名，也可以是一个含字段名的表达式，但所含字段应该是数字数据类型的字段
数值函数	绝对值	Abs(<数值表达式>)	返回数值表达式的绝对值

续表

类　型	函数	函 数 格 式	说　明
数值函数	取整	Int(<数值表达式>)	返回数值表达式的整数部分值，参考为负值时返回不大于等于参数值的第一个负值
		Fix(<数值表达式>)	返回数值表达式的整数部分值，参考为负值时返回小于等于参数值的第一个负值
		Round(<数值表达式>[,<表达式>])	按照指定的小数位数进行四舍五入运算的结果。[<表达式>]是进行四舍五入运算时小数点右边保留的位数
	平方根	Sqr(<数值表达式>)	返回数值表达式的平方根值
	符号	Sgn(<数值表达式>)	返回数值表达式的符号值。当数值表达式大于 0，返回值为 1；当数值表达式值等于 0，返回值为 0；当数值表达式值小于 0，返回值为–1
	判断	IIF(<条件表达式>语句 1,语句 2)	当条件表达式值为真时，执行语句 1，否则执行语句 2
字符串处理函数	字符串截取	Left(<字符表达式>,<数值表达式>)	返回一个值，该值是从字符表达式左侧第 1 个字符开始截取的若干字符。其中，字符个数是数值表达式的值。当字符表达式是 null 时，返回 null 值；当字符表达式为 0 时，返回一个空串；当字符表达式大于或等于字符表达式的字符个数时，返回字符表达式
		Rright(<字符表达式>,<数值表达式>)	返回一个值，该值是从字符表达式右侧第 1 个字符开始截取的若干字符。其中，字符个数是数值表达式的值。当字符表达式是 null 时，返回 null 值；当字符表达式为 0 时，返回一个空串；当字符表达式大于或等于字符表达式的字符个数时，返回字符表达式
		Mid(<字符表达式>,<数值表达式 1>[,<数值表达式 2>])	返回一个值，该值是从字符表达式最左端某个字符开始截取的若干个字符。其中，字符表达式 1 的值是开始的字符位置，数值表达式 2 是终止的字符位置。数值表达式 2 可以忽略，若忽略了数值表达式 2，则返回的值是从字符表达式最左端某个字符开始，截取到最后一个字符为止的若干字符
	删除空格	Ltrim(<字符表达式>)	返回去掉字符表达式开始空格的字符串
		Rtrim(<字符表达式>)	返回去掉字符表达式尾部空格的字符串
		Ttrim(<字符表达式>)	返回去掉字符表达式开始和尾部空格的字符串
日期函数	年份	Year(<日期表达式>)	返回日期表达式年份的整数
	小时	Hour(<时间表达式>)	返回时间表达式的小时数（0～23）
	日期	Date()	返回当前系统日期
	时间	Time()	返回当前系统时间
转换函数	字母	Ucase(<字符表达式>)	将字符表达式中的小写字母转换成大写字母
		Lcase(<字符表达式>)	将字符表达式中的大写字母转换成小写字母
	数值	STR(<数值表达式>)	将<数值表达式>的值转换为字符型的字符串
	字符	VAL(<字符串表达式>)	将<字符表达式>转换为数值型数据
	ASCII 掩码	Asc(<字符串表达式>)	将<字符表达式>中的第一个字符转换为 ASCII 码值
		Chr $ (<数值表达式>)	将<数值表达式>中的 ASCII 码值转换为对应的字符

3. 查询条件示例

查询条件是一个表达式，Access 将它与查询字段值进行比较，以确定是否含有每个值的记录。查询条件可以是精确查询，也可以是利用通配符的模糊查询。如表 5-3 所示，列出了一些常用的查询条件示例。

表 5-3 查询条件示例

查询条件类型	字段名	条 件	功 能
数值	金额	<1000	查询金额小于 1000 的记录
		Between 1000 And 5000	查询金额在 1000～5000 之间的记录
		>1000 And <5000	
文本	姓名	"李平"or"王新"	查询姓名为“李平”或“王新”的记录
		In("李平"，"王新")	
		Left([姓名]，1)="李"	查询姓“李”的记录
		Like"李*"	
		Len([姓名])<=2	查询姓名为两个字的记录
		Not"李平"	查询姓名不是“李平”的记录
	职称	"教授"	查询职称为“教授”的记录
		"教授"or"副教授"	查询职称为“教授”或“副教授”的记录
		Right([职称]，2)="教授"	
	班级	Left([学号]，6)	查询学号前 6 位作为班级号的记录
日期	工作时间	Between#1990-1-1# And #1990-12-31#	查询 1990 年参加工作的记录
		Year([工作时间])=1990	
		<Date()-10	查询 10 天前参加工作的记录
		Between Date() And Date()-30	查询 30 天之内参加工作的记录
		Year([工作时间])=1990 And Month([工作时间])=4	查询 1990 年 4 月参加工作的记录
	出生日期	Year([出生日期])=1992	查询 1992 年的出生记录
字段的部分值	姓名	Not"李*"	查询不姓“李”的记录
	课程名称	Left([姓名]，1) <> "李"	
		Like"*计算机*"	查询课程名称中包含“计算机”的记录
		Like"计算机"	查询课程名称以“计算机”开头的记录
		Left([课程名称]，3)="计算机"	

5.2.3 查询视图

查询视图主要用于设计、修改查询或按不同方式查看查询结果，在 Access2010 中提供了 5 种视图方式，分别是设计视图、数据表视图、SQL 视图、数据透视表视图和数据透视图视图，下面主要对前 3 种视图做详细介绍。5 种视图方式切换按钮如图 5-2 所示。

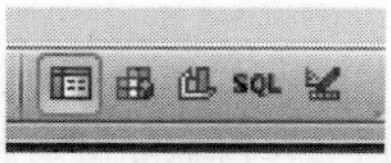

图 5-2 5 种视图方式切换按钮

1. 设计视图

查询的设计视图是用来设计查询的，可以实现多种结构复杂、功能完善的查询。查询的设计视图由上、下两个窗口构成，即表/查询显示窗口和查询设计网格（也称为 QBE 网格）窗口，如图 5-3 所示。

1）表/查询显示窗口

表/查询显示窗口中显示的是当前查询所包含的数据源（包括表和查询）以及表之间的关系。可以在显示表窗口中选择所需的数据源，如图 5-4 所示。

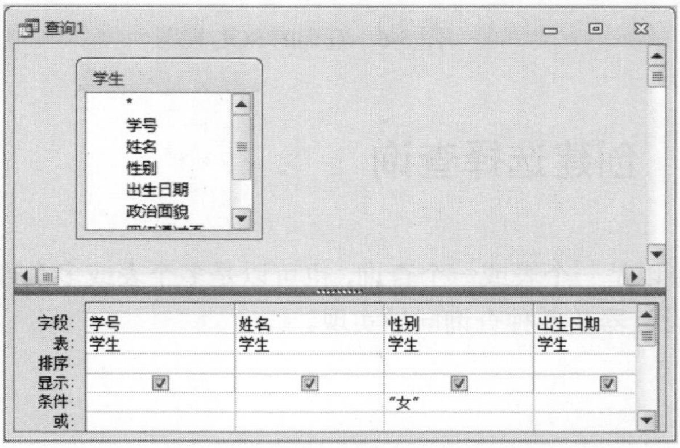

图 5-3　设计视图

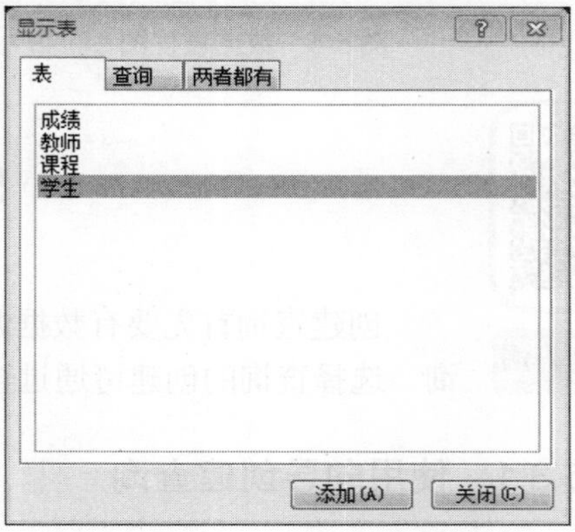

图 5-4　显示表

2）查询设计网格窗口

查询设计网格窗口是用来设计所显示的查询字段、查询准则等信息，其中每一行都包含查询字段的相关信息，列是查询的字段列表。关于设计网格中行的具体功能说明如下。

- 字段：可以在此处输入或从下拉列表框中选择字段名，也可以在显示表中双击要显示的字段名，还可以单击右键，在弹出的快捷菜单中选择“生成器”命令来生成表达式。
- 表：字段所在的表或查询的名称。
- 排序：查询字段的排序方式，包括不排序、升序、降序三种方式，默认为不排序。
- 显示：利用复选框确定该字段是否在查询结果中显示。
- 条件：输入查询准则，也可以单击右键，在弹出的快捷菜单中选择“生成器”命令来生成表达式。
- 或：用于多个值的查询准则的输入，与条件行是“或”的关系。

2. 数据表视图

数据表视图是以行和列的格式显示查询结果数据记录的窗口，是一个查询完成后查询结果的显示方式，如图 5-5 所示。在这个视图中，可以进行字段编辑、数据添加、删除、查找等操作，也可以设置行高、列宽及单元格风格，同时可以对查询进行排序、筛选等。具体的操作方法和数据表操作一样。

3. SQL 视图

查询的 SQL 视图用来显示或编辑打开查询的 SQL 视图窗口，如图 5-6 所示。关于其中 SQL 命令的语法和使用方法，将在后面的章节中详细介绍。

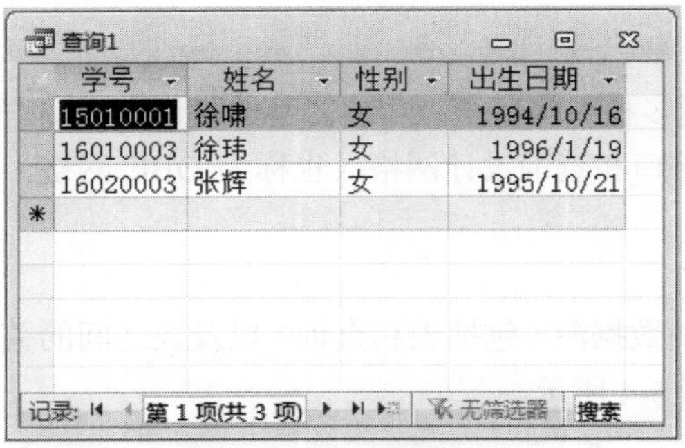

图 5-5 数据表视图

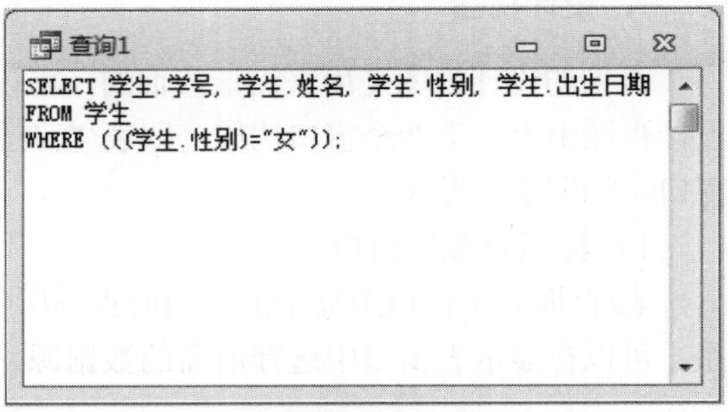

图 5-6 查询的 SQL 视图

创建选择查询

5.3 创建选择查询

创建查询首先要有数据源，可以是一个表或一个查询，也可以是多个表或多个查询。选择查询的创建可通过查询设计器及各种查询向导实现。

5.3.1 使用向导创建查询

使用查询向导创建选择查询，就是通过 Access 系统提供的查询向导的引导，完成创建查询的整个过程。在 Access 2010 中，提供 4 种创建查询的设计器，分别是“简单查询”“交叉表查询”“查找重复项查询”及“查找不匹配项查询”，创建查询的方法基本相同，用户根据自身需求进行选择。

操作步骤如下：

（1）打开数据库文件。

（2）在“数据库”窗口中，选择“创建”选项卡。

（3）在“创建”选项卡的“查询”工作区中，单击“查询向导”按钮，进入“新建查询”窗口。

（4）在“新建查询”窗口中选择“简单查询向导”。

（5）确定查询名称。

（6）保存查询，结束查询的创建。

【例 5-1】 使用“简单查询向导”，将数据库“教务管理系统”中的表“学生”、表“成绩”作为数据来源，创建查询“学生成绩信息”。

操作步骤如下：

（1）打开数据库文件“教务管理系统”。

（2）在“数据库”窗口中，选择“创建”选项卡。

（3）在“创建”选项卡的“查询”工作区中，单击“查询向导”按钮，进入“新建查询”窗口，如图 5-7 所示。

（4）在“新建查询”窗口中选择“简单查询向导”，进入“简单查询向导”窗口。

（5）在“简单查询向导”窗口中，选择表“学生”，再选择表中可用的字段，如图 5-8 所示。

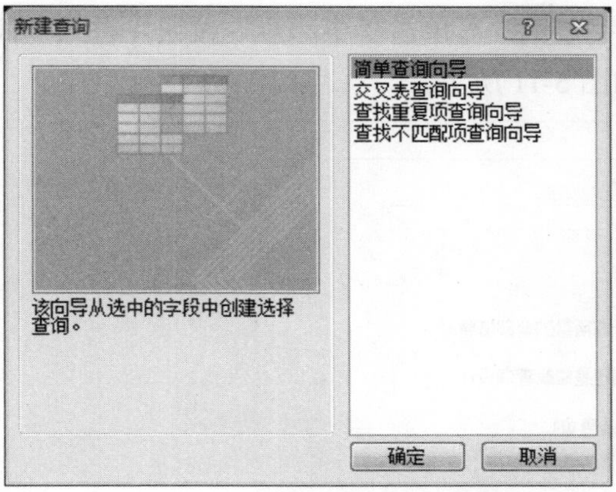

图 5-7　“新建查询”窗口

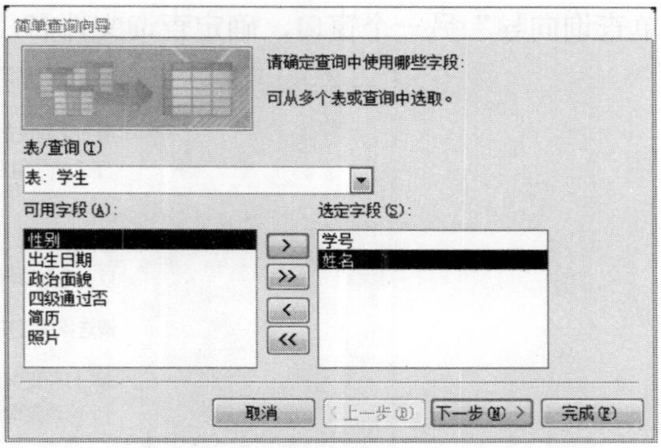

图 5-8　表“学生”的可用字段

（6）在“简单查询向导”窗口中，选择表“成绩”，再选择表中可用的字段，如图 5-9 所示。

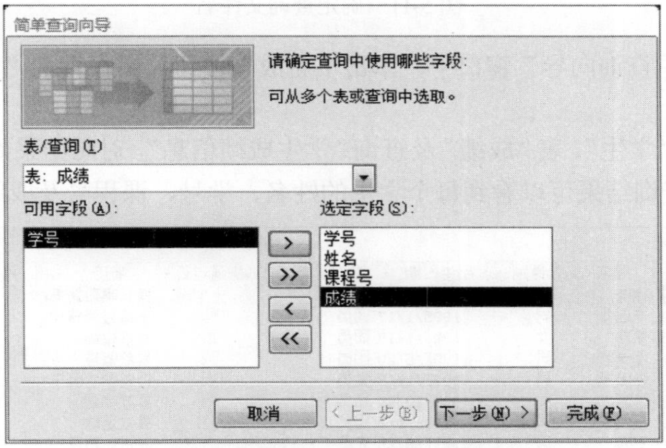

图 5-9　表“成绩”的可用字段

（7）在“简单查询向导”窗口中，单击“下一步”按钮，进入“简单查询向导”另一窗口，确定查询内容采用明细查询还是汇总查询，如图 5-10 所示。

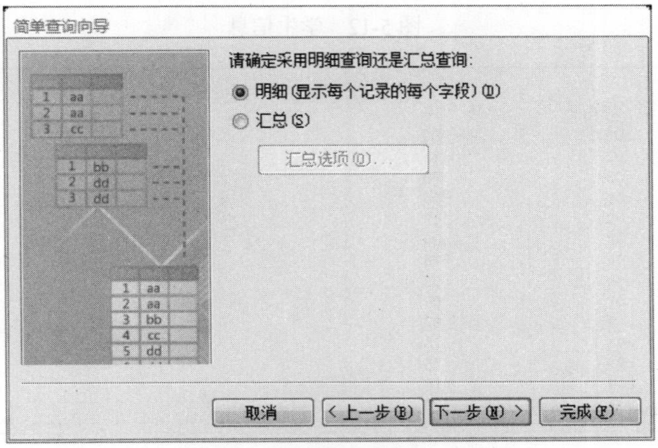

图 5-10　确定查询内容

（8）在“简单查询向导”窗口中，选择相关参数，再单击“下一步”按钮，进入“简单查询向导”另一个窗口，确定查询文件名，如图 5-11 所示。

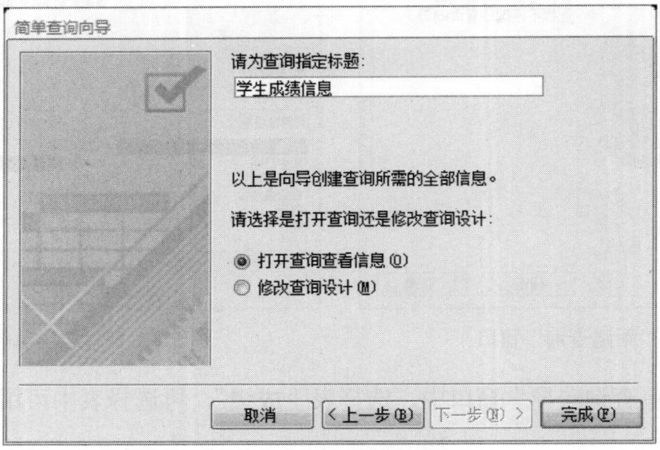

图 5-11　确定查询文件名

（9）在“简单查询向导”窗口中，单击“完成”按钮，保存查询“学生成绩信息”，结束查询的创建。

（10）打开表“学生”、表“成绩”及查询“学生成绩信息”，对照结果如图 5-12、图 5-13、图 5-14 所示。从查询结果可以看到每个学生的姓名、学号、课程号及成绩的信息。

图 5-12　学生信息

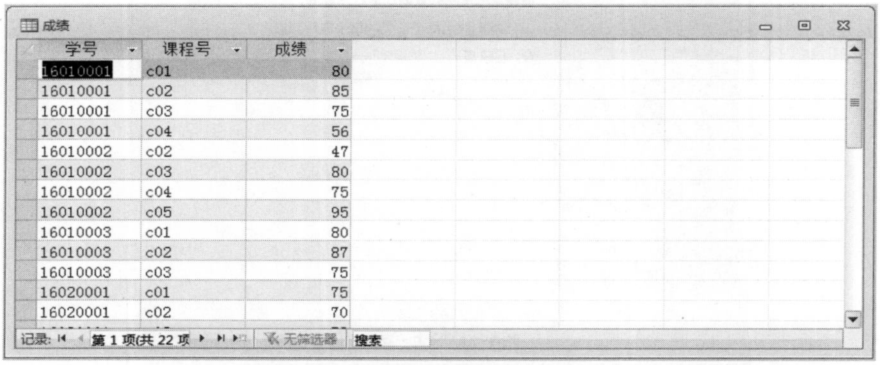

图 5-13　成绩信息

学号	姓名	课程号	成绩
16010003	徐玮	c01	80
16010003	徐玮	c02	87
16010003	徐玮	c03	75
16020001	邓一欧	c01	75
16020001	邓一欧	c02	70
16020001	邓一欧	c03	58
16020001	邓一欧	c04	86
16020002	张激扬	c01	90
16020002	张激扬	c02	60
16020003	张辉	c04	99
16030001	王克非	c05	83
16030001	王克非	c01	85
16040001	王刃	c02	81
16040001	王刃	c03	99

图 5-14　学生成绩信息

5.3.2　使用查询设计器创建查询

使用查询设计器创建查询，完全由用户自主设计查询的结果，不受 Access 系统的约束，比使用查询向导创建查询更加灵活。使用查询设计器创建查询的选择查询可以是简单的选择查询，也可以是复杂的选择查询。

操作步骤如下：

（1）打开数据库文件。

（2）在“数据库”窗口中，选择“创建”选项卡。

（3）在“创建”选项卡中，单击“查询设计”按钮，进入“显示表”窗口。

（4）在“显示表”窗口中，选择可以作为数据源的表或查询，将其添加到“查询”窗口中。

（5）在“查询”窗口中，完成“字段”“表”“排序”“显示”“条件”等的设置。

（6）运行并保存查询，结束查询的创建。

【例 5-2】　使用“查询设计器”，将数据库“教务管理系统”中的表“学生”作为数据源，创建查询“学生爱好特长”，显示“学号”“姓名”“爱好特长”3 个字段，并按姓名升序排序。

操作步骤如下：

（1）打开数据库文件“教务管理系统”。

（2）在“数据库”窗口中，选择“创建”选项卡。

（3）在“创建”选项卡中，单击“查询设计”按钮，进入“显示表”窗口，如图 5-15 所示。

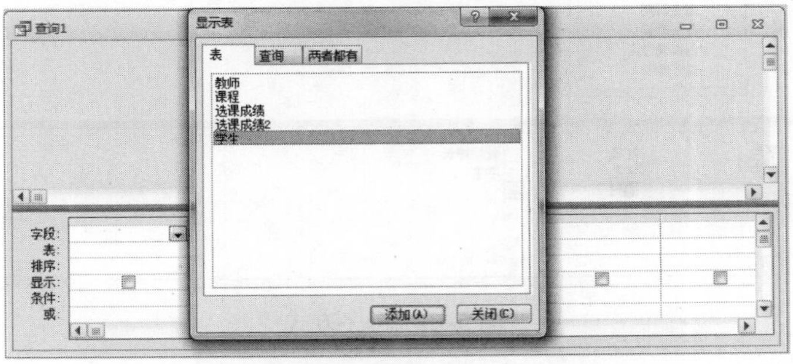

图 5-15　“显示表”窗口

（4）在“显示表”窗口中选择可作为数据源的表“学生”，将其添加到“查询”窗口，如图 5-16 所示。

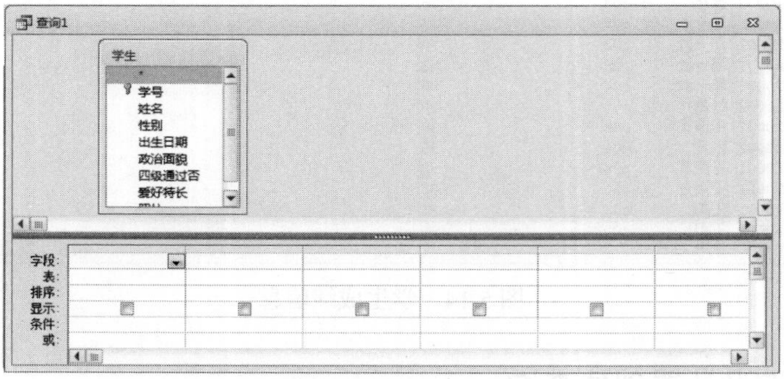

图 5-16 “查询”窗口

（5）在“查询”窗口的“字段”列表框中打开“字段”下拉列表框，选择所需字段，或将数据源中显示的字段双击或拖到字段列表框内，如图 5-17 所示。

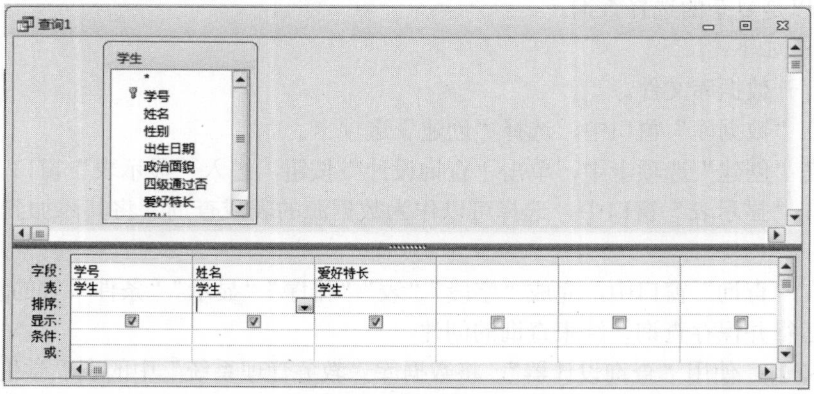

图 5-17 选择所需字段

（6）在“查询”窗口的“字段”列表框中打开“字段”下拉列表框，定义“姓名”的排序方式为升序，如图 5-18 所示。

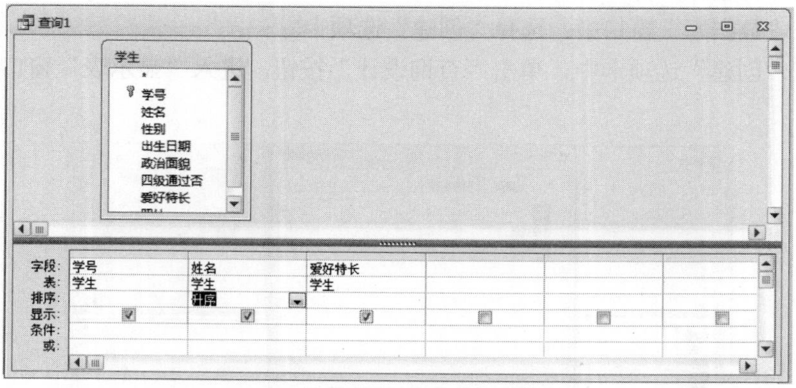

图 5-18 排序方式

（7）保存查询“学生爱好特长”，结束查询的创建，如图 5-19 所示。

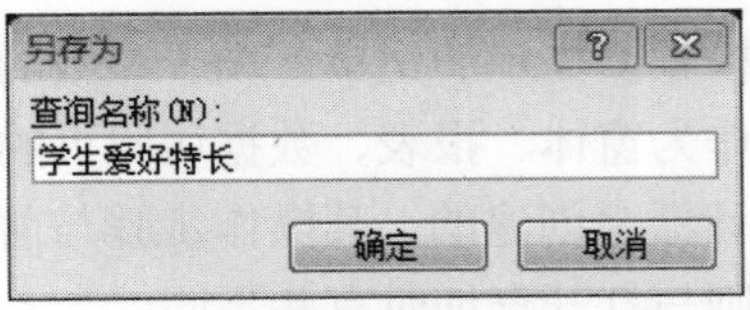

图 5-19 保存查询“学生爱好特长”

（8）打开表“学生”、查询“学生爱好特长”，结果如图 5-20 和图 5-21 所示。

学号	姓名	性别	出生日期	政治面貌	四级通过否	爱好特长	照片
16010001	徐啸	女	1994/10/16	群众	☐	擅长唱歌跳舞	
16010002	辛国年	男	1995/1/17	团员	☐	主持过演讲比	
16010003	徐玮	女	1996/1/19	团员	☐	喜欢绘画	
16020001	邓一欧	男	1995/5/20	团员	☐	喜欢篮球	
16020002	张激扬	男	1997/1/18	党员	☐	担任学生会干	
16020003	张辉	女	1995/10/21	团员	☐	喜欢唱歌	
16030001	王克非	男	1996/1/8	团员	☐	喜欢足球	
16040001	王刃	男	1997/5/28	党员	☐	演讲比赛获一	

图 5-20 表“学生”

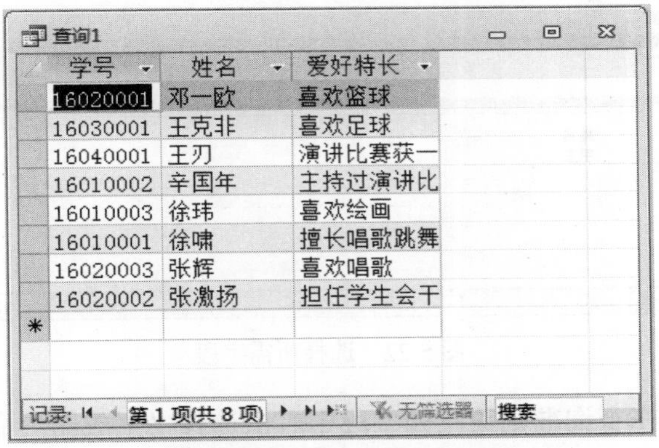

学号	姓名	爱好特长
16020001	邓一欧	喜欢篮球
16030001	王克非	喜欢足球
16040001	王刃	演讲比赛获一
16010002	辛国年	主持过演讲比
16010003	徐玮	喜欢绘画
16010001	徐啸	擅长唱歌跳舞
16020003	张辉	喜欢唱歌
16020002	张激扬	担任学生会干

图 5-21 查询“学生爱好特长”

从查询结果可以看出，通过对字段个数的控制、输出顺序的约束，可以获得与原始数据不同的结果。

> **注意**
>
> 查询结果以工作表的形式显示出来，虽与基本表外观相似，但它并不是一个基本表，而是符合查询条件的记录集合，是“虚表”，其内容是动态的。

5.4 创建参数查询

创建参数查询

参数查询是一类特殊的互动式的选择查询。它把查询的“准则”设置成一个带有参数的“通用准则”，当运行查询时，显示自己的参数对话框以提示用户输入查询条件中的参数值，并根据条件检索要显示的记录。由于参数的随机性，使得结果具有很大的灵活性，因此，参数查询常常作为窗体、报表、数据访问页的数据基础。

参数查询也是通过查询设计器来创建的，其操作步骤与前面讲的利用查询设计器创建查询的步骤一样，只是在设计准则与打开查询时有些不同。

【例 5-3】 在“教务管理系统”数据库中创建一个“学生年份查询”。输入年份后，从“学生表”中查询在本年份出生的学生。

操作步骤如下：

（1）打开数据库文件“教务管理系统”。

（2）在“创建”选项卡中，单击“查询设计”按钮，进入“显示表”窗口。

（3）在“显示表”窗口中，选择可作为数据源的表“学生”，将其添加到“查询”窗口。

（4）在“查询”窗口的“字段”列表框中打开“字段”下拉列表框，选择所需字段，或将数据源中显示的字段双击或拖到字段列表框内，如图 5-22 所示。

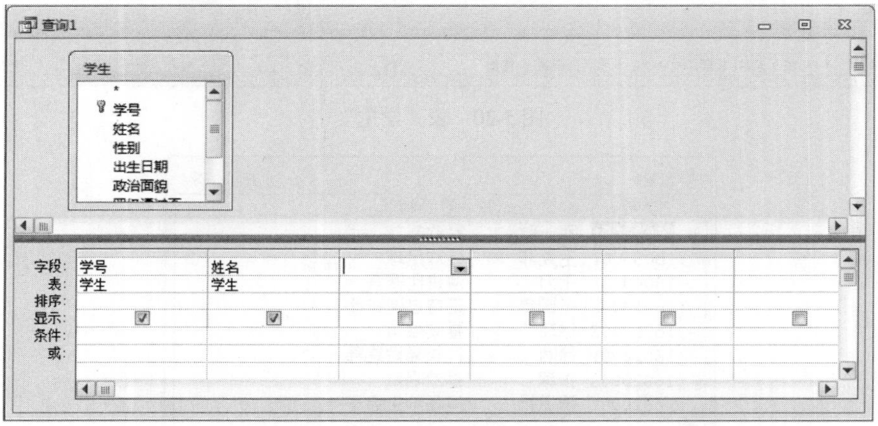

图 5-22 选择所需字段

（5）设置参数。在查询准则第三列字段中右击选择“生成器”命令，生成表达式“表达式 1: Year([学生表]![出生日期])”，表达式生成器如图 5-23 所示。或在“查询”窗口的第三列字段中直接输入“表达式 1: Year([学生表]![出生日期])”。

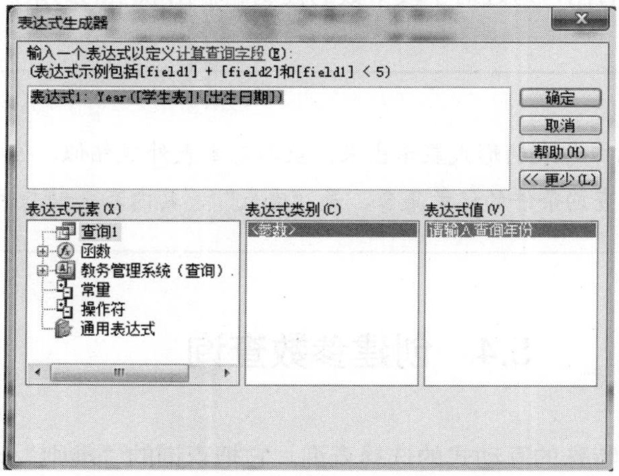

图 5-23 表达式生成器

（6）在设计视图第三列条件中输入“[请输入查询年份]”，“请输入查询年份”就是参数名，设置后的参数查询准则窗口如图 5-24 所示。

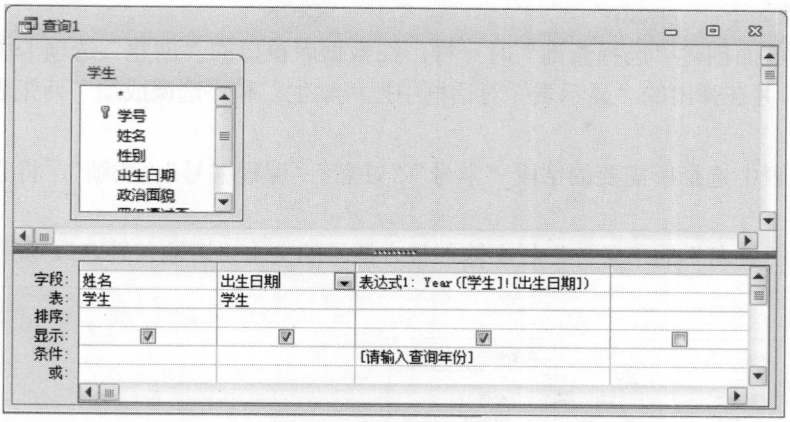

图 5-24　参数查询准则窗口

（7）在“设计”选项卡中单击“显示/隐藏”组中的“参数”按钮，打开“查询参数”对话框，输入参数名称，确定参数的数据类型，如图 5-25 所示。再单击“确定”按钮，返回“查询”窗口。

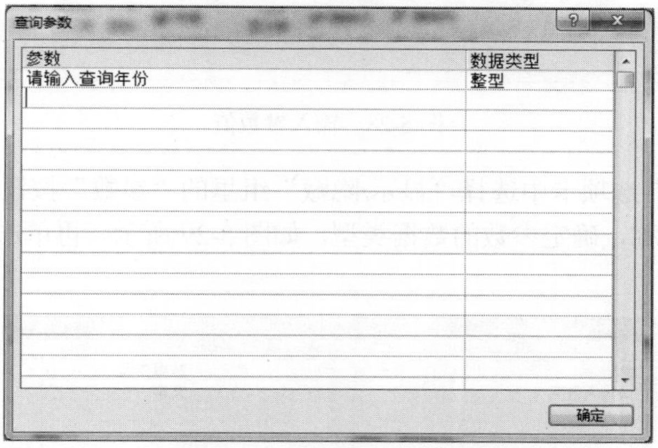

图 5-25　“查询参数”对话框

（8）选择“文件”菜单中的“另存为”命令，在“另存为”对话框中输入查询名称“学生年份查询”，单击“确定”按钮。

（9）单击“运行”按钮，弹出“输入参数值”对话框，如图 5-26 所示。在“请输入查询年份”文本框中输入 1995，单击“确定”按钮，显示出如图 5-27 所示的查询结果。

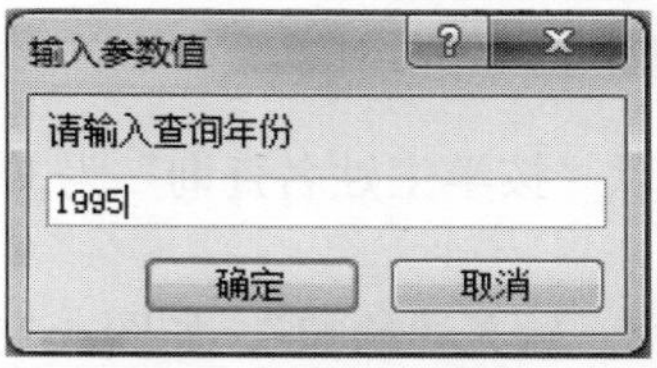

图 5-26　“输入参数值”对话框

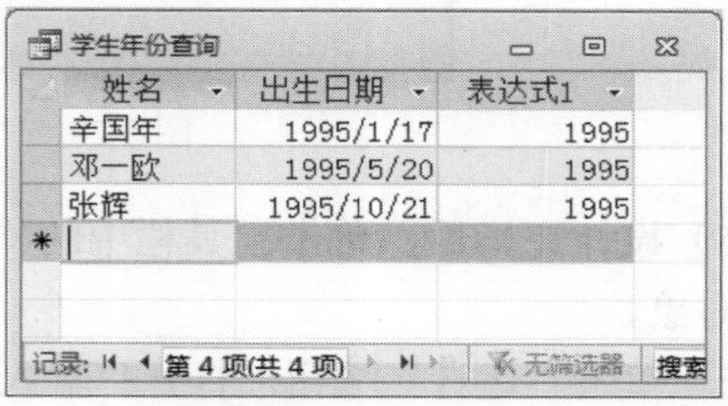

图 5-27　查询结果

【例 5-4】 在“教务管理系统”数据库中建立一个按姓名查找某位学生成绩信息的参数查询。

操作步骤如下。

（1）和前面创建“选择查询”时一样，在数据库窗口的“创建”选项卡中选择“查询设计”按钮，并在弹出的“显示表”对话框中把“学生”和“选课成绩”两张表添加到“设计”窗口中。

（2）从表中选择所需要的字段“学号”“姓名”“课程编号”“成绩”，将它们添加到设计网格中。

（3）在“姓名”的“条件”栏中输入带方括号的文本“请输入姓名”，如图 5-28 所示。

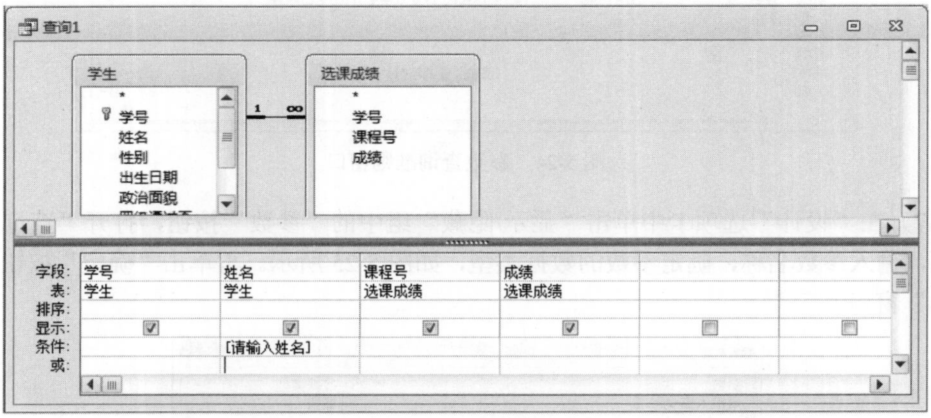

图 5-28 输入参数值

（4）在“设计”选项卡中选择“显示/隐藏”组里的“参数”按钮，打开“查询参数”对话框，输入参数名称，确定参数的数据类型，如图 5-29 所示。再单击“确定”按钮，返回“查询”窗口。

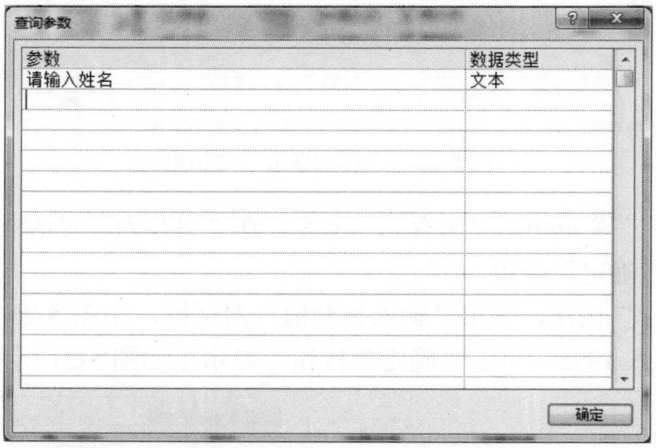

图 5-29 “查询参数”对话框

（5）设计完毕后，单击工具栏中的“保存”按钮，以“按学生姓名查询”为文件名保存查询对象。

（6）单击“运行”按钮，打开“输入参数值”对话框，输入“徐啸”，如图 5-30 所示，单击“确定”按钮显示徐啸的成绩，如图 5-31 所示。

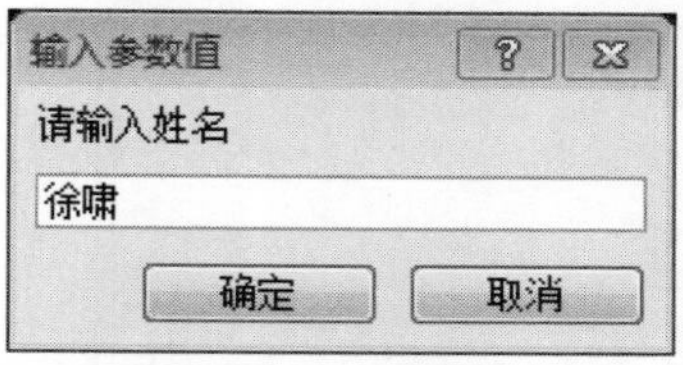

图 5-30　“输入参数值”对话框

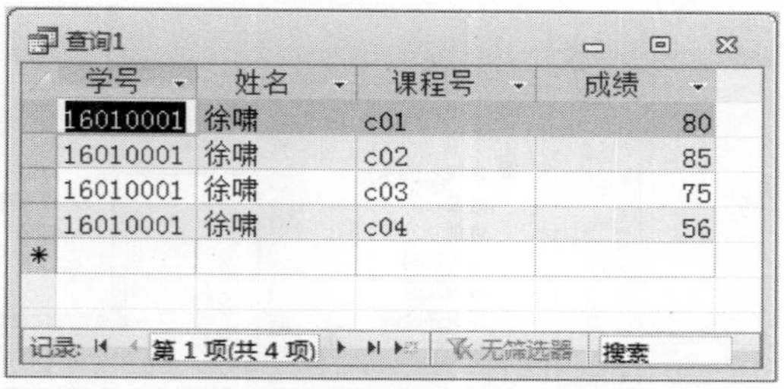

图 5-31　查询结果

5.5　创建交叉表查询

创建交叉表查询

交叉表查询是一类特殊的查询，允许在行列交叉处显示计算的结果。使用交叉表查询可以计算并重新组织一个表或查询中数据的结构，这样可以更加方便地分析数据。

【例 5-5】　在“教务管理系统”数据库中从“学生”和“选课成绩”表中查询学生各门课的成绩，要求姓名作为行标题，课程号作为列标题，成绩为交叉点的值。

操作步骤如下。

（1）打开数据库文件“教务管理系统”。

（2）在“创建”选项卡中，单击“查询设计”按钮，进入“显示表”窗口。

（3）在“显示表”窗口中，选择可作为数据源的“学生”和“选课成绩”表，单击“添加”按钮将其添加到“查询”窗口，然后单击“关闭”按钮。

（4）从表中选择所需要的字段“姓名”“课程号”“成绩”，将它们添加到设计网格中，如图 5-32 所示。

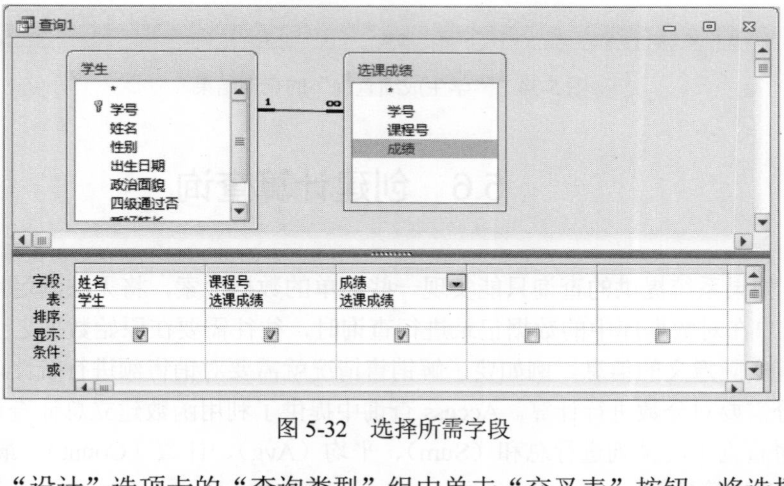

图 5-32　选择所需字段

（5）在“设计”选项卡的“查询类型”组中单击“交叉表”按钮，将选择查询转换成交叉表查询，此时在查询设计网格窗口中就会出现一行“交叉表”。在“交叉表”查询窗口中设置查询准则：在“姓名”列的“交叉表”信息中选择“行标题”，在“课程号”列的“交叉表”信息中选择“列标题”，在“成绩”列的“总计”信息中选择“合计”，“交叉表”信息中选择“值”，如图 5-33 所示。

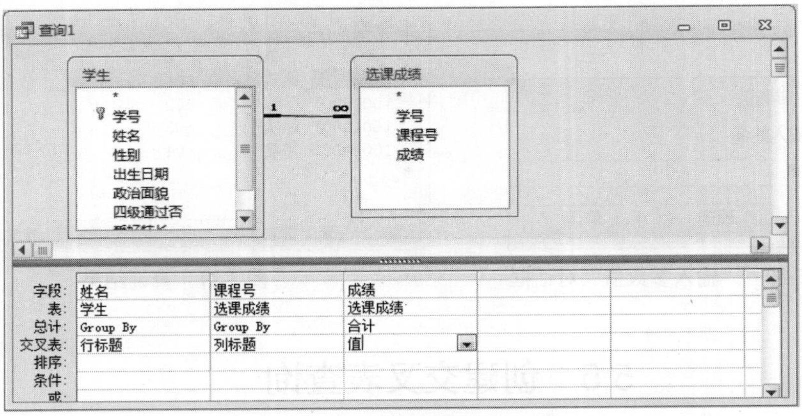

图 5-33　交叉表查询准则设计窗口

（6）选择“文件”菜单中的“保存”命令，在弹出的“另存为”对话框中输入查询名称“学生成绩查询”，单击“确定”按钮。

（7）选择“设计”选项卡，单击“运行”按钮，查询结果如图 5-34 所示。

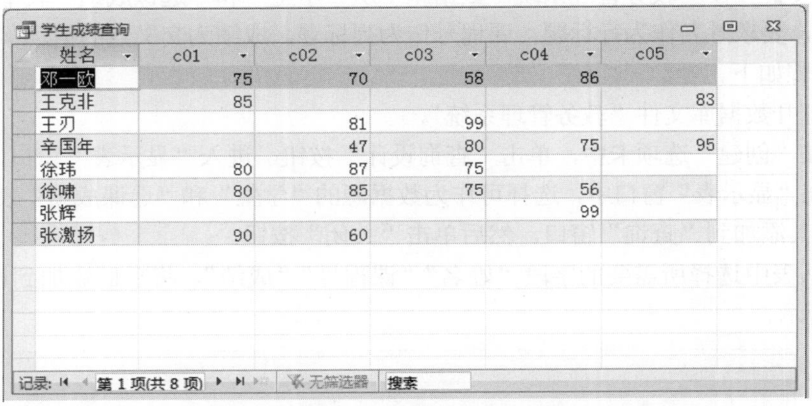
学生成绩查询

姓名	c01	c02	c03	c04	c05
邓一欧	75	70	58	86	
王克非	85				83
王刃		81	99		
辛国年		47	80	75	95
徐玮	80	87	75		
徐啸	80	85	75	56	
张辉				99	
张激扬	90	60			

记录: 第 1 项(共 8 项) 无筛选器 搜索

图 5-34　“学生成绩查询”的查询结果

创建计算查询

5.6　创建计算查询

如果系统提供的查询只能实现一些简单的数据检索，将无法满足用户需求。因为用户在对数据库中的数据记录进行查询时，往往需要在原始数据之上进行某些计算才能得到有实际意义的信息。例如要了解销售情况就需要对销售额进行统计，要了解某个班级的平均分需要对分数进行计算。Access 查询中提供了利用函数建立总计查询等方式，总计查询可以对查询中的某列进行总和（Sum）、平均（Avg）、计数（Count）、最大值（Max）和最小值（Min）等计算。

5.6.1　创建汇总查询

在使用“总计”计算功能时，可以对所有的记录或记录组中的记录进行计算。现在先介绍如何计算所有记录的某个字段的总和、平均值、数量或其他汇总。

【例 5-6】　统计“教师”表中的教师人数。

操作步骤如下。

（1）打开数据库文件“教务管理系统”。

（2）在“创建”选项卡中单击“查询设计”按钮，进入“显示表”窗口。

（3）在“显示表”窗口中选择可作为数据源的“教师”表，单击“添加”按钮将其添加到“查询”窗口，然后单击“关闭”按钮。

（4）选择“教师”表中的“教师编号”字段，将其添加到“设计视图”区字段行的第 1 列中。

（5）单击“查询工具”菜单的“显示/隐藏”组中的“汇总”按钮Σ，或在字段处右击，在弹出的快捷菜单中选择“汇总”命令，此时在“设计网格”中插入一个“总计”行，系统字段将“教师编号”字段的“总计”栏设计成“分组”，需单击“总计”栏右侧的下拉按钮，从下拉列表框中选择“计数”函数，如图 5-35 所示。

（6）选择“文件”菜单中的“保存”命令，在弹出的“另存为”对话框的“查询名称”文本框中输入“统计教师人数”，单击“确定”按钮，完成查询的创建。

（7）单击“运行”按钮，查询结果如图 5-36 所示。

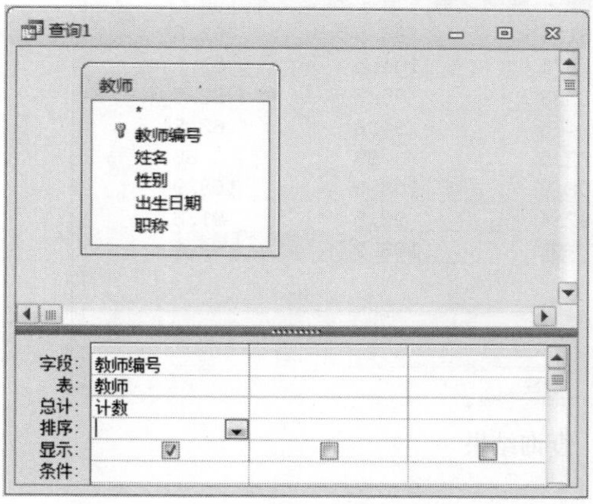

图 5-35　设计“计数”总计项

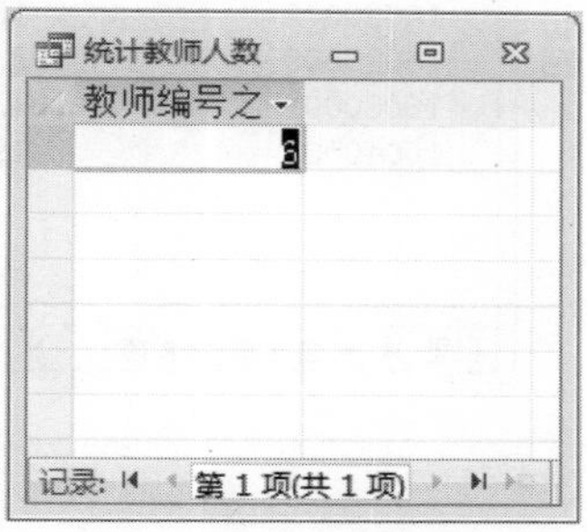

图 5-36　“计数”总计的查询结果

【例 5-7】　按照学号统计每个学生成绩的总分、平均分、最高分和最低分。

操作步骤如下。

（1）打开数据库文件“教务管理系统”。

（2）在“创建”选项卡中单击“查询设计”按钮，进入“显示表”窗口。

（3）在“显示表”窗口中选择可作为数据源的“选课成绩”表，单击“添加”按钮将其添加到“查询”窗口，然后单击“关闭”按钮。

（4）选择“选课成绩”表中的“学号”字段，将其添加到“设计视图”区字段行的第 1 列中，然后双击“成绩”字段 4 次，将其添加到第 2 至 5 列中。

（5）单击“查询工具”菜单的“显示/隐藏”组中的“汇总”按钮Σ，或在字段处右击，在弹出的快捷菜单中选择“汇总”命令，此时在“设计网格”中插入了一个“总计”行，将“教师编号”字段的“总计”栏设计成“分组”，将 4 个“成绩”字段的“总计”栏分别设计成“合计”“平均值”“最大值”“最小值”，如图 5-37 所示。

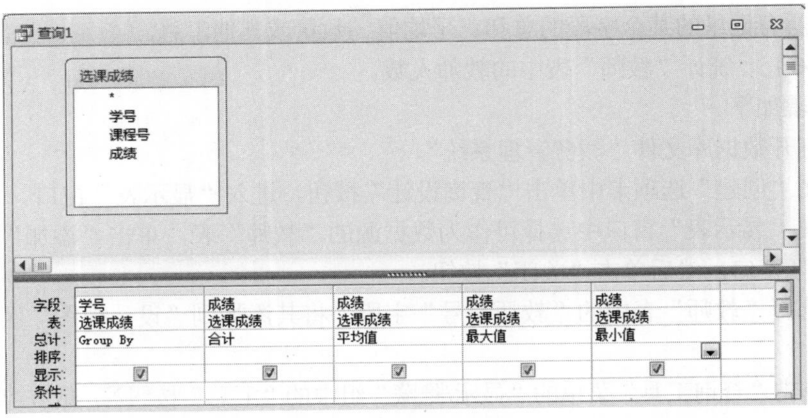

图 5-37 设计“总计”项

（6）选择“文件”菜单中的“保存”命令，在弹出的“另存为”对话框中输入查询名称“学生成绩查询”，单击“确定”按钮。

（7）在“设计”选项卡中单击“运行”按钮，查询结果如图 5-38 所示。

查询1

学号	成绩之合计	成绩之平均值	成绩之最大值	成绩之最小值
16010001	325.6	81.4	93.5	61.6
16010002	326.7	81.675	104.5	51.7
16010003	266.2	88.7333333333	95.7	82.5
16020001	317.9	79.475	94.6	63.8
16020002	165	82.5	99	66
16020003	108.9	108.9	108.9	108.9
16030001	184.8	92.4	93.5	91.3
16040001	198	99	108.9	89.1

记录: 第 8 项(共 8 项) 无筛选器 搜索

图 5-38 查询结果

5.6.2 添加计算字段

计算字段是指根据一个或多个表中的一个或多个字段，使用表达式建立的新字段。有时需要统计的数据在表中没有相应的字段，或者用于计算的数据值来源于多个字段，这时就需要创建新的计算字段。例如在前面的例子中，统计函数字段为“成绩之合计”“成绩之平均值”等，可读性较差，我们可以通过创建计算字段来调整该字段的显示效果。

【例 5-8】 将例 5.7 的查询结果字段中“成绩之合计”“成绩之平均值”“成绩之最大值”及“成绩之最小值”依次修改为“总分”“平均分”“最高分”及“最低分”。

操作步骤如下。

（1）打开数据库文件“教务管理系统”。

（2）在“创建”选项卡中单击“查询设计”按钮，进入“显示表”窗口。

（3）在“显示表”窗口中选择可作为数据源的“选课成绩”表，单击“添加”按钮，将其添加到“查询”窗口，然后单击“关闭”按钮。

（4）选择“选课成绩”表中的“学号”字段，将其添加到“设计视图”区字段行的第 1 列中。

（5）在第 2 至 5 列的名称中依次输入新的计算字段“总分:成绩”“平均分:成绩”“最高分:成绩”及“最低分:成绩”，“总计”栏分别设计成“合计”“平均值”“最大值”和“最小值”，如图 5-39 所示。

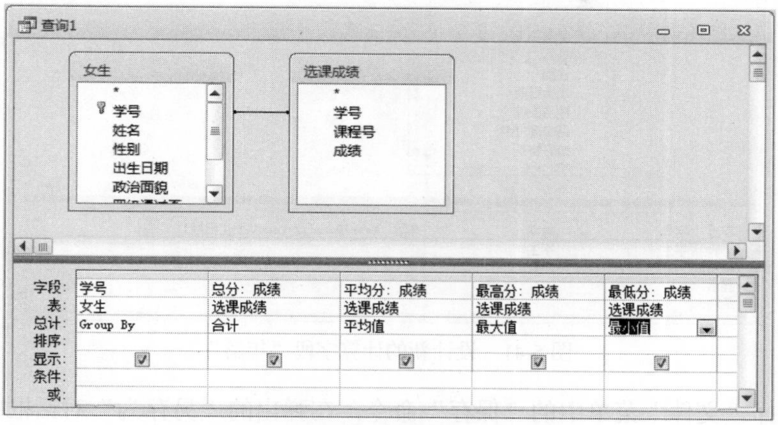

图 5-39　设计新的计算字段

（6）选择“文件”菜单中的“保存”命令，在弹出的“另存为”对话框中输入查询名称“学生成绩查询 2”，单击“确定”按钮。

（7）在“设计”选项卡中单击“运行”按钮，查询结果如图 5-40 所示。

学号	总分	平均分	最高分	最低分
16010001	325.6	81.4	93.5	61.6
16010002	326.7	81.675	104.5	51.7
16010003	266.2	88.733333	95.7	82.5
16020001	317.9	79.475	94.6	63.8
16020002	165	82.5	99	66
16020003	108.9	108.9	108.9	108.9
16030001	184.8	92.4	93.5	91.3
16040001	198	99	108.9	89.1

图 5-40　查询结果

【例 5-9】　利用“学生”表查询学生的学号、姓名及年龄。

操作步骤如下。

（1）打开数据库文件“教务管理系统”。

（2）在“创建”选项卡中单击“查询设计”按钮，进入“显示表”窗口。

（3）在“显示表”窗口中选择可作为数据源的“学生”表，单击“添加”按钮将其添加到“查询”窗口，然后单击“关闭”按钮。

（4）选择“学生”表中的“学号”字段，将其添加到“设计视图”区字段行的第 1 列中，“姓名”字段添加到第2列。

（5）在第3列名称中输入新的计算字段“年龄: Year(Date()) Year([出生日期])”，如图5-41所示。

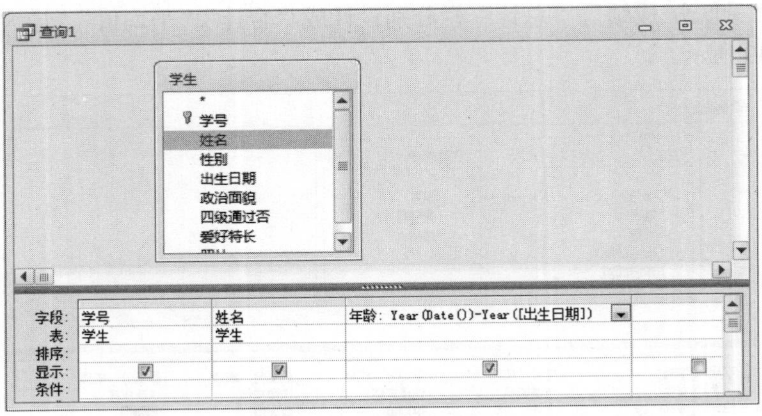

图5-41 设计新的计算字段“年龄”

（6）选择“文件”菜单中的“保存”命令，在弹出的“另存为”对话框中输入查询名称“学生年龄查询”，单击“确定”按钮。

（7）在“设计”选项卡中单击“运行”按钮，查询结果如图5-42所示。

图5-42 查询结果

创建动作查询

5.7 创建动作查询

动作查询也称为操作查询，使用动作查询可以通过查询的运行对数据源中的数据进行改动或生成新表，通常这样可以大批量地更改和移动数据。动作查询主要有4种：生成表查询、追加查询、删除查询和更新查询。下面分别对这4种查询的具体步骤进行介绍。

5.7.1 生成表查询

生成表查询可以从一个或多个表的数据中产生新的数据表，生成的表可以作为数据备份，也可作为新的数据集。还可以把生成的表导出到数据库或者窗体、报表中，实际上就是把查询生成的动态集合以表的形式保存下来。

【例 5-10】 在“教务管理系统”数据库中，由“学生”表、“选课成绩”表和“课程”表中创建“学生成绩”表，表中包括“学号”“姓名”“课程名”“成绩”字段。

操作步骤如下。

（1）打开数据库文件“教务管理系统”。

（2）在“创建”选项卡中单击“查询设计”按钮，进入“显示表”窗口。

（3）在“显示表”窗口中选择可作为数据源的“学生”表、“选课成绩”表和“课程”表，单击“添加”按钮将其添加到“查询”窗口，然后单击“关闭”按钮。

（4）从表中选择所需要的字段“学号”“姓名”“课程名”“成绩”，将它们添加到设计网格中，如图 5-43 所示。

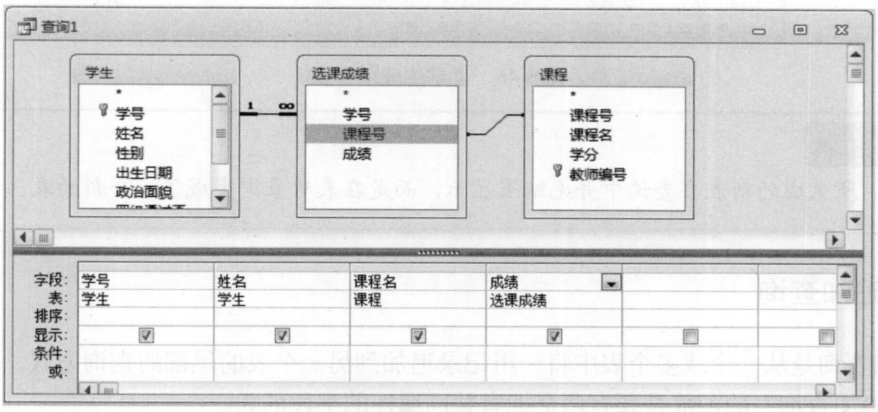

图 5-43 选择所需字段

（5）查询准则设置好后，在“设计”选项卡的“查询类型”组中单击“生成表”按钮，在弹出的“生成表”对话框中输入表名“学生成绩”，存放位置选择“当前数据库”，单击“确定”按钮，如图 5-44 所示。

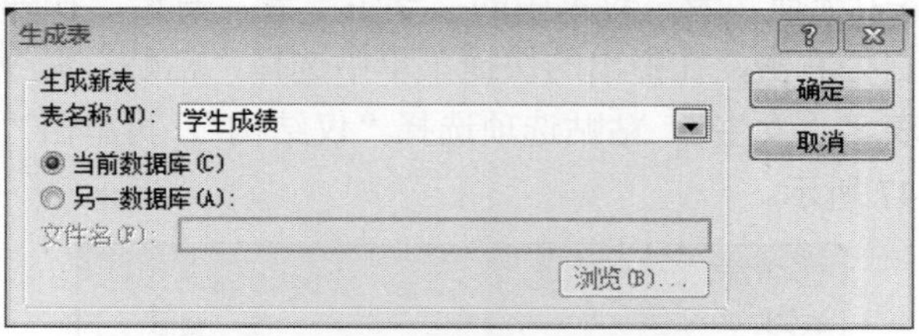

图 5-44 “生成表”对话框

（6）选择“文件”菜单中的“保存”命令，在弹出的“另存为”对话框中输入查询名称“学生成绩查询”，单击“确定”按钮。

（7）在“设计”选项卡中单击“运行”按钮，在弹出的对话框中单击“是”按钮，生成表的操作完成，如图 5-45 所示，生成的新表“学生成绩”如图 5-46 所示。

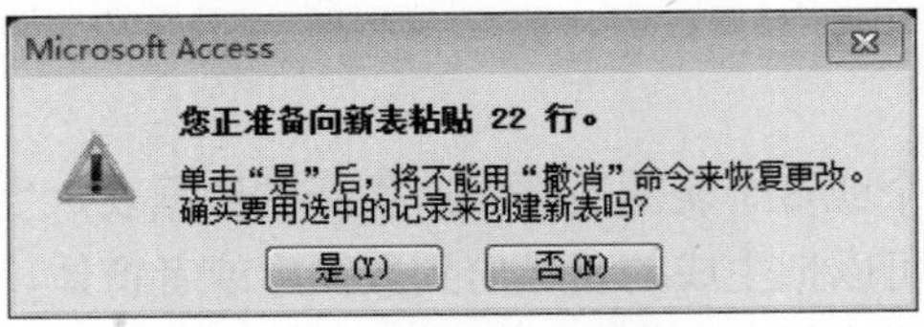

图 5-45　创建新表提示框

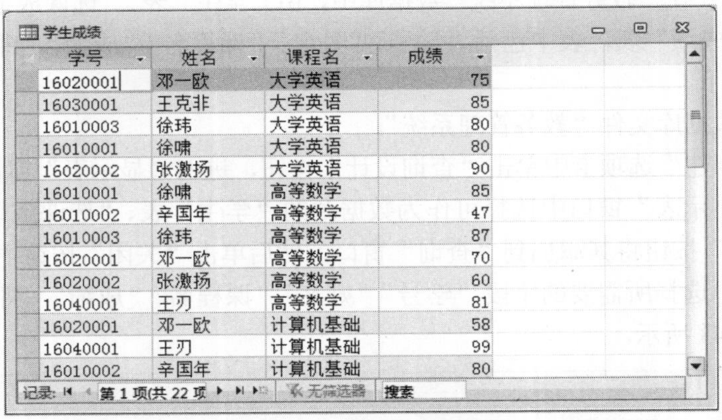

学号	姓名	课程名	成绩
16020001	邓一欧	大学英语	75
16030001	王克非	大学英语	85
16010003	徐玮	大学英语	80
16010001	徐啸	大学英语	80
16020002	张激扬	大学英语	90
16010001	徐啸	高等数学	85
16010002	辛国年	高等数学	47
16010003	徐玮	高等数学	87
16020001	邓一欧	高等数学	70
16020002	张激扬	高等数学	60
16040001	王刃	高等数学	81
16020001	邓一欧	计算机基础	58
16040001	王刃	计算机基础	99
16010002	辛国年	计算机基础	80

图 5-46　“学生成绩”表

> **注意**
>
> 所生成的新表在查询中并无结果显示，而是在表对象中生成了一个新的表。

5.7.2　追加查询

追加查询是从一个或多个表中将一组记录追加到另一个表的尾部的查询方式。需要注意的是，“追加查询”的前提是要有两个拥有共同属性的字段的表。

【例 5-11】　在“教务管理系统”数据库中，以“学生”表复制一个“女生”表，只复制结构，建立一个追加查询，将“学生表”中“性别”是“女”的记录追加到“女生”表中。

操作步骤如下：

（1）打开数据库文件“教务管理系统”。

（2）在查询窗格中选择“表”对象中的“学生”表，右击，在弹出的快捷菜单中选择“复制”命令，在空白处右击，在弹出的快捷菜单中选择“粘贴”命令，在弹出的“粘贴表方式”对话框中输入表名“女生”，粘贴选项选择“仅结构”，再单击“确定”按钮，完成表的结构复制，如图 5-47 所示。

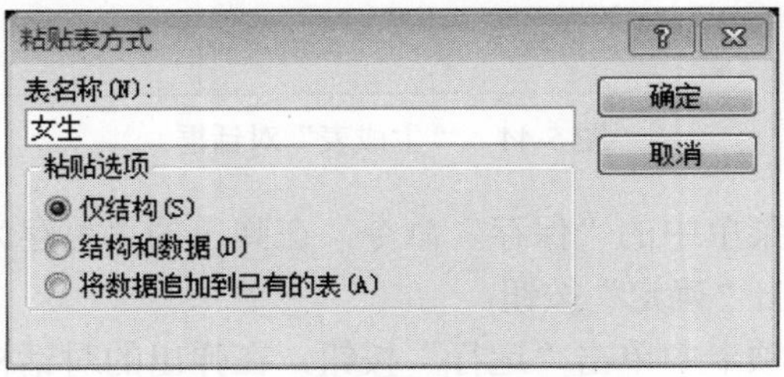

图 5-47　“粘贴表方式”对话框

（3）在“创建”选项卡中单击“查询设计”按钮，进入“显示表”窗口。

（4）在“显示表”窗口中选择可作为数据源的“学生”表，单击“添加”按钮将其添加到“查询”窗口，然后单击“关闭”按钮。

（5）在“设计”选项卡的“查询类型”组中单击“追加”按钮，在弹出的“追加”对话框中输入表名“女生”，存放位置选择“当前数据库”，单击“确定”按钮，如图 5-48 所示。

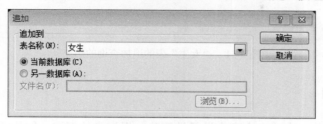

图 5-48　“追加”对话框

（6）将“学生”中的所有字段都添加到查询设计网格中，并在“性别”字段的“条件”中设置为“女”，查询准则的设置如图 5-49 所示。

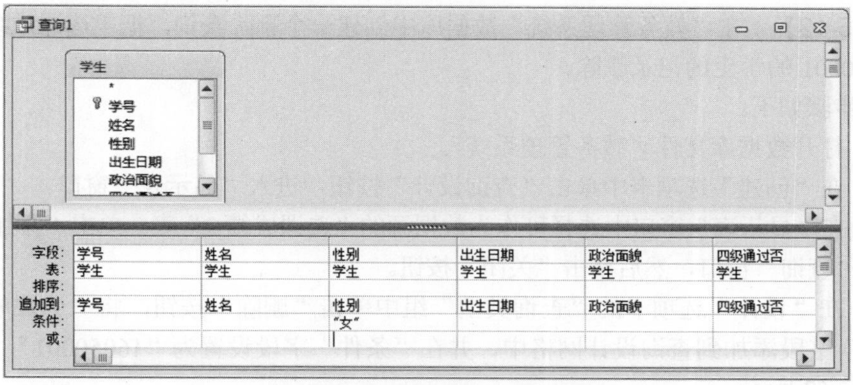

图 5-49　追加查询准则设置界面

（7）选择“文件”菜单中的“保存”命令，在弹出的“另存为”对话框中输入查询名称“追加查询”，单击“确定”按钮。

（8）在“设计”选项卡中单击“运行”按钮，弹出“追加查询提示”对话框，如图 5-50 所示。

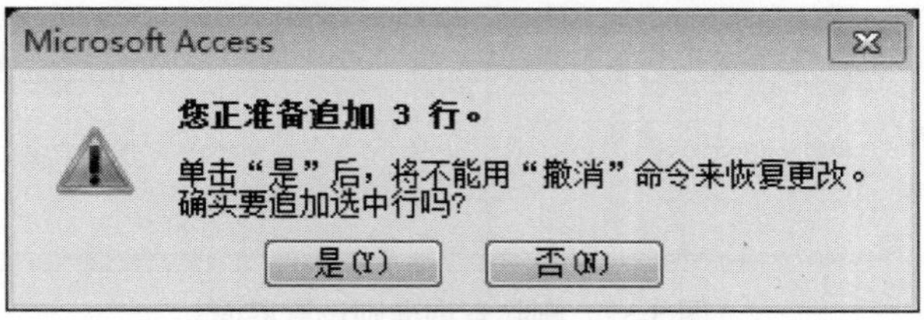

图 5-50　“追加查询提示”对话框

（9）单击“是”按钮，完成追加，然后打开“女生”表，追加查询的结果如图 5-51 所示。

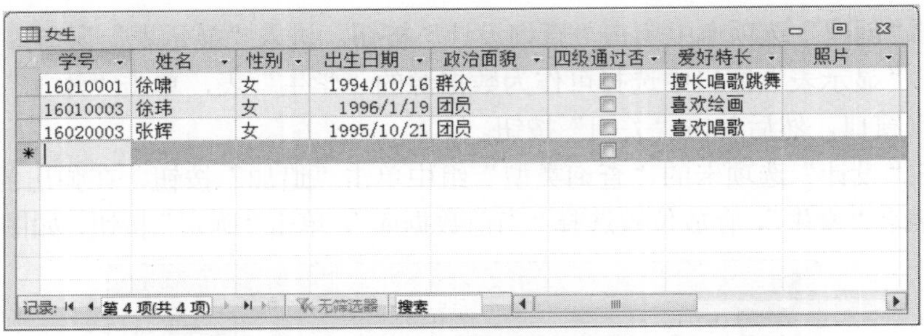

图 5-51 “女生”表的追加查询的结果

5.7.3 删除查询

删除查询是指从一个或多个表中批量地删除一组记录的查询，如从学生表中删除所有已经毕业的学生。实际上，删除查询是先执行选择查询，然后再将这些记录删除。使用删除查询删除的是整条记录，而不是记录的相应查询中所选择的字段。需要注意的是，这种删除操作一旦执行，删除掉的数据将无法恢复，所以应慎用。

【例 5-12】 在“教务管理系统”数据库中创建一个删除查询，把“选课成绩 2”中学号为 16050001 的学生的记录删除。

操作步骤如下。

（1）打开数据库文件“教务管理系统”。

（2）在“创建”选项卡中单击“查询设计”按钮，进入“显示表”窗口。

（3）在“显示表”窗口中选择可作为数据源的“选课成绩 2”表，单击“添加”按钮将其添加到“查询”窗口，然后单击“关闭”按钮。

（4）在“设计”选项卡的“查询类型”组中单击“删除”按钮，将“选课成绩 2”中的“学号”字段添加到查询设计网格中，并在“条件”字段设置为“16050001”，查询准则设置如图 5-52 所示。

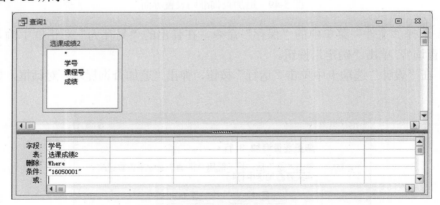

图 5-52 删除查询准则设置界面

（5）选择“文件”菜单中的“保存”命令，在弹出的“另存为”对话框中输入查询名称“删除查询”，单击“确定”按钮。

（6）在“设计”选项卡中单击“运行”按钮，在弹出的对话框中，如图 5-53 所示，单击“是”按钮完成删除。

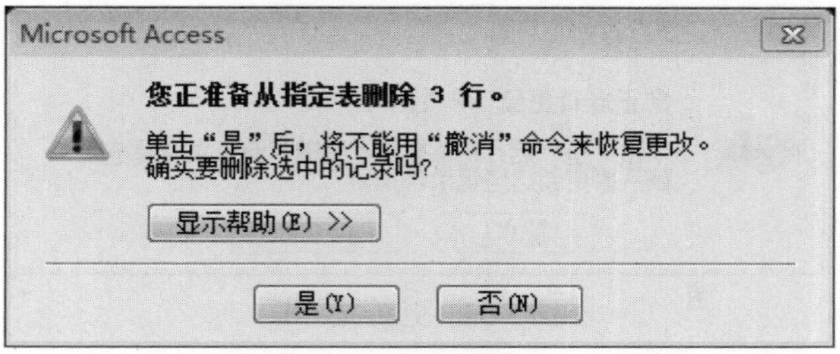

图 5-53 删除提示框

5.7.4 更新查询

更新查询可以对一个或多个表中的一组记录做批量的更改，它比通过键盘逐一修改表记录更加准确、快捷，但被修改的数据需要有规律。

【例 5-13】 在“教务管理系统”数据库中创建一个更新查询，把“选课成绩”表中的成绩变成原来的 110%。

操作步骤如下。

（1）打开数据库文件“教务管理系统”。

（2）在“创建”选项卡中单击“查询设计”按钮，进入“显示表”窗口。

（3）在“显示表”窗口中选择可作为数据源的“选课成绩”表，单击“添加”按钮将其添加到“查询”窗口，然后单击“关闭”按钮。

（4）在“设计”选项卡的“查询类型”组中单击“更新”按钮，将“选课成绩”中的“成绩”字段添加到查询设计网格中，并在“更新到”单元格中输入用来更改这个字段的表达式或数值。表达式中如果用到了网格中的其他字段，字段名一定要用方括号括起来。如果查询中有相同的字段名，则必须指定表名和字段名，格式为：[表名]![字段名]。图 5-54 中表达式为“[成绩]*1.1”，表示将表中的成绩变成原来的 110%。

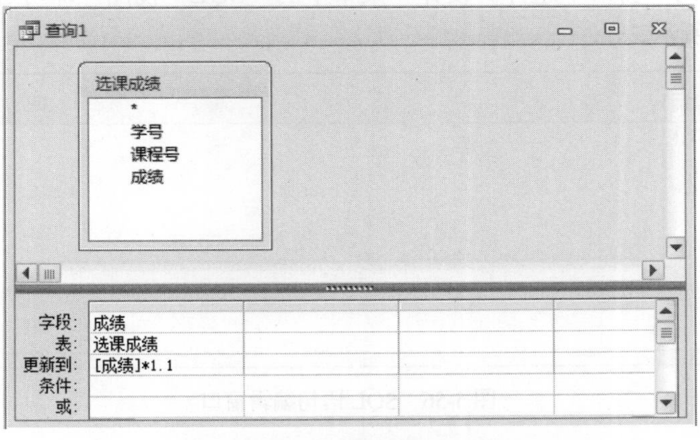

图 5-54 更新查询准则设置界面

（5）设置完成后，选择“文件”菜单中的“保存”命令，在弹出的“另存为”对话框中输入查询名称“更新查询”，单击“确定”按钮。

（6）在“设计”选项卡中单击“运行”按钮，在弹出的对话框中，如图 5-55 所示，单击“是”按钮完成更新。用户可打开原“选课成绩”表查看已更新的记录。

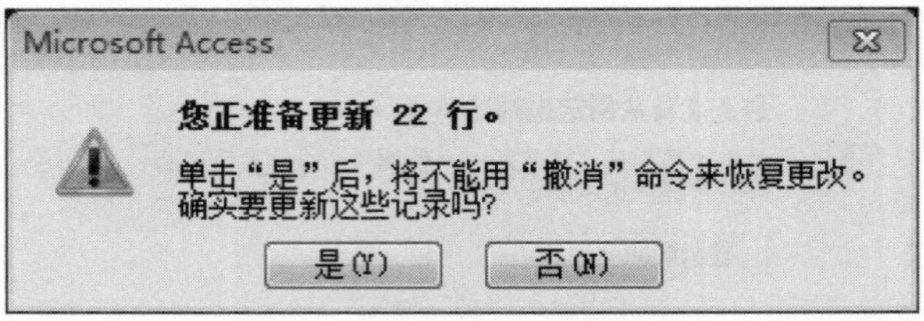

图 5-55 更新提示框

使用 SQL 创建查询

5.8 使用 SQL 创建查询

SQL 查询是使用 SQL 语句创建的查询。SQL 是 Structured Query Language 的缩写，即结构化查询语言。它既可以用于大型数据库管理系统，也可以用于微型数据库管理系统，是关系数据库的标准语言。

使用 SQL 能够创建各种不同类型的查询，本节将介绍使用 SQL 语句创建选择查询、动作查询及数据定义查询等的方法。

5.8.1 创建 SQL 查询

利用 SQL 语句创建查询，无论是哪种查询，都要通过创建 SQL 语句，再运行 SQL 查询，进而创建不同的查询结果。具体操作步骤如下。

（1）打开数据库文件。

（2）在“数据库”窗口中选择“创建”选项卡。

（3）在“创建”选项卡的“查询”组中单击“查询设计”按钮，并将所弹出的“显示表”窗口关闭。

（4）在“查询”窗口中选择“设计”菜单中的“SQL”视图，即可进入 SQL 语句编辑窗口，如图 5-56 所示。

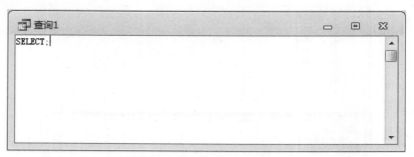

图 5-56 SQL 语句编辑窗口

（5）编辑完成后，运行并保存，结束 SQL 查询的创建。

5.8.2 使用 SQL 语句创建选择查询

使用 SQL 语句创建选择查询使用的是 SELECT 语句。在 SQL 语言中，SELECT 语句构成了该查询语言的核心部分，使用 SELECT 语句可以从数据库中选择数据来源。

SELECT 语句的基本形式由 SELECT-FROM-WHERE 查询模块组成，多个查询可以嵌套执行。Access 的 SELECT 语句格式如下：

```
SELECT [ ALL| DISTINCT ] <字段名 1> [ ，<字段名 2> … ]
FROM <数据源表或查询>
[INNER JOIN<数据源表或查询>ON <条件表达式>]
[WHERE <条件表达式>]
[GROUP BY <分组字段名>[ HAVING <条件表达式>]]
[ORDER BY<排序选项> [ASC] [DESC]]
```

说明：

（1）SELECT 子句。

① SELECT 子句中的字段列表是查询结果显示的标题，单表查询时可以直接用原表的字段名或使用“*”代表表中的所有字段。如果是多表查询就需使用“表名.字段名”的格式。DISTINCT 表示查询结果是不包含重复行的记录集。

【例 5-14】 使用 SQL 语句查询“学生”表中的女生情况，显示字段为学号、姓名、性别、爱好特长。

SQL 语句如下：

```
SELECT 学号, 姓名,性别, 爱好特长
FROM 学生
WHERE  性别="女";
```

② 在查询时 SELECT 子句中也可以使用以统计、汇总和计算函数，如表 5-4 所示。使用合并计算函数时必须有 GROUP BY 子句。但如果查询返回含糊的或重复的对象名称时，必须使用 AS 子句来提供新的字段名替代原字段名。

表 5-4 SELECT 子句中的函数

函数	说明
COUNT	统计符合条件的记录
SUM	找出指定记录范围内的数值字段求和
AVG	找出指定记录范围内的数值字段求平均值
MAX	找出指定记录范围内的最大值
MIN	找出指定记录范围内的最小值

【例 5-15】 使用 SQL 语句查询“选课成绩”表中每个学号学生的总成绩。

SQL 语句如下：

```
SELECT 学号, SUM(成绩)AS 总成绩
FROM 选课成绩
GROUP BY 学号;
```

③ 若在 SELECT 子句字段列表之后添加“INTO 新表名”即为生成表查询，若在 SELECT 子句之前添加“PARAMETERS 参数名 参数数据类型[(大小)]”即为参数查询。

【例 5-16】 将例 5-15 的查询结果生成新表，即“学生总成绩”表。

SQL 语句如下：

```
SELECT 学号,SUM(成绩) AS 总成绩 INTO 学生总成绩
FROM 选课成绩
GROUP BY 学号;
```

【例 5-17】 将例 5-14 的查询按“性别”生成参数查询。

SQL 语句如下：

```
PARAMETERS 性别 TEXT(1);
SELECT 学号,姓名,性别,爱好特长
FROM 学生;
```

（2）FROM 子句。

FROM 子句中列出所进行查询的表的名称，如果是多表查询，只需在 FROM 后面加表名列表，且表名与表名之间用逗号（英文状态下）分隔。在 FROM 子句中还可以完成表间的连接，语句格式如下：

```
FROM <表 1> INNER JOIN <表 2> ON <条件表达式>
```

【例 5-18】 从“教务管理系统”数据库的“学生”表和“选课成绩”表中查询学生的学号、姓名、课程号、成绩。

SQL 语句如下：

```
SELECT 学生.学号, 学生.姓名,选课成绩.课程号,选课成绩.成绩
FROM 学生 INNER JOIN 选课成绩 ON 学生.学号=选课成绩.学号;
```

（3）WHERE 子句。

WHERE 子句后给出查询条件，查询结果查询到的正是满足给定条件的记录。WHERE 子句中条件的表示方法如下：

```
WHERE <表达式><关系运算符><表达式>
```

其中，<表达式>为逻辑表达式，由逻辑运算符组成；<关系运算符>有 Not、And 和 Or 三种，优先级顺序为 Not>And>Or。

WHERE 子句中还可以结合一些特殊运算符来表示条件，如：

- Between：定义一个区间范围。
- Like：字符串匹配操作。
- In：测试属性值是否在一组值中。
- Is Null：测试属性值是否为空。

【例 5-19】 从“教务管理系统”数据库的“学生”表中查询出年龄大于 20 岁的女生信息。

SQL 语句如下：

```
SELECT *  FROM 学生
WHERE 性别="女" AND (YEAR(DATE())–YEAR([出生日期]))>20;
```

【例 5-20】 从“教务管理系统”数据库的“学生”表、“选课成绩”表和“课程”表中查询徐啸、张辉两位同学的成绩信息。

SQL 语句如下：

```
SELECT 学生.学号, 学生.姓名 as 学生姓名,课程.课程名,选课成绩.成绩
FROM 学生,选课成绩,课程
where  学生.姓名  in ("徐啸","张辉")
and 学生.学号=选课成绩.学号
and 选课成绩.课程号=课程.课程号;
```

（4）GROUP BY 子句。

GROUP BY 意为分组，但是显示的字段只能是参与分组的字段以及基于分组字段的合计函数计算结果，格式如下：

GROUP BY GroupColumn [,GroupColumn …][HAVING FilterCondition]

> **说明**
>
> 其中 HAVING 子句用于进一步分组条件，HAVING 子句不能单独使用，必须放在 GROUP BY 子句之后。 HAVING 子句和 WHERE 子句并不矛盾，在查询中是先用 WHERE 子句限定元组，然后进行分组，最后再用 HAVING 子句限定分组。

【例 5-21】　从“教务管理系统”数据库的“选课成绩”表中查询每个学号学生的平均分。

SQL 语句如下：

```
SELECT 学号, AVG(成绩)AS 平均分
FROM 选课成绩
GROUP BY 学号;
```

（5）ORDER BY 子句。

ORDER BY 子句一般放在 SELECT 语句的最后，用来说明查询结果按哪个字段进行排序，同时用关键字 ASC 表示升序，DESC 表示降序，其格式如下：

ORDER BY 字段 1[ASC|DESC][,字段 2[ASC|DESC]][,…]]]

【例 5-22】　从“教务管理系统”数据库的“学生”表中查询出学号、姓名、性别、出生日期，并按姓名降序排序。

SQL 语句如下：

```
SELECT DISTINCT 学号,姓名,性别,出生日期
FROM 学生
ORDER BY 姓名 DESC;
```

> **注意**
>
> DISTINCT 的作用是将查询结果记录中的重复值过滤掉。

5.8.3　使用 SQL 语句创建动作查询

1. 创建插入查询

Access 中可用 INSERT 语句实现插入数据的功能，可将一条新的记录插入到指定表中，其语句格式如下：

INSERT INTO <表名>（字段名 1 [，字段名 2…]）

VALUES（表达式 1 [，表达式 2…]）；

> **说明**
>
> INSERT INTO <表名>说明向指定表中插入记录，当插入的记录不完整时，可以指定某些字段。VALUES（表达式 1 [，表达式 2…]）则是给出所插入记录的具体的字段值。

【例 5-23】　向“教务管理系统”数据库的“教师”表中插入一条新的记录。

SQL 语句如下：

```
INSERT INTO 教师(教师编号,姓名,性别,出生日期,职称)
VALUES ("01007","孙梅","女",#1970/3/25#,"教授");
```

> **注意**
>
> 文本数据应用双引号括起来，日期型数据应用“#”号括起来。

2. 创建更新查询

Access 中可用 UPDATE 语句实现数据更新的功能，能够对指定表的所有记录或满足条件的记录进行更新，其语句格式如下：

```
UPDATE <表名> SET <字段名 1>=<表达式 1 >[，<字段名 2>=<表达式 2>…]
[WHERE <条件>];
```

> **说明**
>
> <表名>是指要更新数据的表的名称；<字段名>=<表达式>是将该字段的值更新为表达式的值，并且一次可以更新多个字段。同时使用 WHERE <条件>来指定被更新记录的字段值满足的条件。如果没有 WHERE 子句，则更新全部记录。

【例 5-24】 将“教务管理系统”数据库文件中的“学生”表中政治面貌为党员的字段值更新成中共党员。

SQL 语句如下：

```
UPDATE 学生 SET 学生.政治面貌="中共党员"
WHERE 学生.政治面貌="党员";
```

3. 创建删除查询

Access 中可用 DELETE 语句实现数据删除的功能，能够删除指定表中的所有记录或满足条件的记录，其语句格式如下：

```
DELETE FROM <表名>
WHERE <条件>;
```

> **说明**
>
> FROM 子句指定从哪个表中删除记录；WHERE 子句指定被删除的记录所满足的条件，如果不使用 WHERE 子句，则删除指定表中的全部记录。

【例 5-25】 将“教务管理系统”数据库的“教师”表中“孙梅”的记录删除。

SQL 语句如下：

```
DELETE FROM 教师
WHERE 姓名="孙梅";
```

5.8.4 使用 SQL 语句创建数据定义查询

数据定义查询与其他查询不同，利用它可以创建表、删除表和更改表中的字段，也可以在数据库表中创建索引。

1. CREATE 语句

在 SQL 查询中，可以使用 CREATE TABLE 语句定义基本表，即在数据库中创建一个新的表，其语句格式如下：

CREATE TABLE <表名>

（[<字段名 1>]<类型（长度）>[字段级完整性约束条件 1][，[<字段名 2>]<类型（长度）>[字段级完整性约束条件 2]…]）；

> 说明
>
> <表名>是所定义的表的名称；<字段名>是所定义的表中包含的字段的名称；<类型（长度）>是指对应字段的数据类型和字段大小；[字段级完整性约束条件]是定义相关字段的约束条件，包括主键约束（Primary Key）、数据唯一约束（Unique）、空值约束（Not Null 或 Null）和完整性约束（Check）等。其中关于数据类型的进一步说明如下。
>
> - 文本型：text
> - 整型：smallint
> - 长整型：integer
> - 双精度型：float
> - 日期/时间型：date
> - 备注型：memo
> - OLE 对象型：general

【例 5-26】 在“教务管理系统”数据库中创建一个“学生基本信息”表，包括学号、姓名、性别、出生日期、基本工资、家庭住址、照片字段。

SQL 语句如下：

```
CREATE TABLE 学生基本信息表(学号 text(6),姓名 text(6),性别 text(2),
出生日期 date,基本工资 float,家庭住址 memo,照片 general,primary key(学号));
```

2. ALTER 语句

在 SQL 查询中，可以使用 ALTER TABLE 语句对创建后的表中的字段进行添加、删除和更改的操作，其语句格式如下：

ALTER TABLE <表名>

[ADD <字段名><类型（长度）>]

[DROP [<字段名>]…]

[ALTER <字段名><类型（长度）>];

> 说明
>
> <表名>是指定要修改的表的名称；ADD 子句是向该表中添加字段并指定数据类型和长度；DROP 子句用于删除该表中的指定字段；ALTER 子句用于修改指定字段的属性。

【例 5-27】 向“教务管理系统”数据库的“学生基本信息”表中添加一个字段“联系电话”，字段大小为 13。

SQL 语句如下：

```
ALTER TABLE 学生基本信息表
ADD 联系电话 text(13);
```

【例 5-28】 将“教务管理系统”数据库的“学生基本信息”表中的“照片”字段删除。

SQL 语句如下：

```
ALTER TABLE 学生基本信息表
DROP 照片;
```

【例 5-29】 将“教务管理系统”数据库的“学生基本信息”表中的“学号”字段的数据类型由 TEXT 改成 integer。

SQL 语句如下：

```
ALTER TABLE 学生基本信息表
ALTER 学号 integer;
```

> **注意**
>
> 使用 ALTER 语句对表的结构进行修改时，不能一次添加或删除多个字段。

3. DROP 语句

在 SQL 查询中，可以使用 DROP TABLE 语句删除数据库中某个不需要的表，其语句格式如下：

```
DROP TABLE <表名>;
```

> **说明**
>
> <表名>是指要删除的表的名称。

【例 5-30】 将“教务管理系统”数据库的“学生基本信息”表删除。

SQL 语句如下：

```
DROP TABLE 学生基本信息;
```

> **注意**
>
> 表一旦删除，表中的数据以及在此基础上建立的索引等都将被自动删除，并且无法恢复。因此，提醒用户在执行删除操作时一定要小心。

教务管理系统之查询

5.9 实例——创建查找“班级信息”的条件查询

创建查询的方法有很多种，下面将通过引例中的“教务管理系统”案例来介绍如何创建一个条件查询，即以班级编号、年级、班级名称为参数的查询。主要操作步骤如下：

（1）启动“教务管理系统”。

（2）选择“创建”选项卡下的“查询设计”选项，关闭“显示表”对话框。

（3）选择“查询工具/设计”选项卡下的“SQL”视图，进入 SQL 查询编辑界面，输入如图 5-57 所示的 SQL 语句，保存为“班级信息查询”。

班级信息查询

```
SELECT 班级信息.班级编号, 班级信息.年级, 班级信息.班级名称, 班级信息.班级简称, 班级信息.人数, 班级信息.班主任
FROM 班级信息
WHERE (((班级信息.班级编号)=Forms!班级信息维护!TxtClassNum) And ((班级信息.年级)=Forms!班级信息维护
!TxtGrade) And (Instr(班级信息.班级名称,Forms!班级信息维护!TxtClassName)>0)) Or ((Forms!班级信息维护
!TxtClassNum Is Null) And (Forms!班级信息维护!TxtGrade Is Null) And (Forms!班级信息维护!TxtClassName Is
Null)) Or ((Forms!班级信息维护!TxtClassNum Is Null) And ((班级信息.年级)=Forms!班级信息维护!TxtGrade)
And (Instr(班级信息.班级名称,Forms!班级信息维护!TxtClassName)>0)) Or (((班级信息.班级编号)=Forms!班级信息维
护!TxtClassNum) And (Forms!班级信息维护!TxtGrade Is Null) And (Instr(班级信息.班级名称,Forms!班级信息维护
!TxtClassName)>0)) Or (((班级信息.班级编号)=Forms!班级信息维护!TxtClassNum) And ((班级信息.年级)=Forms!班
级信息维护!TxtGrade) And (Forms!班级信息维护!TxtClassName Is Null)) Or ((Forms!班级信息维护!TxtClassNum
Is Null) And (Forms!班级信息维护!TxtGrade Is Null) And (Instr(班级信息.班级名称,Forms!班级信息维护
!TxtClassName)>0)) Or ((Forms!班级信息维护!TxtClassNum Is Null) And ((班级信息.年级)=Forms!班级信息维护
!TxtGrade) And (Forms!班级信息维护!TxtClassName Is Null)) Or (((班级信息.班级编号)=Forms!班级信息维护
!TxtClassNum) And (Forms!班级信息维护!TxtGrade Is Null) And (Forms!班级信息维护!TxtClassName Is Null))
ORDER BY 班级信息.班级编号;
```

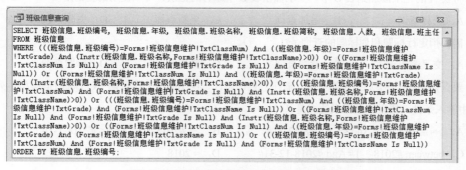

图 5-57 “班级信息查询”的 SQL 查询

（4）启动“班级信息维护”窗体，并且在班级编号或年级或班级名称文本框中输入相应信息后，再双击“班级信息查询”即可运行该查询。

本章小结

查询的主要目的就是通过某些条件的设置，从表中选择所需要的数据。本章主要介绍了查询的概念和查询的 5 种类型，以及各种查询的创建方法和操作。每一种查询的类型就是一种查询的方式，Access 支持 5 种查询方式，分别是选择查询、交叉表查询、参数查询、操作查询和 SQL 查询，其中操作查询又包括 4 种：生成表查询、更新查询、追加查询和删除查询。SQL 查询是用 SQL 语句创建的查询，能用设计视图创建的查询就能用 SQL 语句创建，但用 SQL 语句创建的查询不一定能用设计视图创建。

习　题　5

习题 5
参考答案

一、单选题

1．Access 查询的结果总是与数据源中的数据保持（　　）。

A．不一致　　B．同步　　C．无关　　D．不同步

2．在 Access 查询准则中，日期值要用（　　）括起来。

A．%　　B．#　　C．&　　D．$

3．Access 支持的查询类型有（　　）。

A．选择查询、交叉表查询、参数查询、SQL 查询和操作查询

B．选择查询、基本查询、参数查询、SQL 查询和操作查询

C．多表查询、单表查询、参数查询、SQL 查询和操作查询

D．选择查询、汇总查询、参数查询、SQL 查询和操作查询

4．创建参数查询时，在查询设计视图条件行中应将参数提示文本放置在（　　）中。

A．{}　　B．()　　C．[]　　D．<>

5．将表 A 的记录添加到表 B 中，要求保留表 B 中原有的记录，可以使用的查询是（　　）。

A．选择查询　　B．追加查询　　C．更新查询　　D．生成表查询

6．需要指定行标题和列标题的查询是（　　）。

A．交叉表查询　　B．参数查询　　C．操作查询　　D．标题查询

7．要查询 2018 年参加工作的员工，需在“查询设计”视图的“工作日期”（日期/时间类型）列的条件单元格中输入条件，错误的条件表达式是（　　）。

A．>= #2018-1-1# And <= #2018-12-31#　　B．>= #2018-1-1# And < #2018-1-1#

C．between #2018-1-1# And #2018-12-31#　　D．= 2018

8．若要对用 SELECT 语句实现的查询结果进行排序，应包含的子句是（　　）。

A．TO　　B．INTO　　C．GROUP BY　　D．ORDER BY

9．如果用户希望根据某个可以临时变化的值来查找记录，则最好使用的查询是（　　）。

A．选择查询　　B．操作查询　　C．参数查询　　D．交叉表查询

10．可以对表中原有内容进行修改的查询类型是（　　）。

A．参数查询　　B．交叉表查询　　C．选择查询　　D．操作查询

11．要求将“学生”表中所有女生的体育成绩增加 5 分，则正确的 SQL 语句是（　　）。

A．UPDATE 学生 SET 体育=5　　B．UPDATE 学生 SET 体育=体育+5

C．UPDATE FROM 学生 SET 体育=体育+5　　D．UPDATE FROM 学生 SET 体育=5

12．要从数据库中删除一个表，应该使用的 SQL 语句是（　　）。

A．ALTER TABLE　　B．KILL TABLE　　C．DELETE TABLE　　D．DROP TABLE

二、填空题

1．操作查询包括生成表查询、删除查询、更新查询和__________。

2．若要查询“教师”表中“职称”为“教授”或“副教授”的记录，则查询条件为__________。

3．在 Access 中，要在查找条件中与任意一个字符匹配，可使用的通配符是__________。

4．在学生成绩表中，如果需要根据输入的学生姓名查找学生的成绩，需要使用__________查询。

5．在 Access 的查询中，SQL 查询具有三种特定形式，包括__________、__________和__________。

三、操作题（扫二维码获取以下数据库）

习题数据库

1．已有一个 Sample1.mdb 数据库，其中包含一张 tTeacher 表。创建并运行以下查询：

（1）创建一个名为 SQ1 的选择查询，查找具有“研究生”学历的教师信息，并依次显示“编号”“姓名”“性别”和“系别”四个字段。

（2）创建一个名为 SQ2 的选择查询，查找年龄小于等于 35，且职称为副教授或教授的教师信息，并依

次显示“编号”“姓名”“年龄”“学历”和“职称”五个字段。

（3）创建一个名为 SQ3 的总计查询，查找并统计在职教师按照“职称”进行分类的平均年龄，依次显示“职称”和“平均年龄”两个字段，其中，“平均年龄”为计算型字段。

（4）创建一个名为 SQ4 的交叉表查询，以“系别”为行标题，“职称”为列标题，交叉点统计不同系别、不同职称的教师人数。

（5）创建一个名为 SQ5 的更新查询，实现将政治面貌字段值为“九三学社”的更新为“民主党派”。

2. 已有一个 Sample2.mdb 数据库，其中包括三张表“tBand”表、“tBandOld”表和“tLine”表。

创建并运行以下查询：

（1）创建一个名为 SQ1 的选择查询，查找并依次显示“线路 ID”“导游姓名”“天数”和“费用”四个字段。

（2）创建一个名为 SQ2 的选择查询，查找“天数”在 5 到 8 之间（包括 5 和 8）的旅游信息，依次显示“线路名”“天数”和“出发时间”三个字段。

（3）创建一个名为 SQ3 的选择查询，依次显示“tLine”表的所有字段内容，以及一个计算型字段“优惠价格”，其计算公式为：优惠价格＝费用*0.95。

（4）创建一个名为 SQ4 的删除查询，删除“tBandOld”表中出发时间在 2002 年以前（不含 2002 年）的团队记录。

（5）创建一个名为 SQ5 的参数查询，通过输入导游姓名，依次显示“导游姓名”“线路名”和“天数”三个字段。当运行该查询时，提示框显示“请输入导游姓名”。

第 6 章　窗体的创建与使用

本章导读

- 窗体是Access数据库的重要组成部分，是用于在数据库中输入和显示数据的数据库对象。它是Access为用户提供的人机交互界面，在一个Access数据库系统开发完成之后，可以通过窗体来集成对数据库的所有操作，从而让用户以更加直接、美观、便捷的方式操作数据库。本章首先通过引例介绍为什么使用窗体，然后讲解窗体的功能和组成，如何创建窗体及设置窗体的属性，最后阐述了窗体的布局及常用窗体控件的使用方法。

本章要点

- 窗体的组成
- 创建窗体
- 设置窗体的属性
- 常用窗体控件的使用

教务管理系统之窗体

6.1　引例——创建教师信息窗体

通过前面章节的学习，读者已经掌握了如何创建数据库和数据表来存储数据，以及使用 SQL 语言对数据表进行操作，比如创建如图 6-1 所示的教师信息表。但是在这种表格视图下对信息进行查询浏览以及更新修改操作是很不方便的，尤其是当数据量比较大的时候，从大量数据中去定位修改一条信息是比较麻烦的。为了便于对教师表中的数据进行查询和修改操作，可以为教师表创建窗体，以更加直观便捷的方式对信息进行查询和更新，如图 6-2 所示。

教师编号	姓名	性别	出生日期	职称	单击以添加
01001	何晓薇	女	1980/10/18	讲师	
01002	田梅	女	1980/4/3	副教授	
01003	王军	男	1965/5/7	教授	
01004	张一帆	男	1988/2/15	助教	
01005	刘芳	女	1984/10/19	讲师	
01006	王美	女	1981/7/19	讲师	

图 6-1　教师信息表

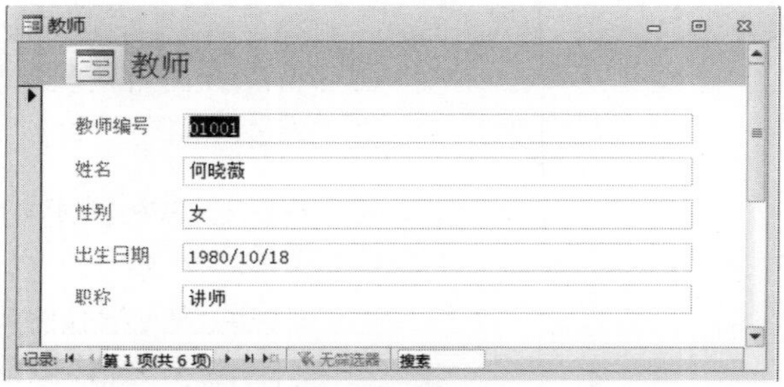

图 6-2　教师信息窗体

由图 6-2 可见，创建了窗体之后，数据的显示更加直观，而且通过和这组按钮可以在数据记录之间进行切换来逐条浏览数据，通过按钮可以向数据表中插入一条新的空白记录，在搜索框中输入关键字可以按内容搜索相关记录。

实现以上案例，要求掌握的知识如下。

（1）窗体的概念、作用、类型。

（2）窗体的创建方法。

（3）窗体和控件的属性设置。

（4）窗体的操作使用。

通过本章知识的学习，读者即可掌握上述知识并创建出本案例。接下来将对窗体的相关知识进行详细讲解。

6.2 窗体的功能与组成

窗体概述

窗体是 Access 数据库中一个常用的数据库对象，它是 Access 提供给用户操作数据库的最主要的互动窗口，使用窗体可以为用户提供形式美观、内容丰富的数据库操作界面。在 Access 中，数据库的使用和维护大多数都是通过窗体进行的，虽然通过之前介绍的“数据表”和“查询”等数据库对象也可以实现对数据的管理，但是它们在显示数据时缺乏友好的界面，这对于不是太熟悉数据库的用户而言，使用不是特别方便，因此 Access 提供了窗体的功能，让用户以更加直接、美观、便捷的方式操作数据库。

6.2.1 窗体的功能

作为用户和数据库之间的桥梁，窗体的主要功能是操作及维护数据库，但窗体的功能并不局限于此，使用窗体可以完成如下功能。

1. 显示数据

通过窗体显示数据表和查询表中的数据信息以及程序信息，为数据显示提供更友好的界面。

2. 显示信息

在窗体中显示必要的帮助或提示信息，有助于用户更加方便、快捷地操作数据，对于对数据库较陌生的用户来说，这一点非常重要。

3. 接收数据

通过窗体可以添加、修改和删除数据库中的数据，例如添加教师信息、删除课程信息、修改成绩信息等。

4. 控制程序

利用窗体结合 VBA 语言，可以实现数据库编程，通过执行相应的操作达到控制数据库程序的目的，轻松管理数据库。

6.2.2 窗体的组成

窗体是管理数据库的一个工作窗口，其本身也是一种对象，窗体中包含一组窗体控件。每一个窗体由于数据源、窗体控件属性的不同，所呈现出来的形式也是多种多样的。可以通过“属性表”中的“格式”选项卡设置窗体及控件的属性，从而定义窗体的外观，通过“事件”选项卡定义其行为。

通过“创建”选项卡的“窗体”组中的“空白窗体”按钮，可以创建一个新的空白窗体。新建窗体的默认视图模式为布局视图，可以在窗体标题栏上右击，在弹出的菜单中选择“设计视图”命令，把窗体切换到设计视图，可以看到窗体的组成部分，如图 6-3 所示。窗体主要包含窗体页眉、页面页眉、主体、页面页脚和窗体页脚部分，每部分都称为窗体的“节”。

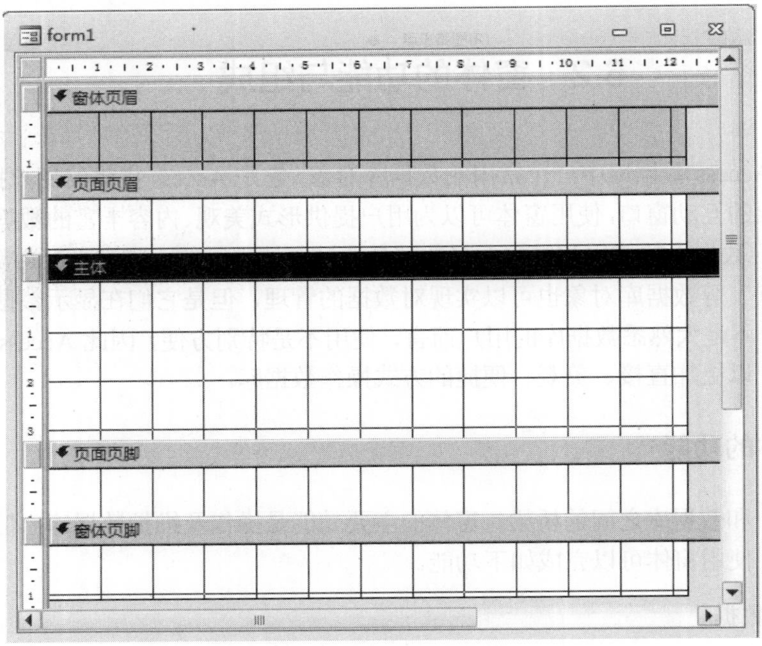

图 6-3 窗体的组成

1．窗体页眉

窗体页眉位于窗体视图的顶端，主要用于显示窗体标题，说明窗体的作用，窗体页眉中可以包含一组控件。在打印窗体时，窗体页眉会出现在首页的顶部。

2．页面页眉

页面页眉只显示在窗体的打印页内，显示在每个打印页的顶部，主要用于列出数据的标题信息或者列标题信息。页面页眉在窗体视图下是不显示的，所以在设计窗体时较少考虑对页面页眉的设计。

3．主体

窗体的主体位于窗体的中心部分，是工作窗口的核心，可由多种窗体控件组成，是数据库系统数据维护的主要工作界面，也是控制数据库应用系统流程的重要窗口。

4. 页面页脚

页面页脚与页面页眉类似，也是只显示在窗体的打印页内，显示在每个打印页的底部，主要用于显示日期或页码等信息。

5. 窗体页脚

窗体页脚位于窗体的最下方，可以包含一组控件，主要用于显示窗体的使用说明信息。窗体页脚与窗体页眉的作用很类似，通常在窗体设计中忽略对窗体页脚的设计，或者只让窗体页脚起一个窗体脚注的作用。

6.2.3 窗体的视图

Access 中窗体有 3 种视图，即窗体视图、布局视图和设计视图。不同的视图下窗体内容的显示效果不一样，所完成的功能也不同。

1. 窗体视图

窗体视图实际上是窗体运行时显示的效果，利用窗体视图可以浏览窗体所捆绑的数据内容。如图 6-4 所示为学生信息窗体的“窗体视图”。

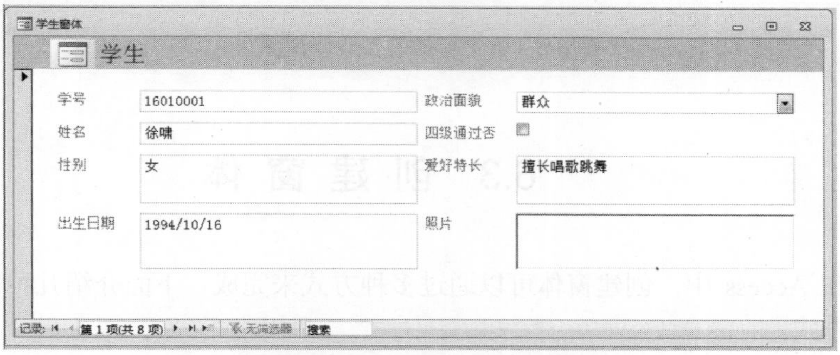

图 6-4　学生窗体的“窗体视图”

2. 布局视图

在布局视图中，窗体实际上正在运行，用户看到的数据与最终的浏览效果非常相似，同时，用户可以对窗体进行几乎所有的更改。所以说布局视图是用于修改窗体的最直观的视图方式。学生窗体的“布局视图”如图 6-5 所示。

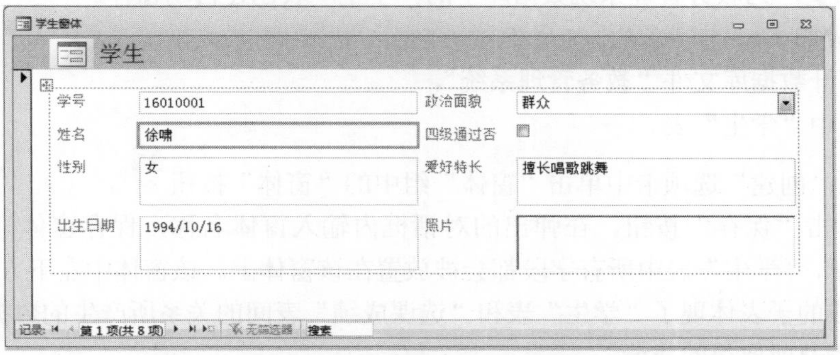

图 6-5　学生窗体的“布局视图”

3. 设计视图

设计视图提供了窗体结构的更详细的内容，可以看到窗体的页眉页脚和主体部分。在设计视图中，窗体并没有运行，所以设计过程中无法看到数据内容。然而，有些设计任务在“设计视图”中执行要比在“布局视图”中执行容易，比如向窗体中添加各种类型的控件，调节窗体节之间的大小等。学生窗体的“设计视图”如图 6-6 所示。

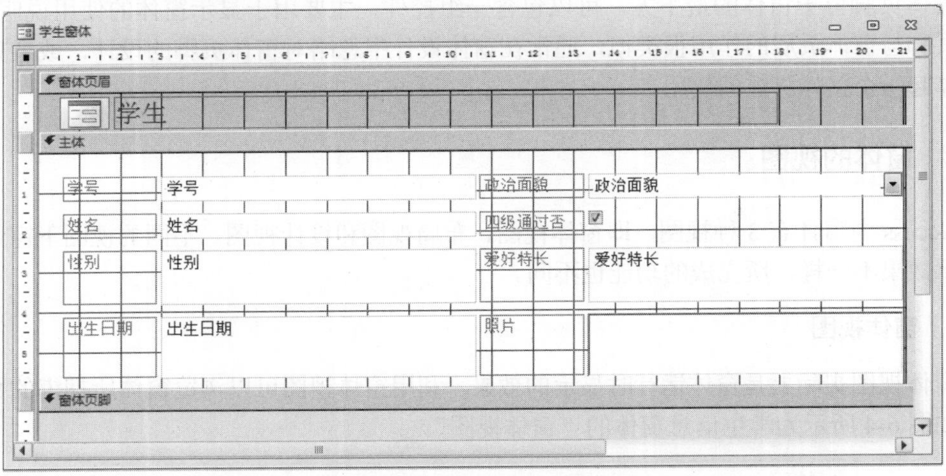

图 6-6　学生窗体的“设计视图”

6.3 创建窗体

窗体的创建

在 Access 中，创建窗体可以通过多种方式来完成，下面介绍几种常用的创建窗体的方式。

6.3.1 直接创建窗体

这种方式也可以称为“自动窗体”，首先选择要为之创建窗体的数据库对象（数据表、查询或窗体），然后单击“创建”选项卡下“窗体”组中的“窗体”按钮，即可完成窗体的创建，此时，新建窗体将以“布局视图”显示窗体内容，用户可根据需要对窗体内容进行更改。

【例 6-1】　为教务管理系统数据库中的“学生”表创建自动窗体。

操作步骤如下。

（1）打开数据库文件“教务管理系统”。

（2）选中“学生”表。

（3）在“创建”选项卡中单击“窗体”组中的“窗体”按钮 窗体 。

（4）单击“保存”按钮，在弹出的对话框内输入窗体名称，保存窗体。创建的窗体如图 6-7 所示，“学生”表中所有字段都会被放置在该窗体上。该窗体中左下方的“课程号”“成绩”构成的子表体现了“学生”表和“选课成绩”表间的关系所产生的数据，即当前学生所选的课程及所取得的成绩。

6.3.2 使用窗体设计器创建窗体

使用窗体设计器创建窗体，用户可以不受 Access 系统的约束，从一个空白窗体出发，通过向窗体中添加各种需要的控件和数据表字段，完全自主地设计窗体的内容和结构。

【例 6-2】 以“教务管理系统”数据库中的数据表作为数据来源，利用“窗体设计器”创建窗体，在窗体中显示学生的姓名、学号、所学课程名、课程号、成绩信息。

操作步骤如下。

（1）打开数据库文件“教务管理系统”。

（2）在“创建”选项卡中，单击“窗体”组中的“窗体设计”按钮，会生成一个空白窗体，窗口工具栏中会出现“窗体设计工具”选项卡，如图 6-8 所示。

（3）单击“工具”组中的“添加现有字段”按钮，在窗口右侧会出现“字段列表”窗格，单击其中的“显示所有表”链接，则当前数据库中的所有数据表出现在列表中，如图 6-9 所示。

（4）展开数据表，把需要的字段依次拖放到窗体的主体部分，则每个字段都会自动对应生成一个标签和一个文本框，可以拖动调整其对齐方式，添加完所需字段的窗体如图 6-10 所示。

（5）单击“保存”按钮，在弹出的对话框内输入窗体名称“学生成绩”，保存窗体。窗体运行效果如图 6-11 所示。

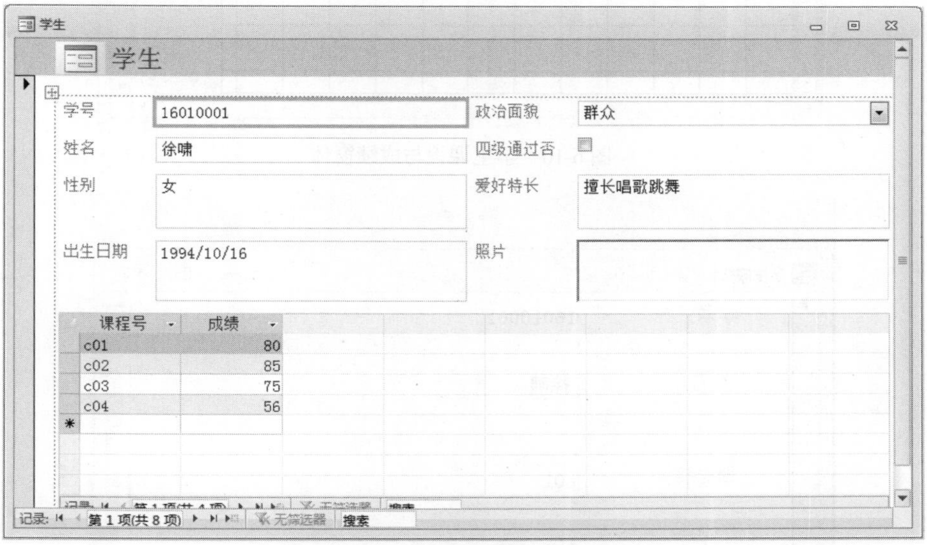

图 6-7 为“学生”表创建自动窗体

图 6-8 窗体设计工具

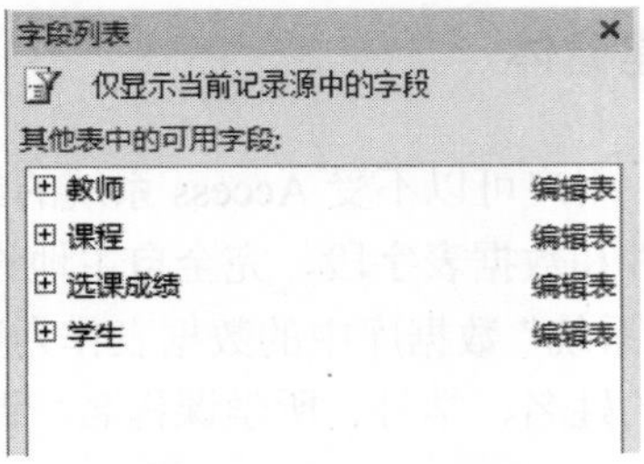

图 6-9　字段列表窗口

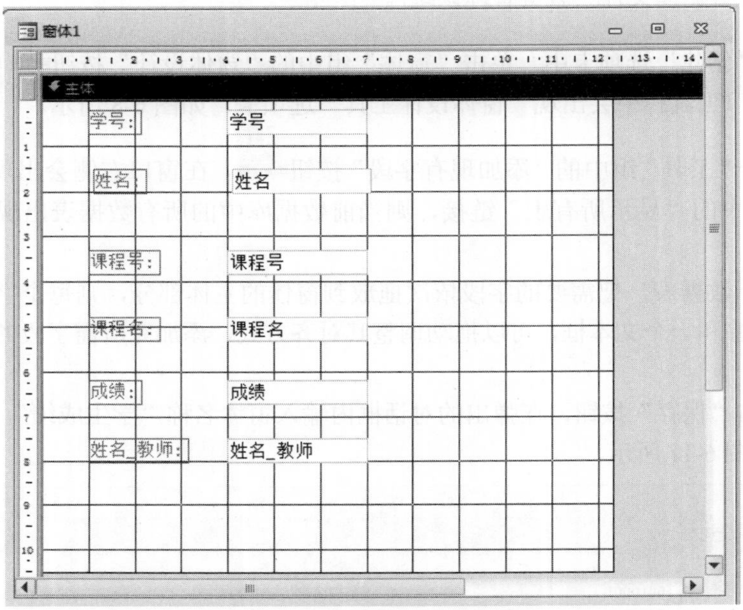

图 6-10　学生课程与成绩窗体

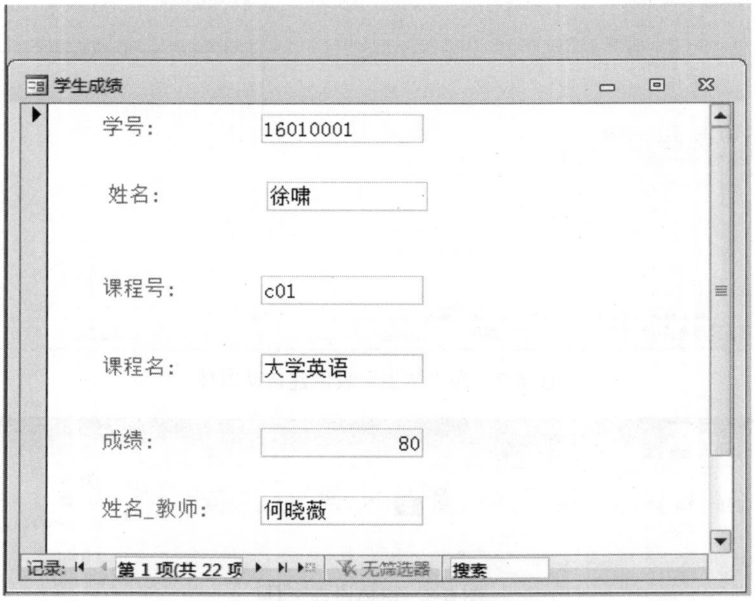

图 6-11　运行学生成绩窗体

6.3.3 使用窗体向导创建窗体

使用 Access 提供的窗体向导，用户可以更方便地创建所需要的窗体。窗体向导可以指定窗体显示的字段内容，也可以指定数据的组合和排列方式。

【例 6-3】 以“教务管理系统”数据库中的“学生”表作为数据来源，利用窗体向导创建显示学生基本信息的窗体。

操作步骤如下。

（1）打开数据库文件“教务管理系统”。

（2）在“创建”选项卡中单击“窗体”组中的“窗体向导”按钮 窗体向导 ，弹出如图 6-12 所示的窗体向导的字段选择对话框。

图 6-12 窗体向导的字段选择对话框

（3）在该对话框中可以选择要在窗体中显示的字段，这里先在“表/查询”下拉列表框中选择“表：学生”，在“可用字段”列表中选择字段,这里通过单击全部右移按钮 >> 来选择学生表的所有字段，单击“下一步”按钮，进入如图 6-13 所示的窗体向导布局选择界面。

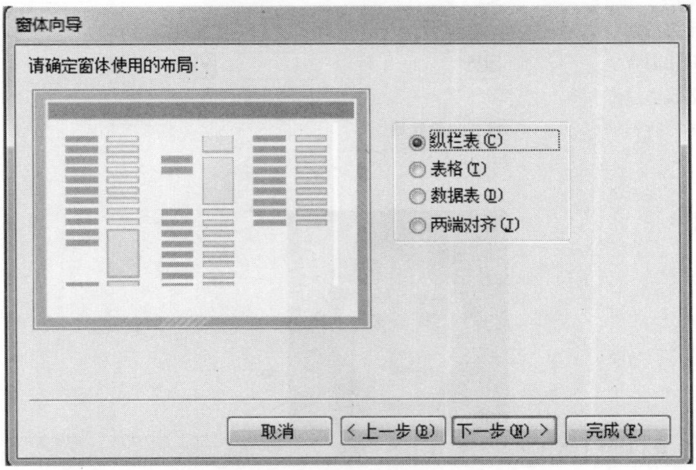

图 6-13 选择窗体布局

（4）在布局选择界面中根据需要选择适当的布局，这里选择“纵栏表”，单击“下一步”按钮，进入如图 6-14 所示的界面。

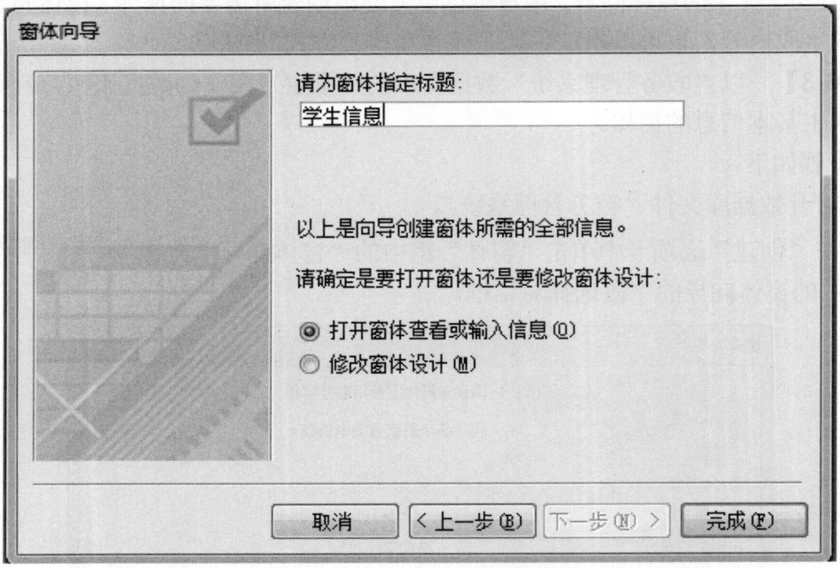

图 6-14　指定窗体标题

（5）在图 6-14 所示的界面中指定窗体的标题，选择是打开窗体查看信息还是修改窗体设计，若选择“打开窗体查看或输入信息”，则直接浏览窗体内容及效果，若选择“修改窗体设计”，则以设计视图打开窗体。这里设定窗体标题为“学生信息”，选择“打开窗体查看或输入信息”，然后单击“完成”按钮，完成窗体的创建，结果如图 6-15 所示。

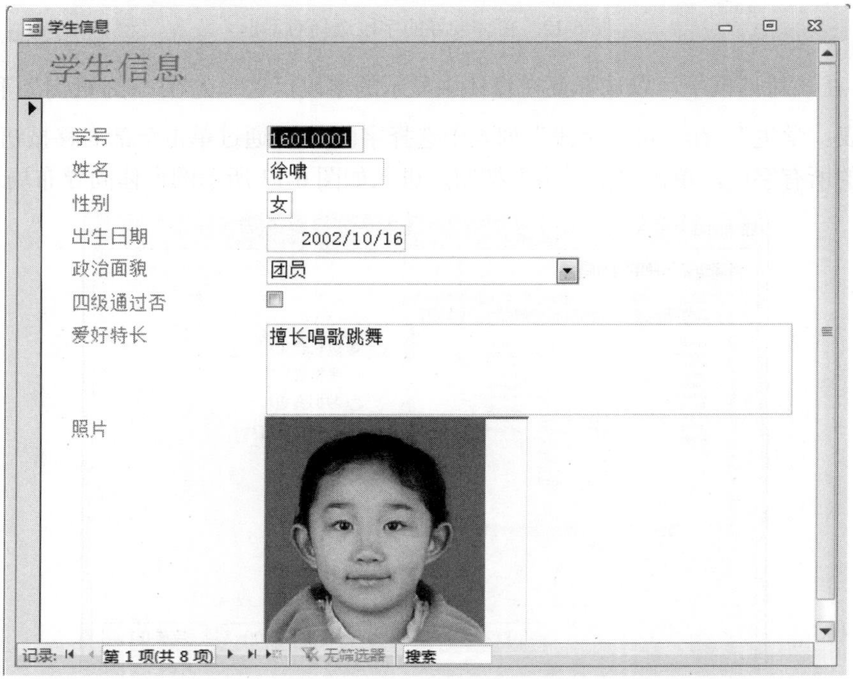

图 6-15　学生信息窗体

设置窗体的属性

6.4　设置窗体的属性

一个窗体有许多属性，窗体的属性决定了窗体的结构、数据来源以及外观。通过属性的设置，可以全面设计和掌握窗体的整体构造。窗体属性的设置可以在布局视图和设计视图两种模式下进行。

6.4.1　“属性表”窗口

在窗体的布局视图和设计视图模式下都会在窗口的右侧打开“属性表”窗口，如图6-16所示。同时功能区中会出现“窗体设计工具”选项卡，可以通过其中“设计”选项卡下的“属性表”按钮来关闭或打开“属性表”窗口。在“属性表”窗口中可以对所选中的窗体对象各方面的属性进行设置。

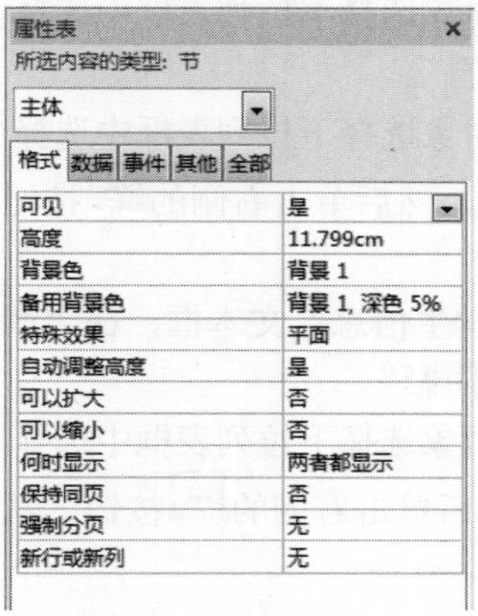

图6-16　“属性表”窗口

6.4.2　窗体属性设计

设计一个标准的窗体，一般从以下两大方面进行考虑。

1. 设计窗体的总体结构

一个标准的窗体主要由窗体页眉和页脚、页面页眉和页脚及主体部分构成，其中窗体页眉和页脚、页面页眉和页脚可以有选择性地取舍。

要定制窗体的结构，操作步骤如下：首先，把窗体视图切换到“设计视图”；其次，在窗体空白处右击，会弹出如图6-17所示的快捷菜单，选择相应的命令即可设定窗体是否包含窗体页眉和页脚、页面页眉和页脚。

2. 定义窗体的属性

窗体属性的定义主要考虑以下内容。

（1）窗体的宽度。

（2）窗体的高度。

（3）窗体的背景颜色。

（4）窗体的背景图片。

（5）窗体的边框样式。

（6）窗体是否自动居中。

（7）窗体是否含有滚动条。

（8）窗体是否显示最大化和最小化按钮。

【例 6-4】 为例 6-3 中创建的学生信息窗体设置属性：窗体页眉的背景色为“浅蓝”（标准色块中最后一行右起第 4 个），页眉中的标题文本框设置特殊效果“阴影”；主体部分背景色为“褐紫红色 1”；窗体只保留垂直滚动条。

操作步骤如下。

（1）选中“学生信息”窗体，把视图模式切换到“设计视图”。

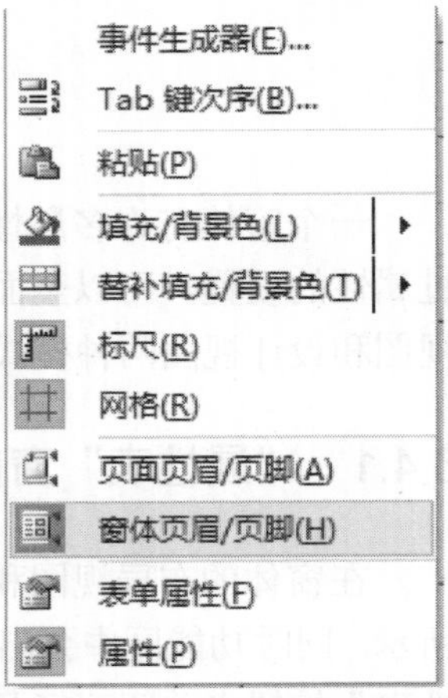

图 6-17 窗体设计的快捷菜单

（2）在“属性表”窗口的对象选择下拉列表框中选择“窗体”，在“格式”选项卡下设置“滚动条”属性的值为“只垂直”。

（3）在“属性表”窗口的对象选择下拉列表框中选择“窗体页眉”，在“格式”选项卡下单击“背景色”的属性设置框，然后单击右侧的 ... 按钮，从弹出的颜色选择面板中选择标准色中的“浅蓝”。

（4）选中窗体页眉中的“学生信息”文本框，在“属性表”窗口的“格式”选项卡下设置“特殊格式”属性的值为“阴影”。

（5）在“属性表”窗口的对象选择下拉列表框中选择“主体”；在“格式”选项卡下单击“背景色”的属性设置框，然后单击右侧的 ... 按钮，从弹出的颜色选择面板中选择标准色中的“褐紫红色 1”。

（6）保存并运行窗体。

6.5 窗体控件的使用

常用控件

控件是窗体的重要组成部分，一个窗体主要是由若干个各种各类的控件组成的。

前面介绍的创建窗体的方法，窗体中控件的种类和结构基本上依赖于数据源的结构，创建的是数据维护窗体，窗体形式比较简单。为了更好地设计个性化的工作窗口，适应某些复杂问题的需求，就需要进一步了解各种控件及其属性设置，以便设计出更丰富的窗体样式。

窗体的显示效果，不仅取决于窗体自身的属性，还取决于窗体的布局。窗体的布局与窗体控件的布局及窗体控件的属性有直接的关系。

6.5.1 窗体的布局

布局其实是一些参考线，可用于使控件沿水平方向和垂直方向对齐，以使窗体具有一致的外观。用户可以将布局视为一个表格，该表中的每个单元格要么为空，要么包含单个控件。

常用的布局方式有表格式和堆叠式两种，另外，用户也可以通过拆分单元格或合并单元格来自定义布局，使布局更适合实际应用。

1. 表格式布局

在表格式布局中，各个控件按行和列进行排列，其中标签位于顶端。表格式布局总是会跨越窗体的两个部分，标题标签会出现在窗体页眉中。

【例 6-5】　对于例 6-2 中创建的“学生成绩”窗体，对其使用表格式布局。

操作步骤如下。

（1）以“设计视图”模式打开“学生成绩”窗体。

（2）在“窗体设计工具”选项卡中单击“排列”选项卡。

（3）选中窗体主体部分的所有控件，单击“排列”选项卡的“表”组中的“表格”按钮，修改后的布局样式如图 6-18 所示。

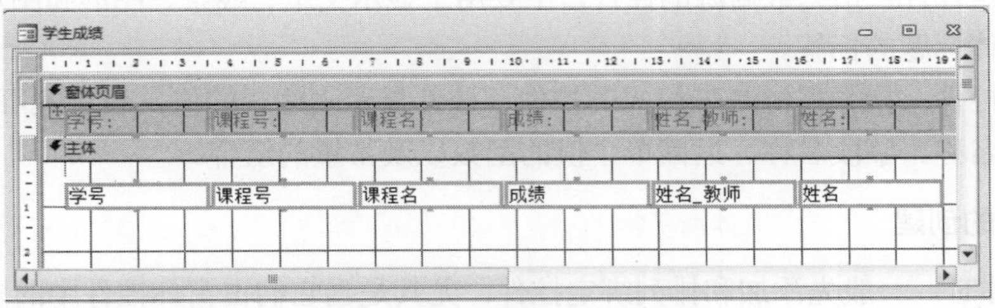

图 6-18　对学生成绩窗体使用表格式布局

2. 堆叠式布局

在堆叠式布局中，各个控件会沿垂直方向进行排列，每个控件的左侧都有一个标签，堆叠式布局中的控件不会跨越窗体的两部分。

【例 6-6】　对学生信息窗体应用堆叠式布局。

操作步骤如下。

（1）以“设计视图”模式打开“学生成绩”窗体。

（2）在“窗体设计工具”选项卡中单击“排列”选项卡。

（3）选中窗体主体部分的所有控件，单击“排列”选项卡的“表”组中的“堆积”按钮，修改后的布局样式如图 6-19 所示。

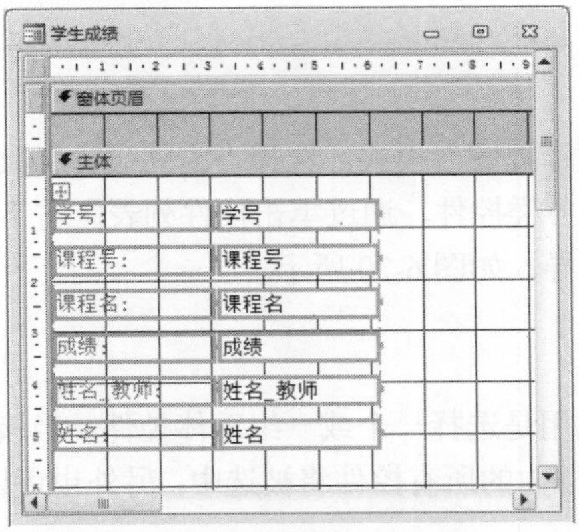

图 6-19　对学生信息窗体使用堆叠式布局

3. 其他布局设置工具

除了使用表格式布局和堆叠式布局之外，用户也可以通过“窗体设计工具”选项卡中“排列”选项卡下的其他工具来定制窗体的布局。如通过“行和列”工具组中的相应按钮，可以在布局表格中添加新的行或列，通过“合并/拆分”中的相应按钮可以实现对布局表格中单元格的合并或拆分，通过“位置”组中的按钮可以调整控件之间的位置关系。

6.5.2 控件基础

1. 控件的分类

根据控件在数据处理中的作用，可以把控件分为以下三大类。

- 绑定控件：以数据表或查询中的字段为数据源，用于显示数据库中字段的值。
- 未绑定控件：指无数据源的控件，主要用于显示文本、线条、图形和图片等，例如显示窗体标题的标签。
- 计算控件：指数据源是表达式的控件，控件显示表达式的值，表达式可以是运算符、控件名称、字段名称、返回单个值的函数以及常量的组合。

2. 控件的创建

创建窗体时，一般先添加和排列绑定控件，尤其是当它们占窗体控件中的多数时，再添加未绑定控件和计算控件。

创建绑定控件最快捷的方式是将字段从“字段列表”窗格拖到窗体上。创建未绑定控件和计算控件，先选择设计视图下的“窗体设计工具”选项卡，再选择“设计”选项卡，然后将“控件”组中需要的控件拖到正在设计的窗体中。

3. 控件属性

不同的控件其功能和作用各不相同，通过对控件的属性的设置，可以定义控件的外观和行为，使控件发挥其应有的作用。

当选中窗体中某一个控件时，“属性表”窗格中会列出当前选定控件的可设置的属性，这些属性一般分为格式、数据、事件、其他以及全部几大类，用户可以根据需要有选择地设置控件的相应属性。

6.5.3 常用控件

把窗体视图切换到“设计视图”模式，选择“窗体设计工具”选项卡下的“设计”选项卡，在“控件”组中列出了各类控件，通过单击控件列表区右下角的按钮，可在弹出的列表中选择是否使用控件向导，如图 6-20 所示。

1. 控件

是“选择”控件，作用是选择一个或一组窗体控件。当该控件按钮被按下时，只要在窗体中拖曳一个方框，则方框内的所有控件将被选中；另外也可以借助 Shift 键来控制多个控件的选取。

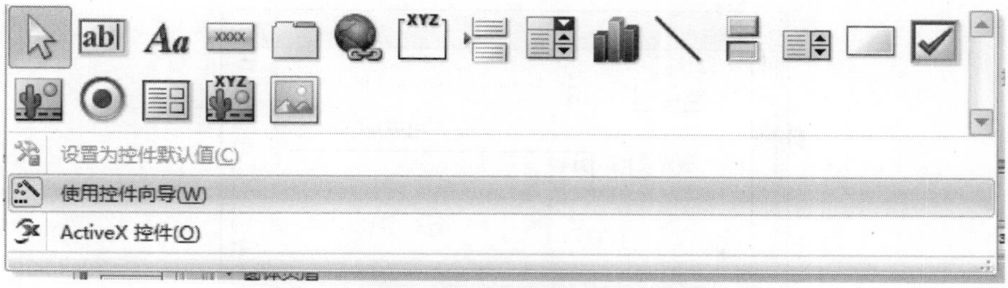

图 6-20 选择控件向导

2. Aa 控件

Aa 是“标签”控件，主要用于显示窗体中的各种说明和提示信息。

标签控件的主要属性如下。

- 标签标题（标题）：即标签上显示的信息。
- 标签名称（名称）：用于引用标签。
- 标签距离窗体上边界的距离（上边距）。
- 标签距离窗体左边界的距离（左）。
- 标签的宽度（宽度）。
- 标签的高度（高度）。
- 标签所显示文本的字体（字体名称）。
- 标签所显示字体的字号（字号）。
- 标签所显示字体的颜色（前景色）。
- 标签的特殊效果（特殊效果）。

3. ab| 控件

ab| 是“文本框”控件，主要用于数据表中通用型字段（如文本、数字、时间/日期、货币等）值的输入和输出。文本框可以用作绑定文本框、计算文本框或非绑定文本框。每个文本框控件会自动带一个标签。

文本框控件的主要属性如下。

- 文本框距离窗体上边界的距离（上边距）。
- 文本框距离窗体左边界的距离（左）。
- 文本框自身的宽度（宽度）。
- 文本框自身的高度（高度）。
- 文本框的数据来源（控件来源）。
- 文本框的特殊效果（特殊效果）。
- 文本框内容的字体（字体名称）。
- 文本框内容的特殊样式（字体粗细、下划线、倾斜等）。

【例 6-7】 创建如图 6-21 所示的窗体，输入半径，计算圆的面积。

操作步骤如下。

（1）创建一个空白窗体，并切换到“设计视图”。

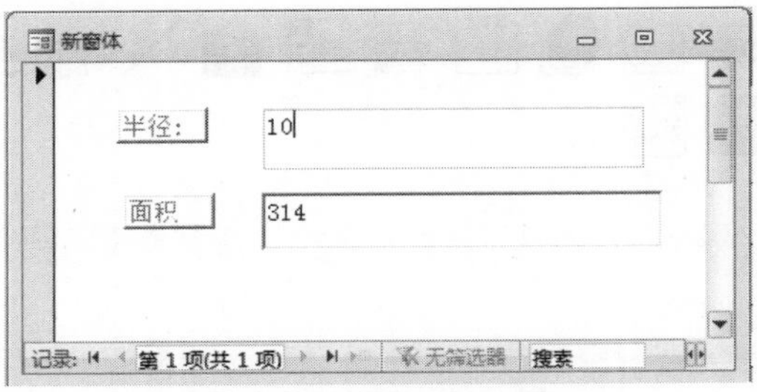

图 6-21 圆面积的计算

（2）从“窗体设计工具”的“控件”组中，选中按钮并拖放到窗体主体部分，会弹出如图 6-22 所示的“文本框向导”对话框（在选择了“使用控件向导”的前提下），可以选择在向导的引导下完成对话框某些属性的设置，也可以直接单击“完成”按钮结束向导。

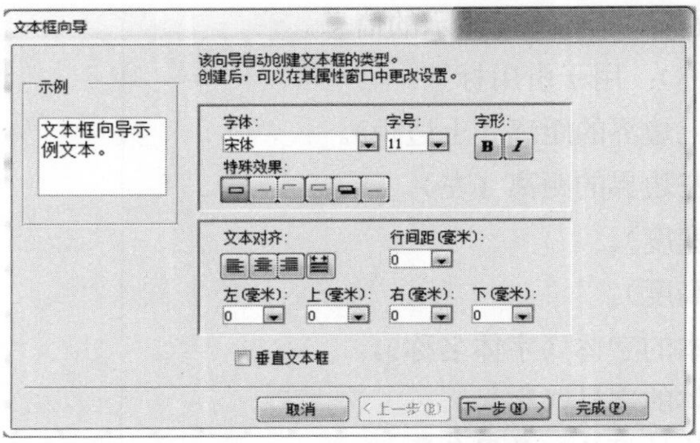

图 6-22 “文本框向导”对话框

（3）按照同样的操作向窗体中添加一个文本框，结果如图 6-23 所示，通过拖动或布局排列调整两个文本框的位置和对齐。

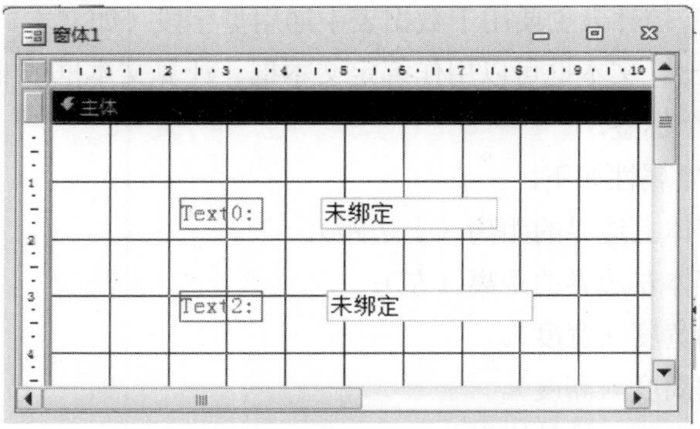

图 6-23 添加两个文本框

（4）选中“Text0”标签，修改其“标题”属性值为“半径”，“特殊效果”属性值为“凸起”；选中“Text2”标签，修改其“标题”属性值为“面积”，“特殊效果”属性值为“凸起”。

（5）选中第一个文本框，修改其“名称”属性值为“bj”；选中第二个文本框，修改其“控件来源”属性值为“=3.14*[bj]*[bj]”。

（6）保存并运行窗体，效果如图 6-21 所示，在半径输入文本框中输入 10 并按回车键，则计算结果出现在面积文本框中。

4. 控件

是“命令按钮”控件，主要用于控制程序的执行过程，以及控制对窗体中数据的操作等。在进行应用程序设计时，经常在窗体中添加具有不同功能的命令按钮，并为按钮设定事件处理代码。当打开窗体时，只要触发窗体中某一命令按钮控件，系统就会执行该按钮的事件处理代码，完成指定的操作。

命令按钮控件的主要属性如下。

- 命令按钮距离窗体上边界的距离（上边距）。
- 命令按钮距离窗体左边界的距离（左）。
- 按钮的标题：即按钮上显示的信息。
- 按钮自身的高度和宽度。
- 单击按钮时执行的事件处理代码。
- 双击按钮时执行的事件处理代码。
- 命令按钮标题文本的字体。
- 命令按钮标题文本的字号。
- 命令按钮标题文本的颜色（前景色）。
- 命令按钮显示的图标存储的位置（图片）。

命令按钮控件的响应动作，主要由命令按钮的事件代码来决定，利用命令按钮向导或宏命令编辑窗口可以输入和编辑命令按钮的事件代码。

【例 6-8】　修改例 6-7 中的窗体设计，取消面积文本框的数据源属性设计，添加一个命令按钮，当单击按钮时，根据输入的半径计算圆的面积并显示在面积文本框中。

操作步骤如下。

（1）打开例 6-7 创建的窗体，切换到“设计视图”。

（2）选中面积文本框，设置其“名称”属性值为“mj”，删除其“控件来源”属性值。

（3）向窗体中添加一个命令按钮，设置按钮的“标题”属性为“计算”。

（4）单击命令按钮的“单击”事件属性右侧的 按钮，在弹出的对话框中选择“代码生成器”，然后单击“确定”按钮，结果如图 6-24 所示。

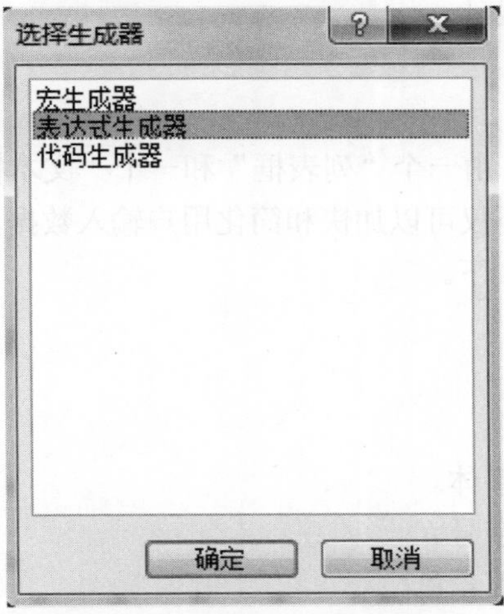

图 6-24　选择按钮的代码生成器

（5）在代码编辑器窗口中，为该命令按钮的事件处理过程添加一行代码："mj.Value = bj.Value * bj.Value * 3.14"。

（6）保存并运行窗体，效果如图 6-25 所示。

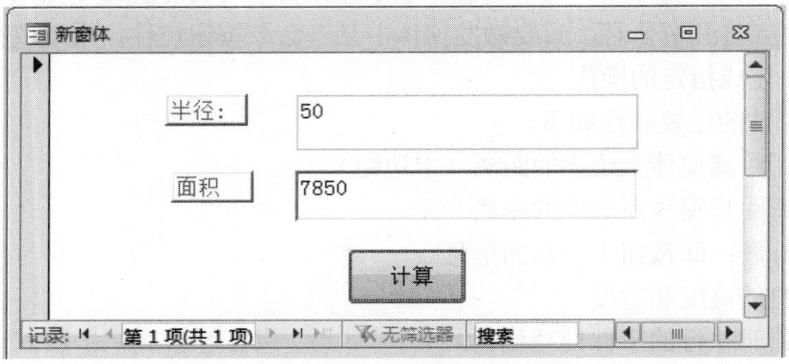

图 6-25　用命令按钮计算圆面积

5. 控件

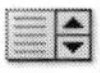是"列表框"控件，是显示和修改数据的主要控件之一，它以表格式的方式输入、输出数据。

列表框控件的主要属性如下。

- 列表框距离窗体上边界的距离（上边距）。
- 列表框距离窗体左边界的距离（左）。
- 列表框自身的宽度。
- 列表框自身的高度。
- 列表框的行来源类型。
- 列表框内显示内容的字体。
- 列表框内显示内容的字号。
- 列表框内显示内容的前景色。

在选择"使用控件向导"的情况下，向窗体中添加一个列表框控件会启动列表框向导，引导用户完成列表框控件的设计。

6. 控件

是"组合框"控件，由一个"列表框"和一个"文本框"组成，即组合框将文本框和列表框组合在一起，这样不仅可以加快和简化用户输入数据，而且可以节省窗体空间。

组合框控件的主要属性如下。

- 组合框自身的宽度。
- 组合框自身的高度。
- 组合框的行来源类型。
- 组合框内显示内容的字体。
- 组合框内显示内容的字号。
- 组合框内显示内容的前景色。

在窗体中添加一个组合框，同样会启动组合框向导，引导用户完成组合框的属性设置及

创建。

7. 控件

是“选项按钮”控件，用来显示数据源中“是/否”字段的值，如果选择了选项按钮，其值就是“是”，如果未选择“选项按钮”，其值就是“否”。

选项按钮控件的主要属性如下。

- 选项按钮自身的宽度。
- 选项按钮自身的高度。
- 选项按钮的特殊效果。
- 选项按钮的行来源类型。
- 选项按钮的默认值。
- 选项按钮的边框样式。
- 选项按钮的边框颜色。

一组选项按钮要实现互斥，必须结合使用选项组控件。

8. 控件

是“选项组”控件，用于控制选项按钮之间的互斥性，即在多个选项中只能选择其中一个选项，类似于常见图形界面中的单选按钮。一般情况下，选项按钮控件成组地出现在窗体中，并放置在一个选项组中。

选项组控件的主要属性如下。

- 选项组自身的宽度。
- 选项组自身的高度。
- 选项组的特殊效果。
- 选项组的背景样式。
- 选项组的背景颜色。
- 选项组的背景样式。
- 选项组的默认值。
- 选项组的边框样式。
- 选项组的边框宽度。

【例 6-9】　创建窗体，在窗体中创建性别选择的选项按钮及选项组控件，运行效果如图 6-26 所示。

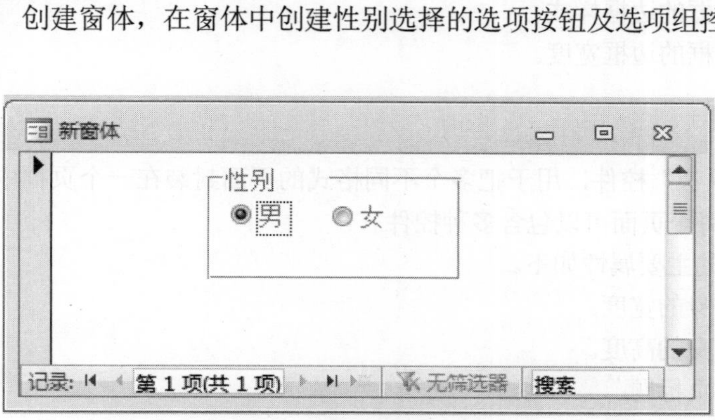

图 6-26　性别选择的窗体

操作步骤如下。

（1）创建一个空白窗体，切换到“设计视图”。

（2）在“控件”组中选择“选项组”控件按钮拖放到窗体中，修改其左上部分标签的“标题”为“性别”。

（3）从“控件”组中选定“选项按钮”拖放到刚创建的选项组控件中，修改选项按钮的标签的“标题”属性值为“男”；用同样的方法创建第二个选项按钮“女”。

（4）保存并运行窗体。

以上操作也可以在“选项组向导”的引导下完成。

9. 控件

是“复选框”控件，与选项按钮的作用相同。

复选框控件的主要属性如下。

- 复选框自身的宽度。
- 复选框自身的高度。
- 复选框的特殊效果。
- 复选框的行来源类型。
- 复选框的默认值。
- 复选框的边框样式。
- 复选框的边框宽度。

10. 控件

是“绑定对象框”控件，主要用于绑定的 OLE 对象的输出。

绑定对象框控件的主要属性如下。

- 绑定对象框自身的宽度。
- 绑定对象框自身的高度。
- 绑定对象框的缩放模式。
- 绑定对象框的背景样式。
- 绑定对象框的数据来源。
- 绑定对象框的边框样式。
- 绑定对象框的边框宽度。

11. 控件

是“选项卡”控件，用于把多个不同格式的页面封装在一个页框中，为用户提供多个页面的信息，每个页面可以包含多种控件。

选项卡控件的主要属性如下。

- 选项卡自身的宽度。
- 选项卡自身的高度。
- 选项卡的页标题。
- 选项卡的图片。

- 选项卡的图片类型。

12. 控件

是“子窗体”控件，可用于在主窗体中显示与其数据来源相关的子数据表中的数据。子窗体控件的主要属性如下。

- 子窗体的标题。
- 子窗体的默认视图。
- 子窗体自身的高度。
- 子窗体自身的宽度。
- 子窗体的记录源。
- 子窗体的边框样式。
- 子窗体的自动居中。
- 子窗体的图片。
- 子窗体的图片类型。

利用子窗体向导，可以很方便地完成子窗体的创建。

6.6　实例——创建录入教师信息的窗体

教务管理系统之窗体

基于本章开始展示的教师信息表的结构，创建用于输入教师基本信息的窗体，窗体内容及显示效果如图 6-27 所示。

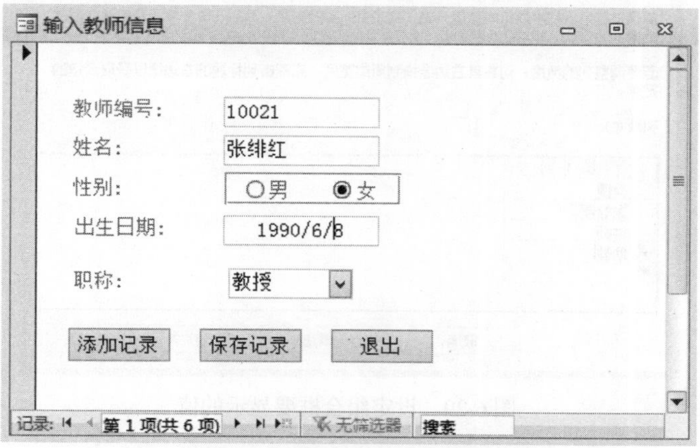

图 6-27　输入教师信息的窗体

操作步骤如下。

（1）使用窗体设计器创建一个新窗体，具体步骤见 6.3.2 节。

（2）根据需要，从窗体设计工具的控件栏中选择所需类型的控件，在窗体中依次绘制相应的组件。其中“教师编号”“姓名”“性别”“出生日期”“职称”这些提示性信息的显示使用的是标签控件 Aa，“教师编号”“姓名”和“出生日期”的输入框使用的是文本框控件 ab|，其操作比较简单，在此不再详细叙述。

（3）添加性别选择选项组：从窗体设计工具的控件栏中选中选项组控件 xyz，在窗体中相应位置进行拖曳，并将其标题域清空；从窗体设计工具的控件栏中选中选项按钮控件，在刚才添加的选项组控件内部进行拖曳，修改其标题文字为“男”，用同样的方式添加第二个选项按钮“女”。

（4）添加职称选择组合框：从窗体设计工具的控件栏中选中组合框控件，在窗体中相应位置进行拖曳，将启动如图 6-28 所示的组合框向导，将组合框获取数据的方式设定为第二种“自行键入所需的值”，然后单击“下一步”按钮，将出现如图 6-29 所示的界面，这里指定列数为“1”，在列值单元格中依次输入所需要的值，这里输入“教授”“副教授”“讲师”“助教”，然后单击“完成”按钮。

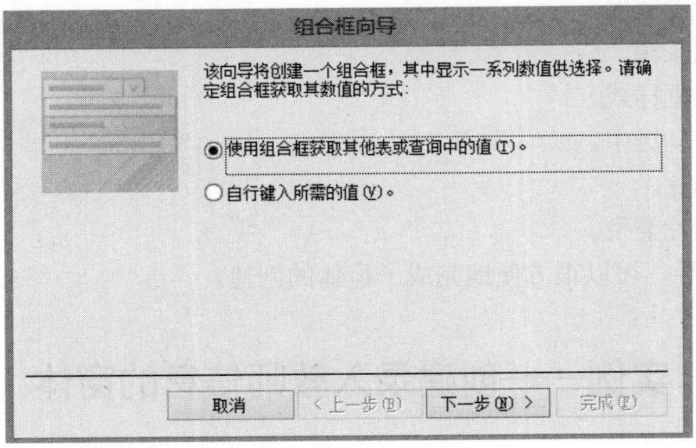

图 6-28 组合框向导启动界面

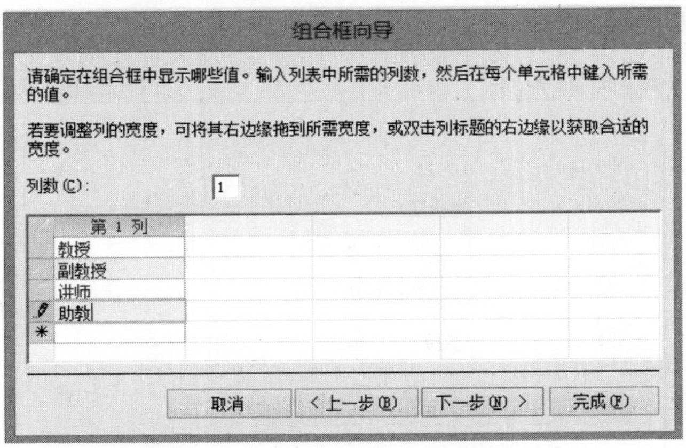

图 6-29 设定组合框要显示的值

（5）添加命令按钮：从窗体设计工具的控件栏中选中命令按钮，在窗体中进行拖曳，修改其标题文字为“添加记录”，用同样的方式添加另外两个命令按钮“保存记录”和“退出”，命令按钮的单击事件功能实现将在后续章节中学习，此处暂不考虑。

（6）调整窗体布局以及控件宽、高、边距等属性，达到需要的排列效果，最后单击“保存”按钮保存窗体，并把窗体标题设置为“输入教师信息”。

当然，此处展示的仅是该窗体的实现方式之一，其他实现方式读者可自行探索。比如，为了加快控件的创建速度，也可基于教师信息表采用另外两种方式创建窗体，然后切换到设计视图，对控件进行修改和添加。

本章小结

本章首先介绍了窗体的功能、窗体的组成及窗体的视图模式；然后介绍了创建窗体的几种不同方式：直接创建窗体，使用窗体设计器创建窗体和使用窗体向导创建窗体；接下来介绍了如何利用属性表设置窗体的属性；最后介绍了窗体的布局设置以及常用窗体控件的使用。其中窗体的创建、窗体的属性设置以及常用窗体控件的使用是本章的重点，需要重点掌握。

习　题　6

习题6
参考答案

一、单选题

1. 窗体的组成包括窗体页眉/页脚节、页面页眉/页脚节和（　　）。

A. 主体节　　B. 父体节　　C. 子体节　　D. 从体节

2. 子窗体主要用于显示具有（　　）关系的表或查询中的数据。

A. 一对多　　B. 多对多　　C. 一对一　　D. 多对一

3. 为窗体上的控件设置Tab键的顺序，应选用“属性表”窗口中的（　　）选项卡。

A. 数据　　B. 格式　　C. 其他　　D. 事件

4. 在窗体设计视图中，要选中多个不相邻的控件，可以在按下（　　）键的同时单击控件。

A. Tab　　B. Esc　　C. Shift　　D. Ctrl

5. 下列不属于控件的格式属性的是（　　）。

A. 宽度　　B. 背景色　　C. 边框样式　　D. 控件来源

6. 在窗体中要实现下拉列表的效果，需要使用的控件是（　　）。

A. 组合框　　B. 复选框　　C. 选项组　　D. 选项按钮

7. 下列关于窗体的说法中，错误的是（　　）。

A. 在窗体设计视图中，可以对窗体进行结构的修改

B. 窗体的数据来源可以是表或者查询

C. 在窗体设计视图中，可以进行数据记录的修改添加

D. 在窗体中可以含有一个或几个子窗体

8. 通过设置窗体的（　　）属性可以设定窗体的数据源。

A. 记录源　　B. 记录集类型　　C. 数据输入　　D. 标题

9. 要在窗体首页使用标题，应该在窗体页眉添加（　　）控件

A. 文本框　　B. 标签　　C. 命令按钮　　D. 选项卡

10. Access 2010中不可以建立的窗体有（　　）。

A. 隐藏式窗体　　B. 纵栏式窗体　　C. 表格式窗体　　D. 数据表窗体

二、填空题

1．窗体的记录源可以是________和________。

2．在窗体设计过程中，经常要使用的 3 种属性是________、________和节属性。

3．可以利用窗体对数据进行的操作有添加________、________、________。

4．能够唯一标识某一控件的属性是________。

5．要改变窗体上文本框控件的数据源，应设置的属性是________。

6．窗体上的控件分为 3 种类型：绑定型、________、________。

三、思考题

1．什么是窗体？窗体的作用是什么？

2．窗体的组成包括哪些部分？

3．窗体中窗体页眉、页脚有什么用途？

4．窗体的创建常用的方式有哪些？

5．窗体的视图模式有哪几种？各自有什么特点？

四、操作题（扫二维码获取以下数据库）

习题数据库

已有数据库文件 Sample3.mdb 里已经设计了“教工”表、“研究”表、“项目”表和 main 窗体。请按以下要求完成相关操作。

1．利用窗体向导创建名为 teacher 的纵栏式窗体，输出教工的“姓名”“性别”和“职称”3 个字段内容。

2．在 main 窗体的窗体页眉，插入名为 bi 的标签控件，标题为“教师研究项目调查”，设置 com1 按钮的标题为“打开项目”，距离窗体左边距为 2cm，距离窗体上边距为 1.5cm，单击事件为打开“项目”表。

第7章 报表的创建与使用

本章导读

- 报表作为Access数据库的重要对象之一，主要用于输出数据。报表可以帮助用户以各种格式展示数据，既可以输出到屏幕上，也可以传送到打印机。报表还可以对大量原始数据进行比较、分组和计算，从而可以方便有效地处理数据，使之更易于阅读和理解。报表和窗体都用于数据库中数据的表示，但两者的作用是不同的。窗体主要用来输入数据，强调交互性；报表用来输出数据，没有交互功能。

本章要点

- 报表的基本知识，报表的概念、报表的作用、类型和视图
- 报表的各种设计和创建方法
- 在打印报表之前对报表进行排序、分组和计算等各种编辑
- 高级报表的设计技巧和子报表的创建

7.1 引例——创建“学生成绩单”报表

教务管理系统之报表

在“教务管理系统”中，创建一个“学生成绩单”报表，如图7-1所示。

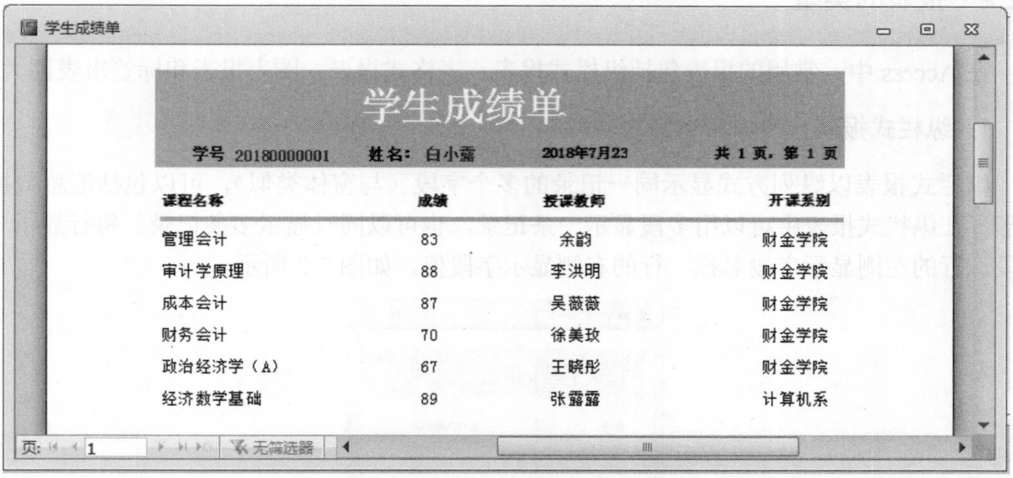

学生成绩单
学生成绩单
学号 20180000001
姓名：白小露
2018年7月23
共 1 页，第 1 页
课程名称
成绩
授课教师
开课系别
管理会计 83 余韵 财金学院
审计学原理 88 李洪明 财金学院
成本会计 87 吴薇薇 财金学院
财务会计 70 徐美玫 财金学院
政治经济学（A） 67 王晓彤 财金学院
经济数学基础 89 张露露 计算机系
页: 1
无筛选器

图7-1 “学生成绩单”报表

完成该引例需要掌握的知识如下。

（1）报表的基本知识（概念、作用、类型、视图和组成）。

（2）报表的创建及设计方法。

（3）报表中控件的使用，报表日期、页码的应用。

认识报表

7.2 报表的基本概念

一个完整的数据库系统肯定会有打印输出的功能。在传统的数据库系统开发中，数据库的打印功能需要程序员编写复杂的打印程序来实现，打印格式由程序员在设计过程中确定，用户在使用中一般很难修改。在 Access 中，数据库的打印工作通过报表对象来实现，使用报表对象，用户可以简单、轻松地完成复杂的打印工作，实现了传统媒体与现代媒体在信息传递和共享方面的结合，利用报表可以将数据库中的信息传递给无法使用计算机的读者。

报表是 Access 数据库中的对象，是真正面向用户的对象，它是以打印格式展示数据的一种有效方式，报表可以将大量数据进行比较和汇总，并最终能生成数据的打印报表。下面介绍报表的基本概念。

7.2.1 报表的作用

报表最主要的功能是将表或查询的数据按照设计的方式打印出来。因为用户可以控制报表上每个对象的大小和外观，所以报表能按照所需的方式显示信息以便于查看。报表的主要作用是比较和汇总数据。其中的数据来自表、查询或 SQL 语句，其他信息存储在报表的设计中。

除此之外，报表还提供了以下功能：可以制成各种丰富的格式，使报表更易于阅读和理解；通过页眉页脚，可以在每页的顶部和底部打印标识信息；可以利用图表和图形来帮助说明数据的定义；可以通过使用剪贴画、图片或扫描图像来美化报表的外观。

7.2.2 报表的类型

在 Access 中，常用的报表包括纵栏式报表、表格式报表、图表报表和标签报表四大类。

1. 纵栏式报表

纵栏式报表以纵列方式显示同一记录的多个字段（与窗体类似），可以包括汇总数据和图形。在纵栏式报表中可以用多段显示一条记录，也可以同时显示多条记录。每行显示一个字段，行的左侧显示字段名称，行的右侧显示字段值，如图 7-2 所示。

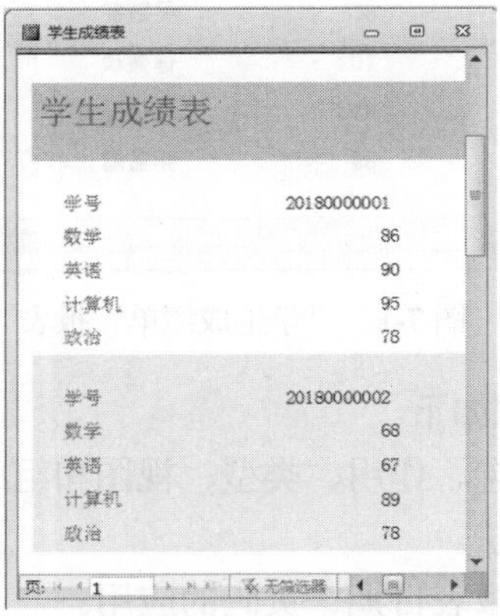

图 7-2 纵栏式报表

2. 表格式报表

表格式报表是以行、列形式显示记录数据，通常一行显示一条记录、一页显示多行记录。表格式报表的字段名称不是在每页的主体节内显示，而是放在页面页眉中显示。输出报表时，各字段名称只在报表的每页上方出现一次，如图 7-3 所示。

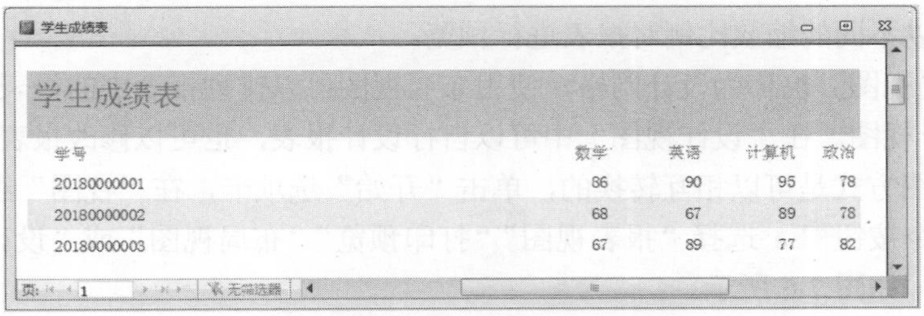

图 7-3　表格式报表

3. 图表报表

图表报表是以图表方式显示的数据报表类型，其优点是可以更直观地描述出数据之间的关系，如图 7-4 所示。

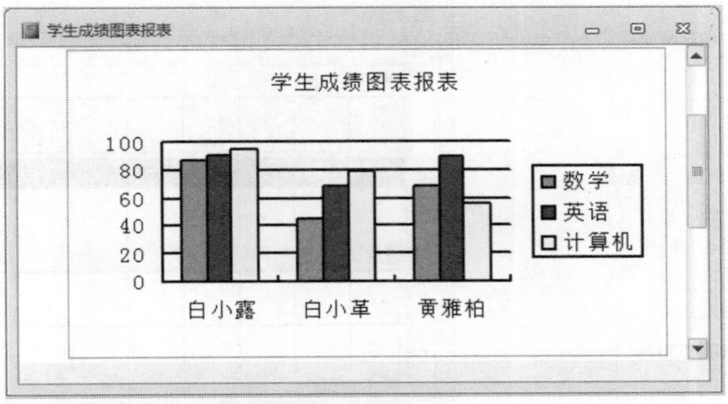

图 7-4　图表报表

4. 标签报表

标签报表可以在一页中建立多个大小、样式一致的卡片，大多用于表示产品价格、个人地址、邮件等简短信息，如图 7-5 所示。

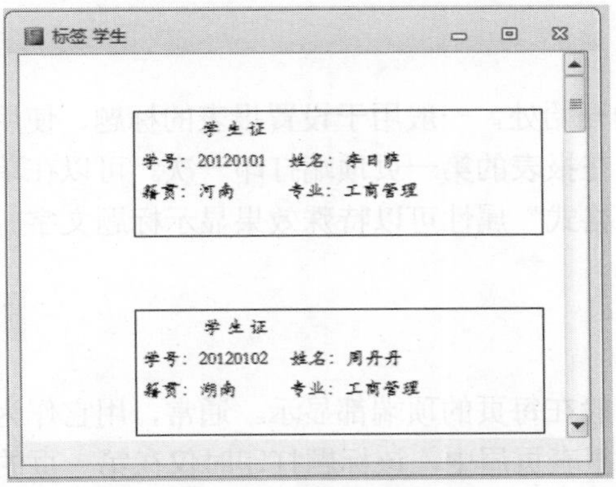

图 7-5　标签报表

7.2.3 报表的视图

报表有 4 种视图：报表视图、打印预览、布局视图和设计视图。

（1）报表视图。在“报表视图”中，可以对报表内容进行查找、筛选等操作。

（2）打印预览。在“打印预览”中，可以看到报表的打印外观。使用“打印预览”工具栏按钮可以以不同的缩放比例对报表进行预览。

（3）布局视图。也称为设计网格，使用布局视图可以排列报表中的报表项。

（4）设计视图。在“设计视图”中可以自行设计报表，也可以修改报表的布局。

这 4 种视图方式是可以相互转换的，单击“开始”选项卡，在“视图”组中，单击向下的黑色箭头命令按钮 ，选择“报表视图”“打印预览”“布局视图”或“设计视图”即可对视图进行切换，如图 7-6 所示。

7.2.4 报表的组成

报表和窗体类似，也是由报表页眉、页面页眉、主体、页面页脚、报表页脚 5 个部分组成的，每个部分称为一个“节”，如图 7-7 所示。

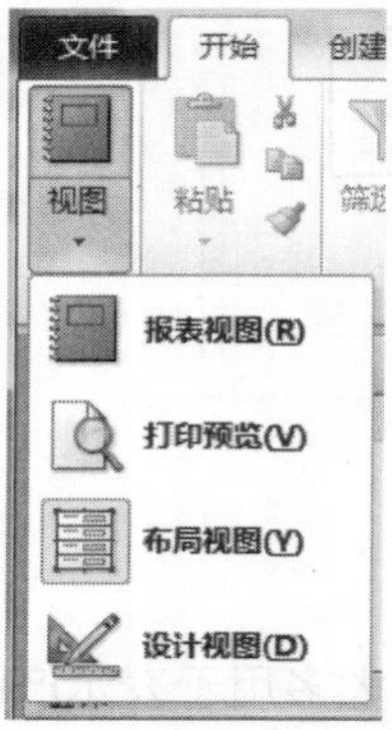

图 7-6　视图方式切换

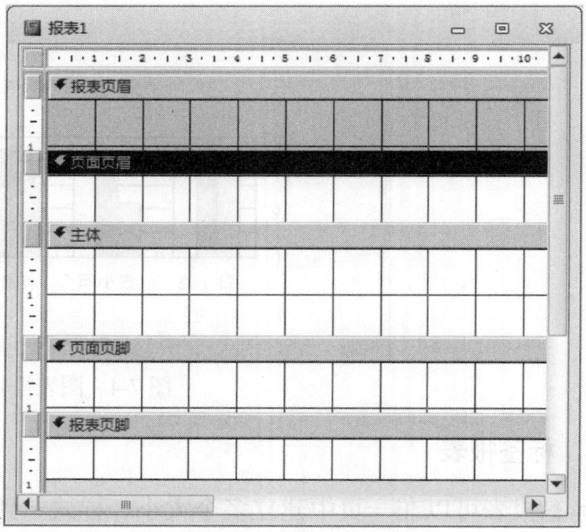

图 7-7　报表的组成

1. 报表页眉节

报表页眉位于报表的开始处，一般用于设置报表的标题、使用说明等信息，整个报表只有一个报表页眉，并且只在报表的第一页顶端打印一次。可以在单独的报表页眉中输入任何内容，通过设置控件的“格式”属性可以特殊效果显示标题文字。一般来说，报表页眉主要用在封面中。

2. 页面页眉节

页面页眉中的内容一般在每页的顶端都显示。通常，用它作为显示数据的列标题。一般来说，把报表的标题放在报表页眉中，该标题打印时仅在第一页的开始位置出现。如果将标题移动到页面页眉中，则该标题在每一页都显示。

3. 组页眉节

在报表中执行了"视图"菜单中的"排列与分组"命令，可以设置"组页眉/组页脚"，以实现报表的分组输出和分组统计。组页眉节内主要安排文本框或其他类型控件来显示分组字段等数据信息。打印输出时，其数据仅在每组开始位置显示一次。可以根据需要建立具有多层次的组页眉及组页脚。

4. 主体节

主体节是报表中显示数据的主要区域，根据字段类型不同，字段数据要使用不同类型的控件进行显示，其字段数据均需通过文本框或其他控件（主要是复选框和绑定对象框）绑定显示，也可以包含字段的计算结果。

5. 页面页脚节

页面页脚出现在每页的底端，每页中只有一个页面页脚，用来设置本页的汇总说明、插入日期或页码等，数据显示安排在文本框和其他一些类型的控件中。

6. 组页脚节

组页脚节中主要显示分组统计数据，通过文本框实现。打印输出时，其数据显示在每组的结束位置。在实际操作中，组页眉和组页脚可以根据需要单独设置。

7. 报表页脚节

一般在所有的主体和组页脚被输出完成后，报表页脚的内容才会打印在报表的最后面。通过在报表页脚区域安排文本框或其他一些类型的控件，可以显示整个报表的计算汇总或其他的统计数字信息。

7.3 创建报表

报表的创建

在 Access 中提供了 3 种创建报表的方法，与创建窗体类似，分别是自动创建报表、利用向导创建报表和在设计视图中创建报表。一般情况下，都先用"自动创建报表"和"报表向导"创建报表，然后切换到设计视图，对由向导生成的报表进行修改。下面通过具体例子来学习几种创建报表的方法。创建报表的报表工具如图 7-8 所示。

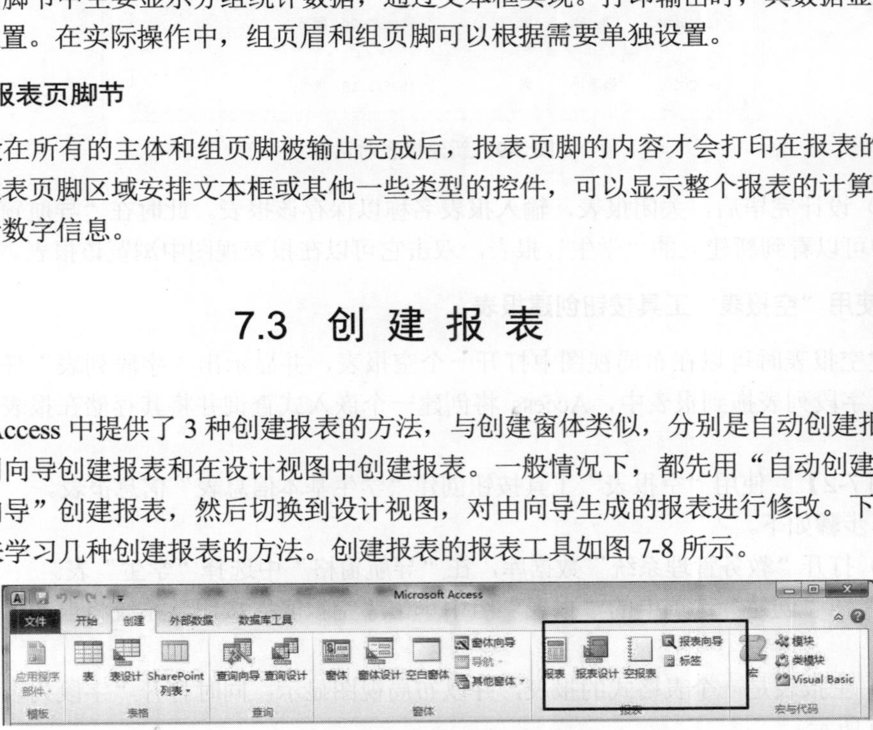

图 7-8　创建报表的工具

7.3.1 自动创建报表

自动创建报表可以选择数据来源和纵栏式版面或表格式版面，可以使用来自于数据来源中的所有字段，并自动应用用户最近使用报表的自动格式。这是构造报表最方便快捷的方法。

1. 使用“报表”工具按钮创建报表

使用“报表”工具按钮创建报表是一种创建报表的快速方法，其数据源是某个表或查询，所创建的报表是表格式报表。

【例 7-1】 使用“报表”工具按钮创建一个“学生”表的简单报表。

操作步骤如下。

（1）打开“教务管理系统”数据库，在“导航窗格”中选择“学生”表。

（2）在“创建”选项卡的“报表”组中单击“报表”按钮，系统将自动创建报表，如图 7-9 所示。

图 7-9　新建报表对话框

（3）设计完毕后，关闭报表，输入报表名称以保存该报表。此时在“导航窗格”的报表列表中可以看到新建立的“学生”报表，双击它可以在报表视图中浏览该报表。

2. 使用“空报表”工具按钮创建报表

创建空报表时可以在布局视图中打开一个空报表，并显示出“字段列表”任务窗格。将字段从字段列表拖到报表中，Access 将创建一个嵌入式查询并将其存储在报表的记录源属性中。

【例 7-2】 使用“空报表”工具按钮创建“学生基本信息表”信息报表。

操作步骤如下。

（1）打开“教务管理系统”数据库，在“导航窗格”中选择“学生”表。

（2）在“创建”选项卡的“报表”组中单击“空报表”按钮，系统将自动创建一个空报表。

（3）空报表是一个表格式的报表，并以布局视图显示，同时打开“字段列表”窗格，如图 7-10 所示。

（4）展开“选课成绩表”里的“+”节点，将“学生”表中需要的字段拖曳到报表的空白区域，如图 7-11 所示。

（5）设计完毕后，单击“保存”按钮，输入报表名称“学生基本信息表”，单击“确定”按钮即可保存，如图 7-12 所示。此时在“导航窗格”的报表列表中可以看到新建立的报表“学生基本信息表”，双击它可以在报表视图中浏览该报表。

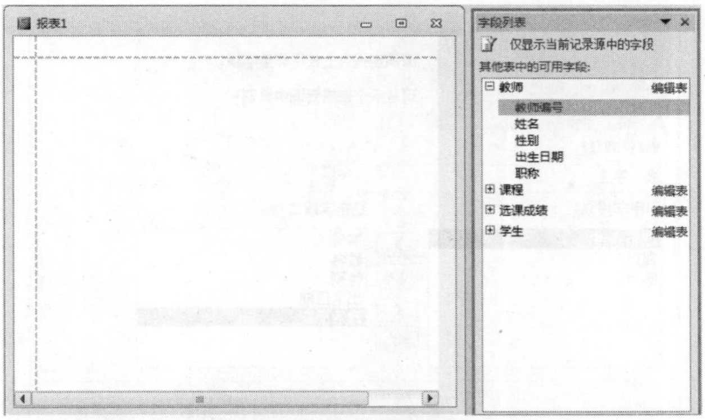

图 7-10 空报表与字段列表

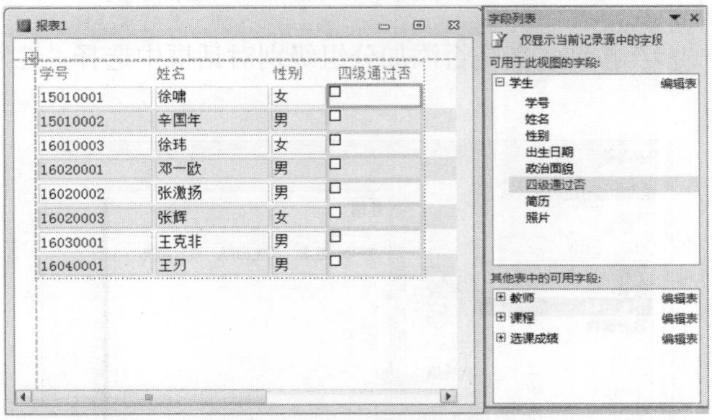

图 7-11 拖曳字段到列表中

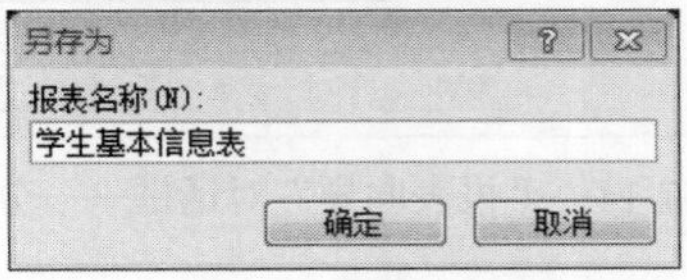

图 7-12 “另存为”对话框

7.3.2 利用“报表向导”创建报表

1．使用报表向导创建报表

在数据量较多、布局要求较高的情况下，使用“报表向导”可以非常简单地创建常用的报表，从而节省了在设计视图中繁复枯燥的手工设置工作。

【例 7-3】 利用报表向导以“学生”表为数据源创建报表“学生基本信息表”。

操作步骤如下。

（1）打开“教务管理系统”数据库，在“导航窗格”中选择“学生”表。

（2）在“创建”选项卡的“报表”组中单击“报表向导”按钮，系统将打开“报表向导”对话框。

（3）在“报表向导”对话框的“表/查询”下拉列表中选取“学生”表，“可用字段”列表框列出了所选表中的所有字段，单击所需字段，然后单击向右箭头将其加入“选定字段”列表框中，如图 7-13 所示。

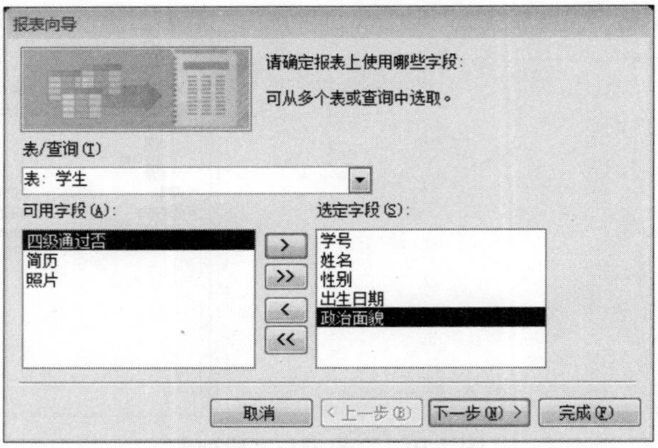

图 7-13 “报表向导”对话框——选择字段

（4）单击“下一步”按钮，在是否添加分组级别对话框中选择“性别”字段，如图 7-14 所示。

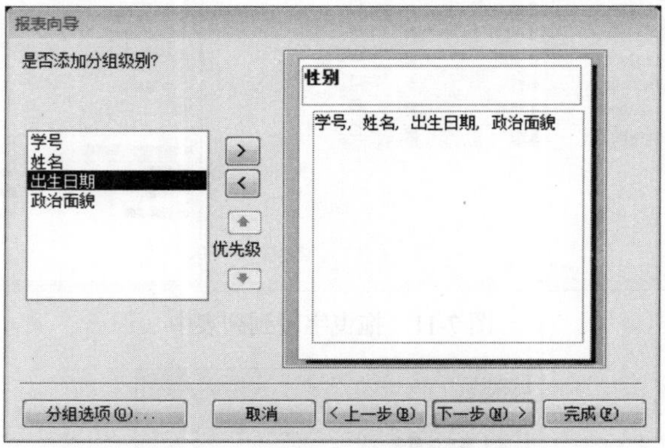

图 7-14 “报表向导”对话框——分组

（5）单击“下一步”按钮，进入排序对话框，选择“学号”字段作为排序字段，如图 7-15 所示。

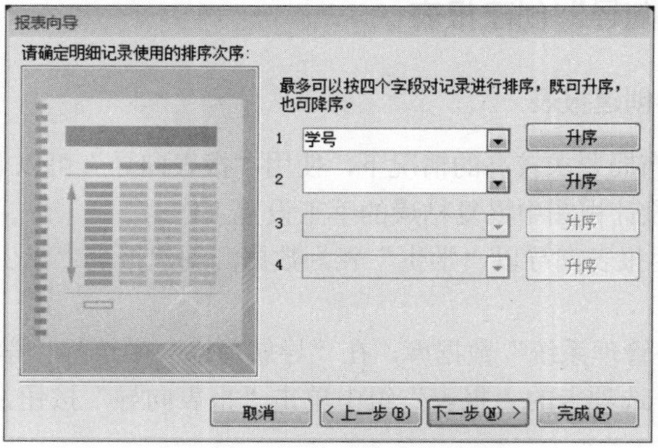

图 7-15 “报表向导”对话框——排序

（6）单击“下一步”按钮，在报表布局方式对话框中选中“递阶”单选按钮，如图 7-16 所示。

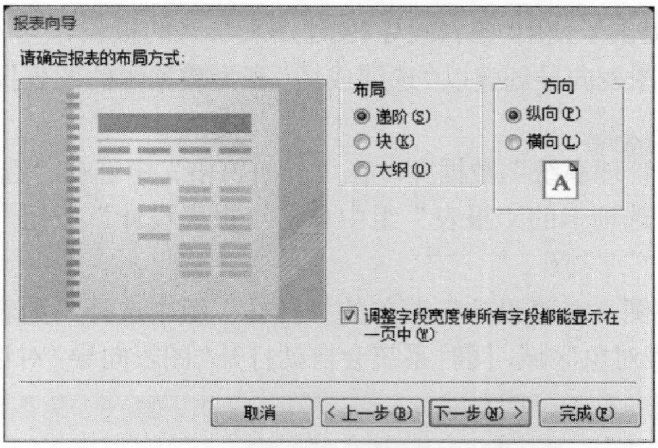

图 7-16 “报表向导”对话框——布局方式

（7）单击“下一步”按钮，输入报表标题“学生基本信息表”，单击“完成”按钮，如图 7-17 所示。

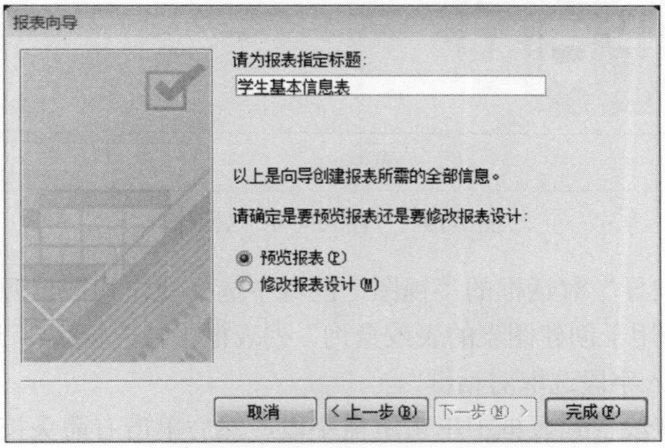

图 7-17 “报表向导”对话框——输入标题

（8）Access 会自动保存由向导生成的报表，在左侧导航窗格中双击打开该报表，如图 7-18 所示。如果生成的报表不符合预期的要求，可以在报表设计视图中进行修改。

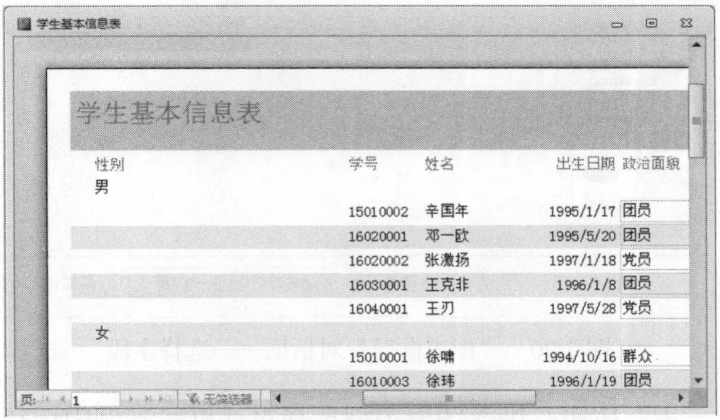

图 7-18 报表显示结果

2. 使用图表向导创建报表

以上所创建的报表大都以数据形式为主，但在创建报表时，有时需要用图表的形式直观地描述数据。Access 提供了使用“图表向导”创建图表形式的报表。

【例 7-4】 利用图表向导创建以“选课成绩”表为数据源的图表报表“选课成绩图表”。

操作步骤如下。

（1）打开“教务管理系统”数据库，在“导航窗格”中选择“选课成绩”表。

（2）在“创建”选项卡的“报表”组中单击“报表设计”按钮，系统将自动创建一个空报表。

（3）进入设计视图，在“设计”菜单的“控件”组中选择“图表”控件，并在窗体主体节中拖曳出一个图表对象区域，同时系统会自动打开“图表向导”对话框，如图 7-19 所示。

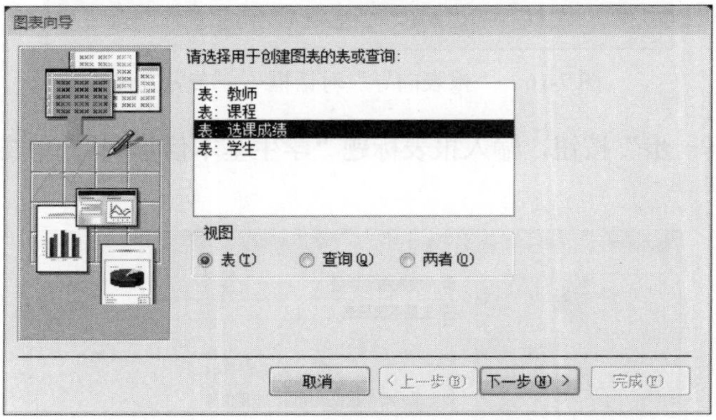

图 7-19 “图表向导”对话框

（4）在“图表向导”对话框的“视图”区域中选择要作为数据源的表或查询，这里选择“表”。在“请选择用于创建图表的表或查询”列表框中，选择“表：选课成绩”，然后单击“下一步”按钮，进入字段选取对话框。

（5）在“可用字段”列表框中单击所需字段，然后单击右箭头按钮，将其添加到“用于图表的字段”列表框中。本例中选择“学号”“课程号”“成绩”，如图 7-20 所示。

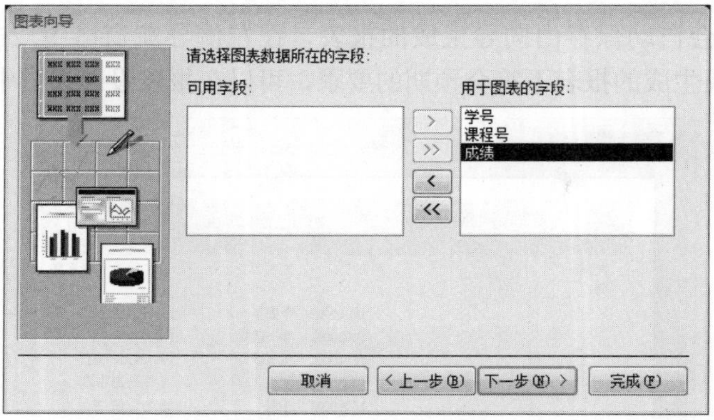

图 7-20 “图表向导”对话框——选择字段

（6）单击“下一步”按钮，进入图表类型选择对话框，本例中选择“柱形图”，然后单击“下一步”按钮，如图 7-21 所示。

（7）设置布局，将所选择的字段按图表中布局的方式设置，单击“下一步”按钮，如图 7-22 所示。

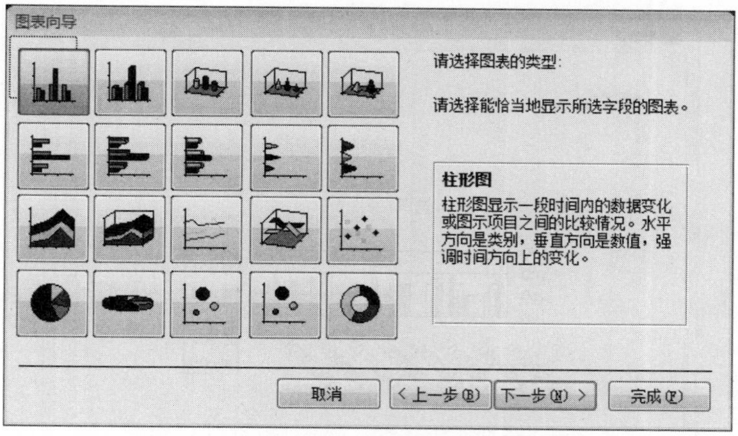

图 7-21　“图表向导”对话框——选择图表类型

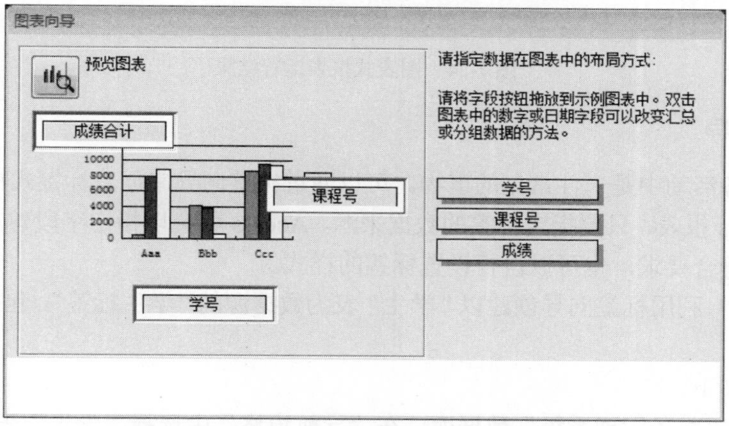

图 7-22　“图表向导”对话框——设置布局

（8）输入报表标题“选课成绩图表”，单击“完成”按钮，如图 7-23 所示。

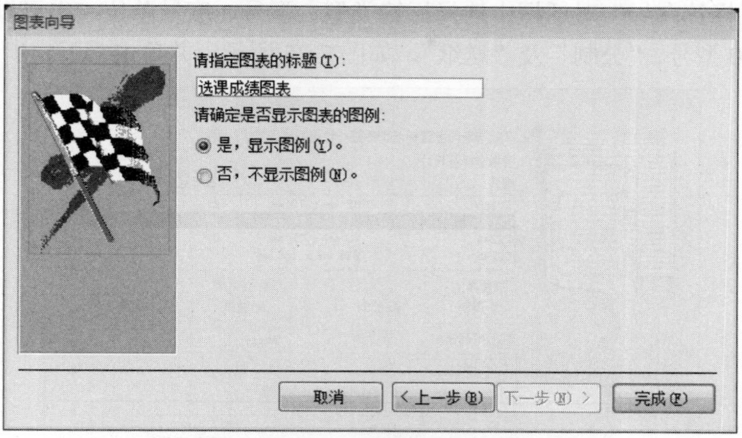

图 7-23　“图表向导”对话框——输入标题

（9）关闭预览窗口后，系统自动弹出“另存为”对话框，输入文件名保存即可。该报表的运行界面如图 7-24 所示。

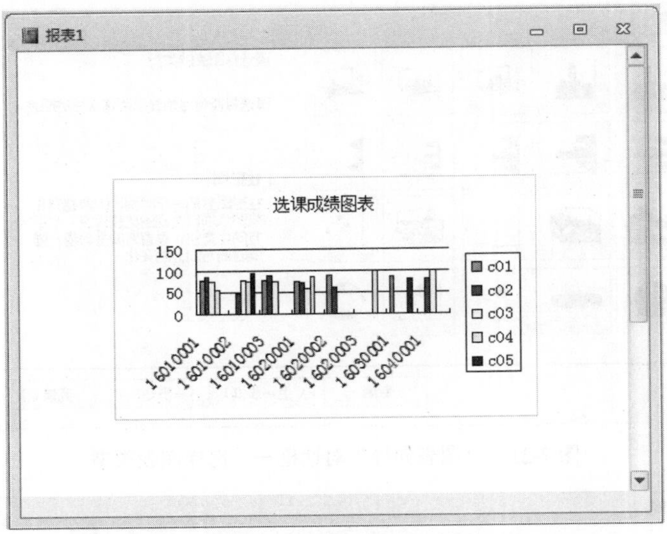

图 7-24　图表式报表运行结果

3. 标签向导

标签在商务活动中是一件常见的事物。可以通过标签向导来创建标签式样的报表。标签是特殊的 Access 报表，只要指定标签的数据来源，Access 就会以指定字段建立出标签。如果标签的格式不符合要求，也可以自行设置标签的样式。

【例 7-5】　利用标签向导创建以“学生”表为数据源的“学生标签”，包括姓名、性别、出生日期。

操作步骤如下。

（1）打开“教务管理系统”数据库，在“导航窗格”中选择“学生”表。

（2）在“创建”选项卡的“报表”组中单击“标签”按钮，系统将自动打开“标签向导”对话框。

（3）在“标签向导”对话框中选择标签类型、型号、度量单位，也可以自定义标签。这里选择 C2180 型号、“公制”及“送纸”，如图 7-25 所示，并单击“下一步”按钮。

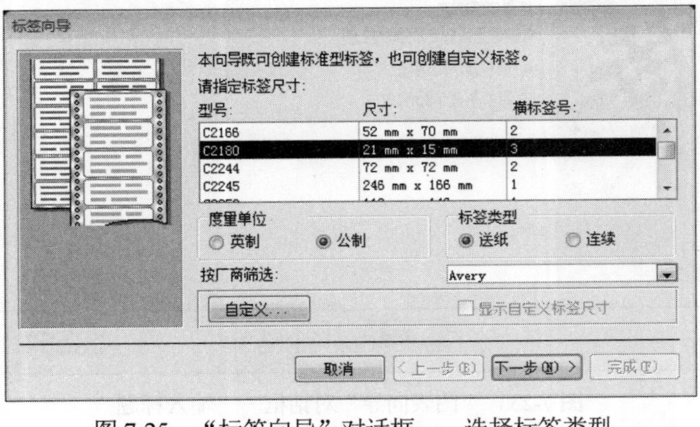

图 7-25　“标签向导”对话框——选择标签类型

（4）选择文本的字体和颜色。这里设置字体为“楷体”，字号为 12，字体粗细为“细”，字体颜色为“蓝色”，如图 7-26 所示，单击“下一步”按钮。

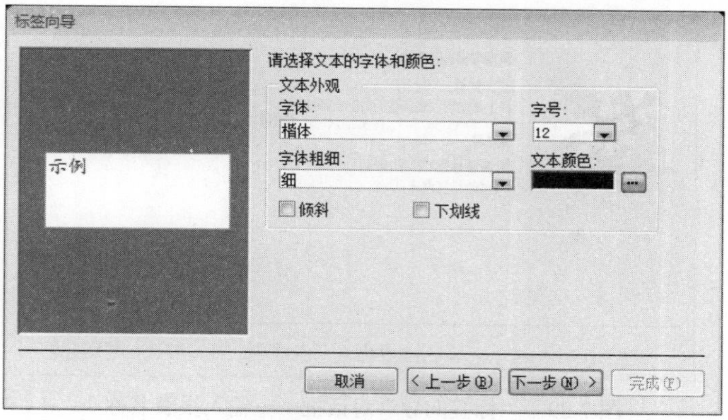

图 7-26 “标签向导”对话框——选择文本的字体和颜色

（5）指定创建标签要使用的字段，这里选择姓名、性别、出生日期 3 个字段，如图 7-27 所示，然后单击“下一步”按钮。

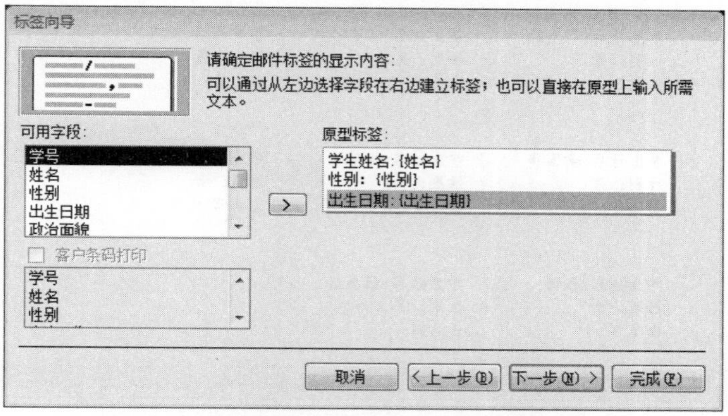

图 7-27 “标签向导”对话框——设置显示字段

（6）将“可用字段”列表框中的“姓名”字段移动到“排序依据”列表框中，如图 7-28 所示，然后单击“下一步”按钮。

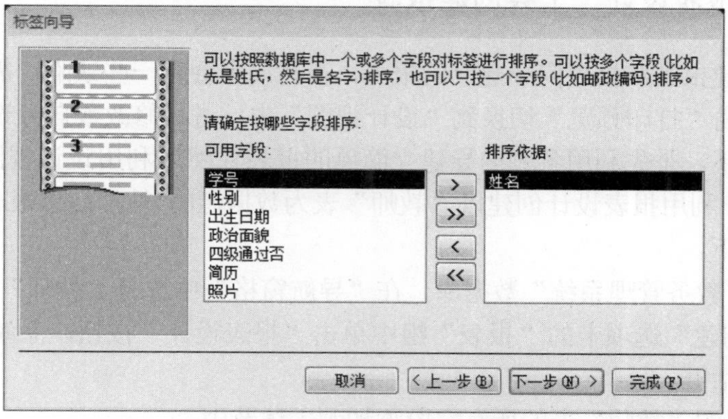

图 7-28 “标签向导”对话框——设置排序字段

（7）输入报表名称“学生标签”，选择“查看标签的打印预览”单选按钮，单击“完成”按钮，如图 7-29 所示。

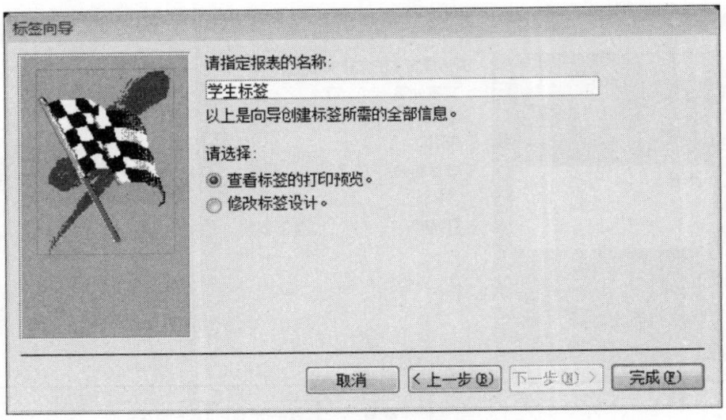

图 7-29 “标签向导”对话框——输入报表名称

（8）标签的预览效果如图 7-30 所示。

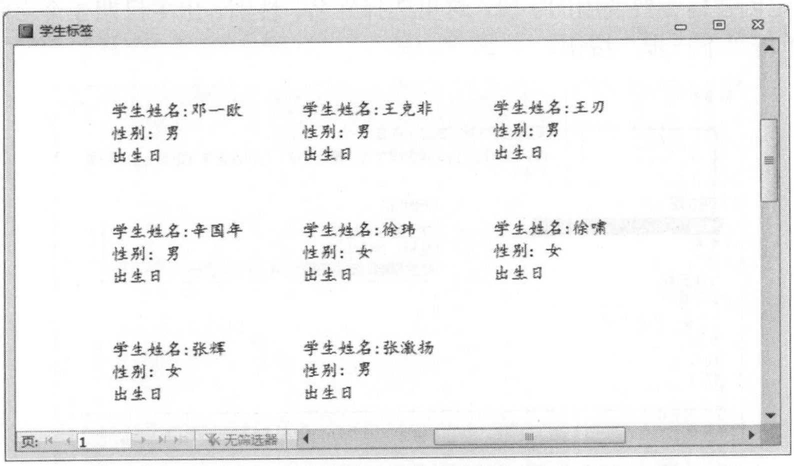

图 7-30 标签预览

（9）关闭预览窗口，系统自动以文件名“学生标签”保存该标签，结束标签制作。

7.3.3 使用“报表设计”工具创建报表

利用自动创建报表和报表向导建立的报表，在布局上会有一些缺陷，需要加以修改。这时，需要将报表由“打印预览”切换到“设计视图”中，进行修改或自行设计。

大多数情况下，是先利用各种向导建立简单的报表，然后利用设计视图对其进行修改。

【例 7-6】 利用报表设计创建以“教师”表为数据源的“教师信息报表”。

操作步骤如下。

（1）打开“教务管理系统”数据库，在“导航窗格”中选择“教师”表。

（2）在“创建”选项卡的“报表”组中单击“报表设计”按钮，系统将自动打开“报表设计视图”对话框。

（3）将数据源“教师”表的所有字段添加到主体节中。

（4）用“标签”控件在报表页眉中拖出标签控件区域，并输入“教师基本情况一览表”，按回车键后，设置其文字的字形、字号和颜色，添加线条，如图 7-31 所示。

（5）单击“视图”按钮，显示报表设计结果，如图 7-32 所示。

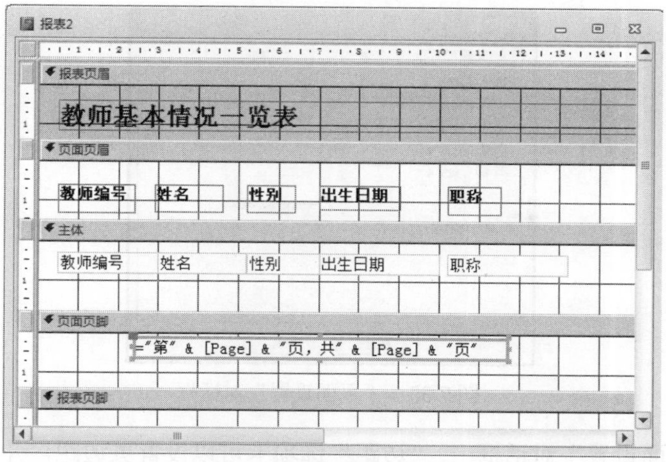

图 7-31　添加字段后的报表视图

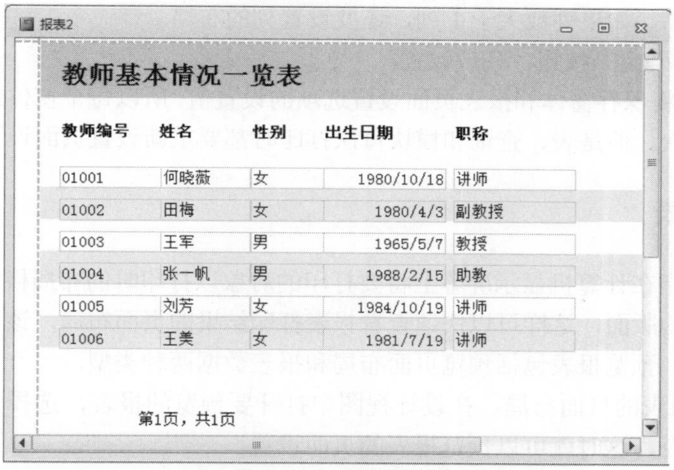

图 7-32　“教师信息报表”运行结果

（6）单击“保存”按钮，在“另存为”对话框中输入报表名称“教师信息报表”，关闭对话框，结束创建。

7.4 编辑报表

编辑报表

7.4.1　页面设置

在打印前通常会对页面进行设置，以保证打印出来的报表符合自己的要求。在“页面设置”对话框中可以设置打印时所使用的打印机型号、纸张大小、页边距、打印方向等选项。设置的步骤如下。

（1）以任何视图方式打开报表。

（2）单击“文件”菜单中的“页面设置”命令，打开如图 7-33 所示的“页面设置”对话框。

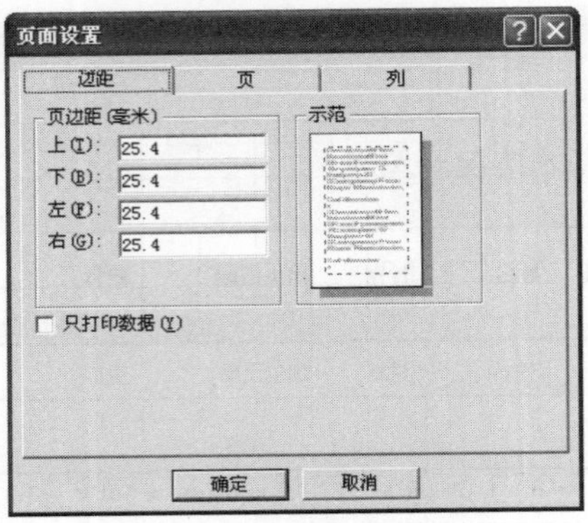

图 7-33 “页面设置”对话框

（3）在“页面设置”对话框中，“边距”选项卡可以设置页边距，并确认是否只打印数据；“页”选项卡用来设置打印方向、页面大小和打印机型号；“列”选项卡用于设置报表的列数、列宽和列高，如果列数大于 1 列，还要设置列的布局。

（4）单击“确定”按钮，完成设置。

Access 2010 将保存窗体和报表页面设置选项的设置值，所以每个窗体或报表的页面设置选项只需设置一次。但是表、查询和模块每次打印时都要重新设置页面设置选项。

7.4.2 预览报表

预览报表是指在计算机显示屏幕上将要打印的对象以打印时的布局格式显示出来，主要是显示打印页面的版面，这样可以快速查看报表打印结果的页面布局，该页面布局只包括报表上数据的示范。预览报表包括预览页面布局和报表数据两种类型。

（1）预览报表的页面布局。在设计视图中打开要预览的报表，选择“视图”菜单中的“版面预览”命令，这时就可以预览报表的页面设置。

Access 只是使用从基表或通过查询得到的数据来显示报表的版面，所以，它显示的数据与报表的实际数据不符。如果要预览报表中的实际数据，应该使用“打印预览”命令，或在“数据库”窗口中单击“预览”命令。

（2）在“数据库”窗口中预览报表的数据。在“数据库”窗口中，单击“报表”选项卡，选择要预览的报表，单击“预览”按钮。

如果已经以设计视图方式打开了要预览的报表，就可以直接用工具栏中的“打印预览”按钮或“视图”菜单中的“打印预览”命令来预览报表中的数据。

7.4.3 打印报表

在设置页面以后，可以按以下方法打印报表。

打开要打印的报表。选择“文件”菜单中的“打印”命令，出现如图 7-34 所示的“打印”对话框。

在“打印”对话框中进行以下操作。

（1）在“打印机”区域中指定打印机的名称、型号和连接的位置。

（2）在“打印范围”区域中确定要打印的页面。

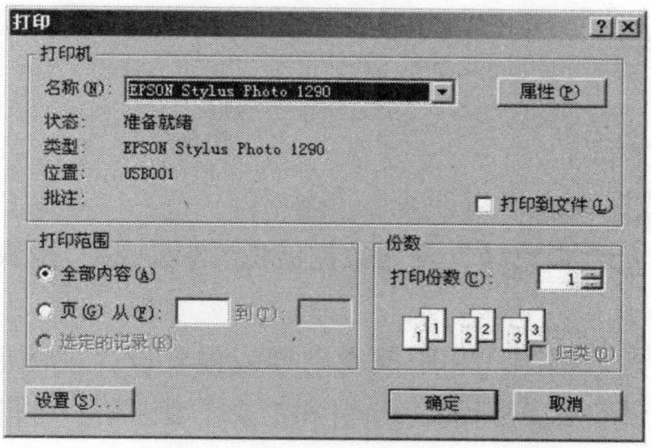

图 7-34　“打印”对话框

（3）在“份数”区域中指定要打印的份数和是否需要对其进行归类，即对同一报表的不同页首先打印，打印完一份后再打印下一份。

（4）单击“确定”按钮，开始打印。

如果直接单击工具栏中的“打印”按钮，Access 将按照默认的设置打印报表。

7.5 报表设计

报表设计

在创建报表的基础上可以进一步对报表进行修饰、完善，使其更加合理化。在 Access 中，由于窗体和报表的“设计视图”的结构和操作很类似，因此对已经熟悉窗体设计器的用户来说，掌握报表设计器的使用并非难事。

7.5.1　报表控件的使用

报表中主要使用标签和文本框控件，但有时根据需要也会添加一些其他的控件，由于和窗体中控件的使用方法类似，这里只作简要说明。

1. 报表中标签控件的使用

在报表视图中打开“工具箱”，单击 Aa 按钮，移动鼠标拖至报表“节”中，然后定义标签控件的属性，如标签控件在报表中的位置，以及标签控件的标题、所显示内容的字体、字号、字体的粗细、背景颜色、前景颜色、边框样式、颜色、宽度等。

2. 报表中文本框控件的使用

在报表视图中打开“工具箱”，单击 ab| 按钮，移动鼠标拖至报表“节”中，然后定义文本框控件的属性，如文本框控件在报表中的位置，以及文本框控件的数据来源、所显示内容的字体、字号、字体的粗细、背景样式、颜色 、边框样式、颜色、宽度等。

3. 报表中图像控件的使用

在报表视图中打开“工具箱”，单击按钮，移动鼠标拖至报表“节”中，然后定义图像控件的属性，如图像控件在报表中的位置、数据来源、所显示内容的显示格式、背景样式、颜色、边框样式、颜色、宽度等。

7.5.2 排序和分组报表

1．排序

排序一般用来整理数据记录，以便查找和输出。

【例 7-7】 创建以“选课成绩”表为数据源的“选课成绩”报表，按“成绩”降序排序。

操作步骤如下。

（1）以“成绩表”为数据源，利用报表向导或报表设计视图创建“选课成绩”报表。

（2）单击报表“设计”选项卡的“分组和汇总”组中的“排序与分组”按钮，在窗体下方显示“排序与分组”对话框。

（3）单击“添加排序”按钮，选择“成绩”字段，在“排序次序”栏中选择“降序”选项，如图 7-35 所示。

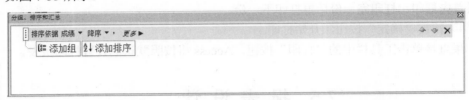

图 7-35 排序与分组

（4）单击“视图”组中的“视图”按钮下拉菜单中的“打印预览”按钮，预览结果如图 7-36 所示。

图 7-36 排序后报表的预览结果

2．分组

分组是指按某个字段值进行分类，将字段值相同的记录分在一组之中。使用报表视图也可以根据一定的条件对记录进行输出，使具有相同条件的记录显示在一个组中。

【例 7-8】 将例 7-6 中的“选课成绩”报表按“学号”进行分组统计。

操作步骤如下。

（1）打开“选课成绩”报表，在设计视图下单击报表“设计”选项卡的“分组和汇总”组中的“排序与分组”按钮，在窗体下方显示“排序与分组”对话框。

（2）单击“添加排序”按钮，选择“学号”字段，在“排序次序”栏中选择“升序”选项。

（3）单击“添加组”按钮，选择“学号”字段，设置学号字段有组页眉，有组页脚。“分组、排序和汇总”窗格的设置如图 7-37 所示。

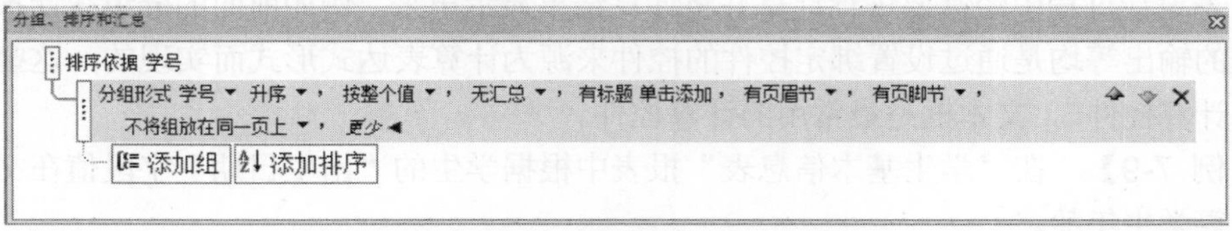

图 7-37 “分组、排序和汇总”窗格的设置

（4）选择主体中的“学号”，将其复制到“学号页眉”节中，并调整到合适位置。再按 Shift 键，分别单击主体中的“课程号”“成绩”文本框，将其调整到合适位置。

（5）单击工具栏中的文本框控件，在“学号页脚”节中添加文本框控件。在相应的标签控件中输入“平均成绩:”，在文本框控件中输入表达式“=Avg([成绩])”或在“属性”对话框的“控件来源”中输入该表达式，如图 7-38 所示。

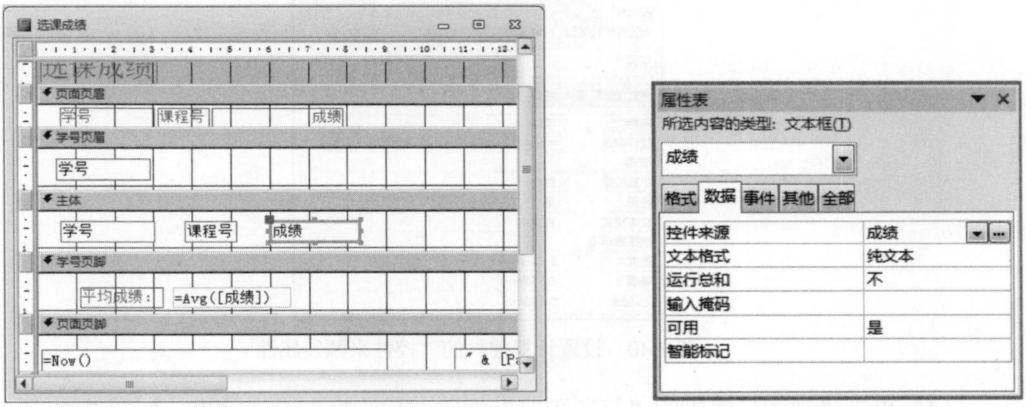

（a）　　　　　　　　　　　　　　　　　　　　（b）

图 7-38 报表分组设计

（6）选择“文件”菜单中的“另存为”命令，报表名称输入“学生平均成绩报表”。

（7）单击“视图”组中的“打印预览”按钮，结果如图 7-39 所示。

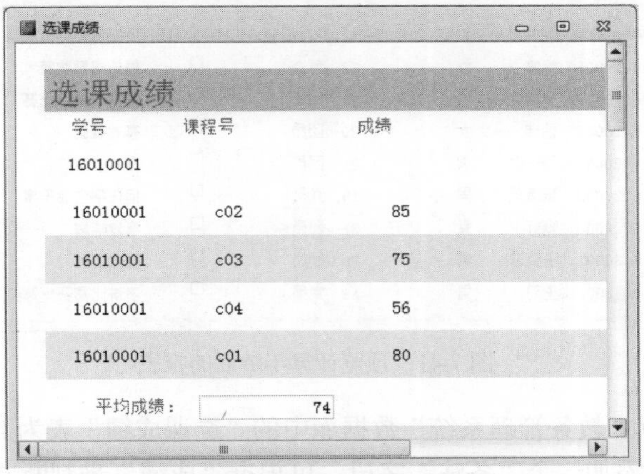

图 7-39 预览分组报表设计

7.5.3 创建有计算数据的报表

报表设计过程中经常要进行计算并将计算结果显示出来。例如前面的分组统计报表成绩的数据的输出等均是通过设置绑定控件的控件来源为计算表达式形式而实现的，这些控件就称为“计算控件”。文本框是最常用的计算控件。

【例 7-9】 在“学生基本信息表”报表中根据学生的“出生日期”字段值在文本框控件中计算学生年龄。

操作步骤如下。

（1）右击“学生基本信息表”报表，打开设计视图。

（2）将页面页眉节内的“出生日期”标签标题更改为“年龄”。

（3）在主体节内选择“出生日期”绑定文本框，打开其“属性表”窗口，选择“全部”选项卡。设置“名称”属性为“年龄”，设置“控件来源”属性为计算年龄的表达式“=Year(Date())-Year([出生日期])”，如图 7-40 所示。

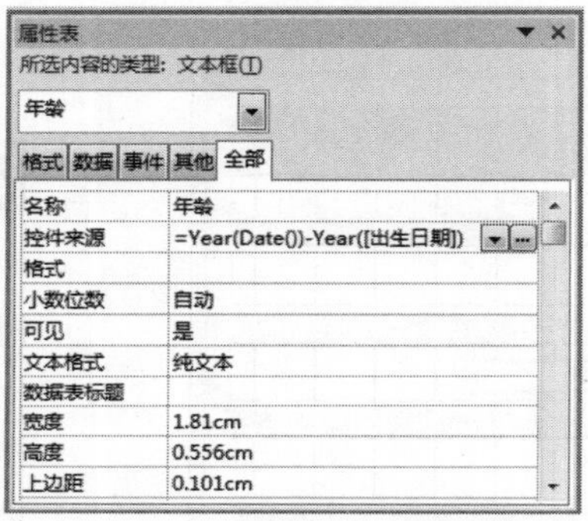

图 7-40　设置计算控件的“控件来源”属性

（4）单击“视图”组中的“打印预览”按钮，预览报表设计结果，如图 7-41 所示。最后命名并保存报表。

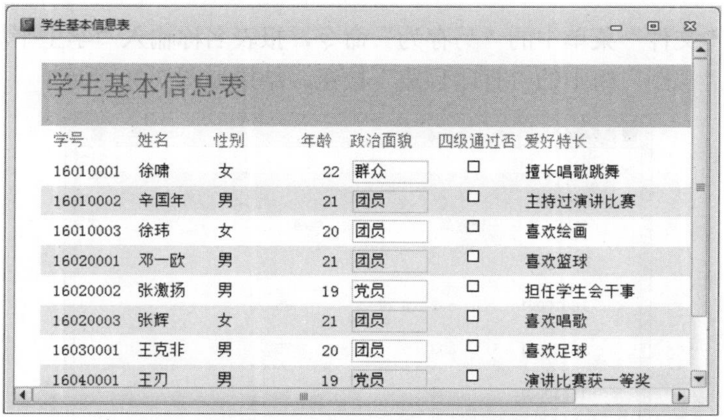
学生基本信息表
学生基本信息表
学号 姓名 性别 年龄 政治面貌 四级通过否 爱好特长
16010001 徐啸 女 22 群众 擅长唱歌跳舞
16010002 辛国年 男 21 团员 主持过演讲比赛
16010003 徐玮 女 20 团员 喜欢绘画
16020001 邓一欧 男 21 团员 喜欢篮球
16020002 张激扬 男 19 党员 担任学生会干事
16020003 张辉 女 21 团员 喜欢唱歌
16030001 王克非 男 20 团员 喜欢足球
16040001 王刃 男 19 党员 演讲比赛获一等奖

图 7-41　预览计算年龄后的报表

【例 7-10】 以“教务管理系统”数据库中的“选课成绩”表为数据源，创建“学生选课成绩表”报表，并添加一个“备注”字段，可根据“成绩”来判断并显示优秀、良好等文字说明信息。

操作步骤如下。

（1）使用报表向导创建“学生选课成绩表”报表，并打开设计视图。

（2）在页面页眉的“成绩”后面增加一个标签“备注”；在主体的“成绩”后面增加一个文本框。

（3）打开文本框的“属性”窗口，选择“全部”选项卡，设置“名称”属性为“备注”，设置“控件来源”属性为根据成绩判断评级的表达式“=IIf([成绩]<60,"不及格",IIf([成绩]<70,"及格",IIf([成绩]<80,"中等",IIf([成绩]<90,"良好","优秀"))))”，如图 7-42 所示。

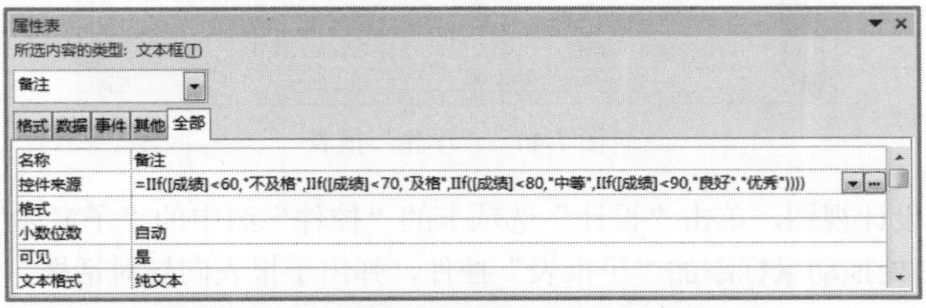

图 7-42　设置计算控件的“控件来源”属性

（4）单击“视图”组中的“打印预览”按钮，预览报表的设计结果，如图 7-43 所示。

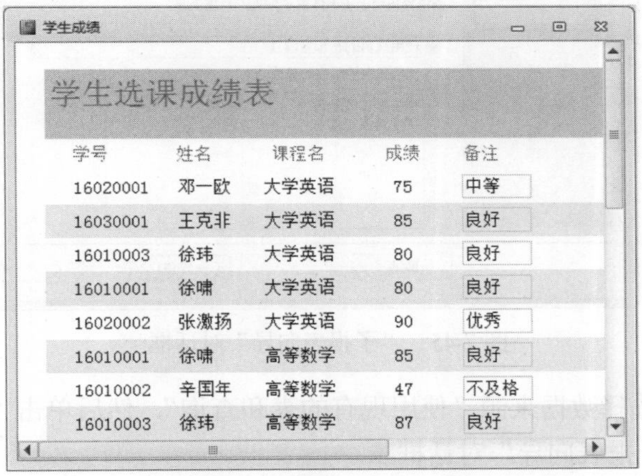

图 7-43　预览备注后的报表

7.5.4　创建子报表

子报表是建立在其他报表中的报表，包含子报表的报表称为主报表。可以在已有的报表中创建一个新的子报表，也可以通过将一个报表添加到另一个报表来创建报表和子报表。主报表和子报表中的数据可以有关系，也可以没有关系。

1. 创建子报表

在 Access 2010 中，可以使用“子窗体/子报表”控件创建子报表。

【例 7-11】　创建一个“学生”报表，包含“学号”“姓名”“性别”“出生日期”“政治面貌”字段。插入子报表，内容为显示“选课成绩”表的“课程号”“成绩”。

操作步骤如下。

（1）使用报表向导创建“学生”报表，如图 7-44 所示。

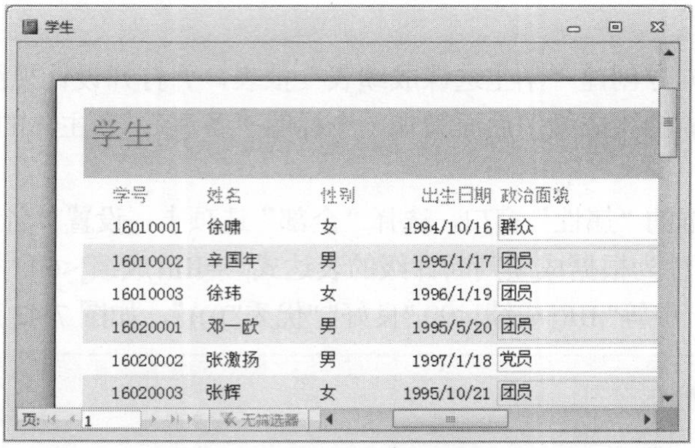

图 7-44 “学生”报表

（2）打开设计视图，单击“设计”选项卡的“控件”组中的“子窗体/子报表”按钮，在主体节中空白处拖动鼠标添加“子报表”控件，弹出子报表向导对话框，如图 7-45 所示。

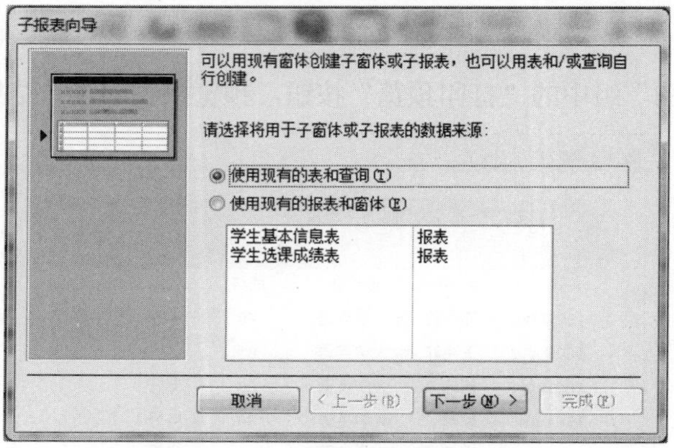

图 7-45 “子报表向导”对话框一

（3）为子报表选择数据来源“使用现有的表和查询”，然后单击“下一步”按钮，弹出如图 7-46 所示的“子报表向导”对话框二。

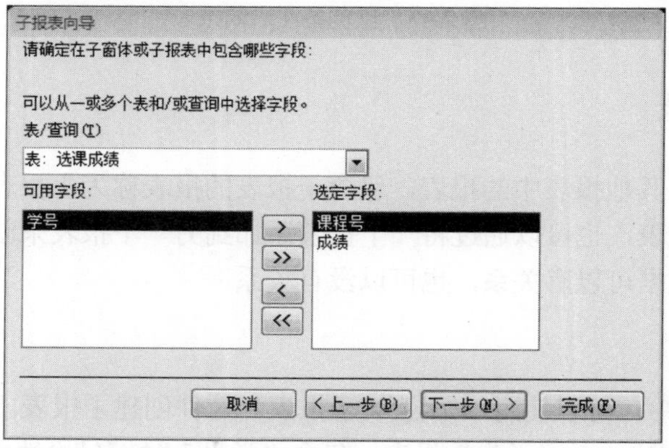

图 7-46 “子报表向导”对话框二

（4）确定子报表中的数据来源为表“选课成绩”，选择字段为“课程号”“成绩”，然后单击“单击”按钮，弹出如图 7-47 所示的“子报表向导”对话框三。

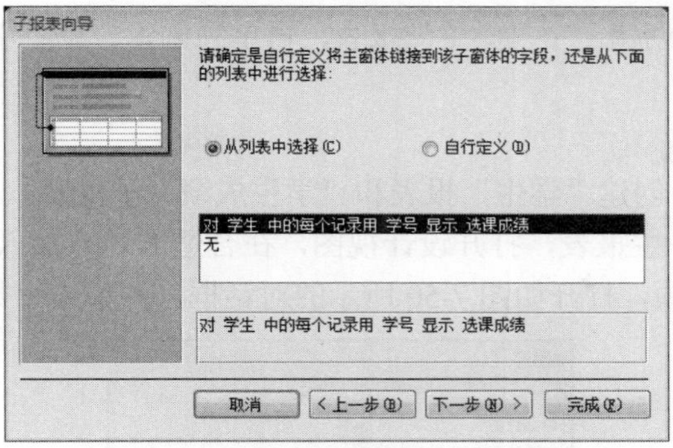

图 7-47 “子报表向导”对话框三

（5）确定主报表链接到子报表的字段，即定义主、子报表之间的关系。默认为“从列表中选择”，然后单击“下一步”按钮，弹出如图 7-48 所示的“子报表向导”对话框四。

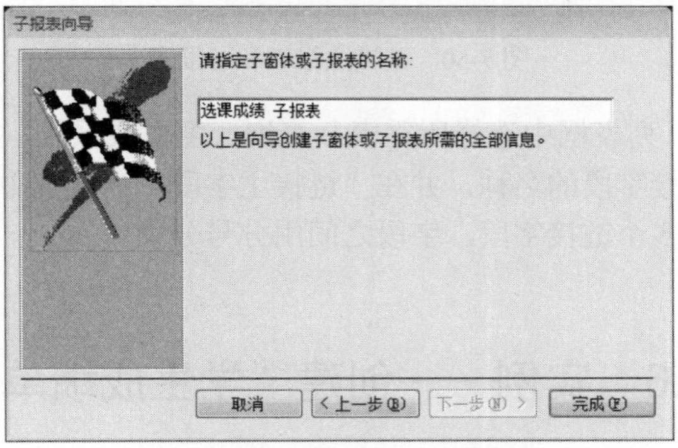

图 7-48 “子报表向导”对话框四

（6）输入子报表名称，完成子报表的创建。单击“视图”组中的“打印预览”按钮，预览报表的设计结果，如图 7-49 所示。

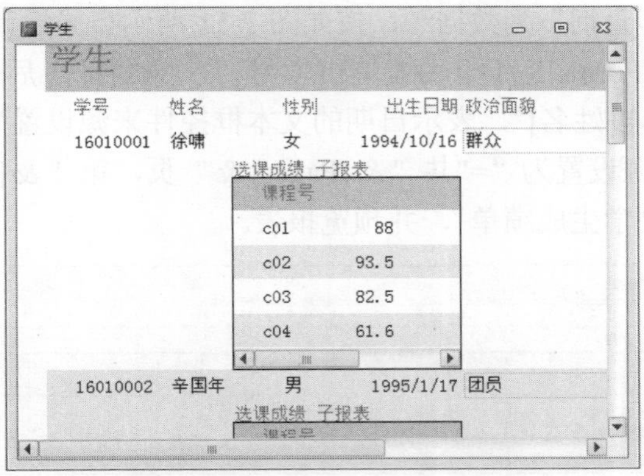

图 7-49 预览带有子报表的报表运行

2. 链接主报表和子报表

如果单独创建了主报表和子报表后，Access 2010 提供了使用子报表控件的“链接”属性来链接主报表和子报表。

【例 7-12】 单独创建一个“学生”报表，再单独创建一个“学生成绩”子报表，通过属性设置对其进行链接。

操作步骤如下。

（1）使用报表向导创建“学生”报表和“学生成绩”子报表。

（2）右击“学生”主报表，打开设计视图，在合适的地方加入“子报表”控件，然后右击，选择“属性”选项，打开如图 7-50 所示的对话框，并单击“数据”选项卡。

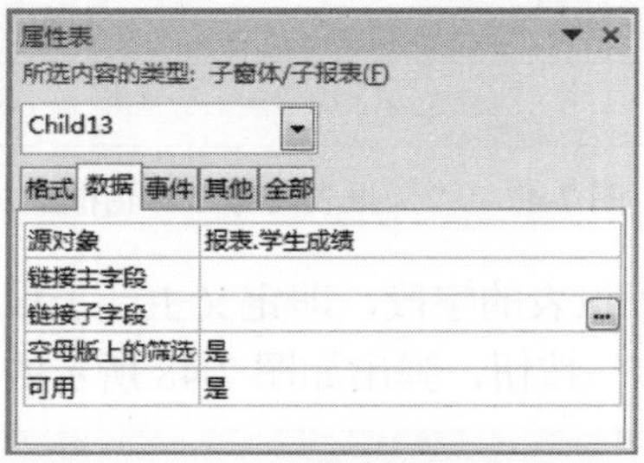

图 7-50　链接主报表和子报表

（3）在“源对象”列表框中选择所需表、查询、窗体或报表，在“链接子字段”列表框中，输入子报表中链接字段的名称，并在“链接主字段”列表框中，输入主报表中链接字段的名称。如果要输入多个链接字段，字段之间用分号分隔。

7.6　实例——创建“学生成绩单”报表

教务管理系统之报表

学习报表基本知识和创建方法之后，下面具体介绍引例中的“学生成绩单”报表的创建方法。主要步骤如下。

（1）启动“教务管理系统”数据库，选择“创建”选项卡下的“报表设计”。

（2）以“成绩打印查询”为数据源，按如图 7-51 所示布局设计报表。“学号：”后文本框控件来源设置为“=[Forms]![打印成绩单]![学号]”，“姓名：”后文本框控件来源设置为“=[Forms]![打印成绩单]![姓名]”，表示日期的文本框控件来源设置为“=Now()”，表示页数和页码的文本框控件来源设置为“="共 " & [Pages] & " 页，第 " & [Page] & " 页"”。

（3）保存报表为“学生成绩单”，并预览报表。

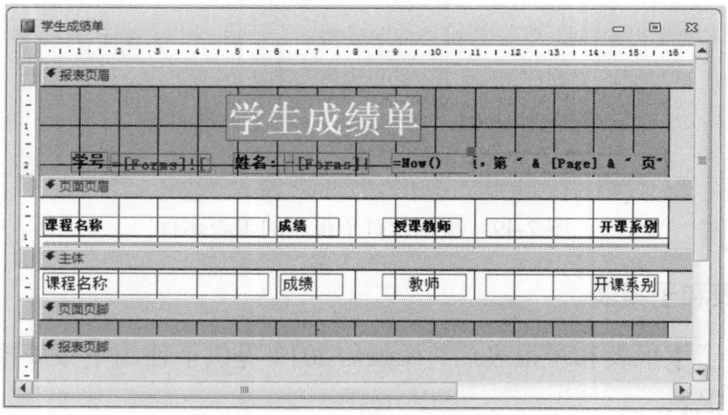

图 7-51　“学生成绩单”报表设计

本章小结

报表是应用系统打印输出的主要方法，Access 数据库的报表形式灵活，制作方法多样。在实际应用过程中，首先考虑使用哪种形式的报表，然后确定报表的制作方法。创建报表可以先用向导，然后使用设计视图和布局视图进行完善，最后打印输出。本章主要介绍了报表的基本概念、创建报表、编辑报表和报表设计。通过本章的学习，读者可创建精美的报表。

习 题 7

习题 7
参考答案

一、单选题

1．报表的主要功能是（　　）。

A．输入数据　　B．编辑数据　　C．操纵数据　　D．输出数据

2．设置报表及控件的属性，需在（　　）中进行。

A．报表视图　　B．页面视图　　C．设计视图　　D．打印预览视图

3．在报表中，若要使标题信息仅显示在报表第一页的顶部，应将标题设置在（　　）节中。

A．报表页眉　　B．页面页眉　　C．页面页脚　　D．报表页脚

4．报表设计过程中，如果要强制分页，应使用的控件图标是（　　）。

A．　　B．　　C．　　D．

5．使用报表设计视图创建一个分组统计报表的操作步骤包括：①指定报表的数据来源；②计算汇总信息；③创建一个空白报表；④设置报表排序和分组信息；⑤添加或删除各种控件。正确的操作步骤为（　　）。

A．③②④⑤①　　B．③①⑤④②　　C．③①②④⑤　　D．①③⑤④②

6．要在报表每一页的顶部输出相同信息，需要将这些信息设置在（　　）节。

A．报表页眉　　B．报表页脚　　C．页面页眉　　D．页面页脚

7．在设计工资报表时，要显示每位职工的实发工资，一般将计算表达式放在（　　）。

A．组页眉/组页脚　　B．页面页眉/页面页脚

C．报表页眉/报表页脚　　D．主体节

8．在报表中，要计算“数学”字段的最低分，应将控件的“控件来源”属性设置为（　　）。

A．= Min([数学])　　B．= Min(数学)　　C．= Min[数学]　　D．Min(数学)

9．关于报表页眉和页面页眉的说法，正确的是（　　）。

A．页面页眉只出现在报表开始的位置，报表页眉位于每页的最上部

B．报表页眉只出现在报表开始的位置，页面页眉位于每页的最上部

C．报表页眉和页面页眉对整个报表来说，其显示效果是一样的

D．报表页眉在报表的每页出现一次，页面页眉在报表中只出现一次

10．在报表设计过程中，要对各部门按部门分别计算平均值、最大值和最小值，则需要设置（　　）。

A．分组级别　　B．汇总选项　　C．分组间隔　　D．排序字段

二、操作题（扫二维码获取以下数据库）

习题数据库

已有数据库文件 Sample.mdb，其中包含“工资”表和“职工”表。请按要求完成相关操作。

1．利用报表向导创建名为“工资信息”的报表，输出“姓名”“工资”“水电费”3 个字段，通过职工查看数据，汇总“工资”“水电费”，仅显示汇总信息，调整标题“工资信息”距离窗体左边距 5cm，距离窗体上边距 0.5cm。

2．在“工资信息”报表的页脚节中添加一个文本框控件，名称为"tName"，字体颜色为“深蓝”，相应标签的标题为“平均基本工资”，文本框用于显示所有职工的“基本工资”字段的平均值（使用 avg()函数）。

第 8 章　宏的创建与使用

本章导读

- 宏是 Access 数据库的对象之一。它是一个或多个操作命令的集合，其中每个操作都能够实现特定的功能。宏是 Access 中提供的一种自动完成一系列操作的机制，Access 提供了很多宏操作命令，运行宏时，Access 会按照定义的顺序依次执行各个宏操作。宏可以自动执行一些简单而重复的任务。通过宏能够将表、查询、窗体、报表等有机地联系起来，从而构成一个完整的系统。

本章要点

- 宏的基本概念
- 创建与编辑宏
- 创建与编辑宏组
- 常见的宏操作命令
- 宏的应用

教务管理系统之宏

8.1　引例——“教务管理系统”中宏组的应用

在“教务管理系统”中，对于基础信息维护、教学管理等发生频率较高的操作，通常为了提高系统的操作效率和整体一致性，可以使用“宏组”来实现。如图 8-1 所示的“教务管理系统”中，创建“系统菜单_基础管理”宏组，通过该宏组的调用，打开“班级信息维护”窗体。

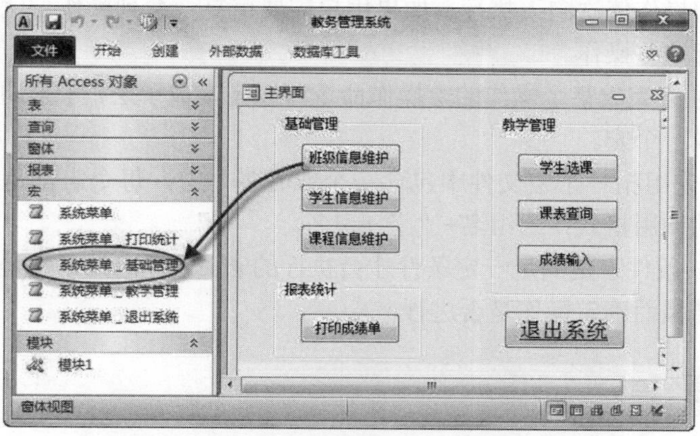

图 8-1　“教务管理系统”中宏组的运用

通过以上功能的实现，将掌握以下知识：

（1）宏对象的创建与保存。

（2）宏组的概念。

（3）宏组中子宏的调用。

8.2 宏的基本概念

什么是宏

宏是一种特定的数据库对象，是一个或多个操作命令组成的集合，其中每个操作都自动执行，并实现特定的功能。宏不能直接操纵变量，它可以将各种对象有机地组织起来，按照某个顺序执行操作，完成一系列操作动作。

8.2.1 宏的类型

1. 根据宏所依附的位置来分类，宏可以分为独立宏、嵌入宏和数据宏

（1）独立宏。独立宏是最基本的宏类型。它是包含一条或多条操作的宏。独立宏对象显示在导航窗格的“宏”组下，执行时按照操作顺序一条一条地执行。Access 中的窗体、报表或空间的任意事件都可以调用宏对象中的宏。如果程序中重复使用宏，则独立宏是非常有用的。例如例 8-1 中的报表统计、基础管理、教学管理等操作均用到了宏命令。通过调用宏，可以避免在多个位置使用相同的代码。

（2）嵌入宏。嵌入宏与独立宏不同，因为它们是嵌入在对象的事件属性中的宏。嵌入的宏在导航窗格中不可见。运行时，通过触发窗体、报表和控件对象的事件来运行。嵌入宏只作用于特定的对象。

（3）数据宏。数据宏是 Access 2010 中新增的一种宏，是建立在表对象上的。当对表中的数据进行插入、删除和修改操作时，可以调用数据宏进行相关的操作。数据宏也不显示在导航窗格的“宏”下。

2. 根据宏操作命令的组织方式分类

根据宏操作命令的组织方式，宏可以分为操作序列宏、子宏、宏组和条件宏。

（1）操作序列宏。操作序列宏是指组成宏的操作命令按照顺序关系依次排列，运行时按顺序从第一个宏操作依次向下执行。如果用户需要重复一系列操作，就可以用创建操作序列宏的方式来执行这些操作。

（2）子宏。独立完成某个操作的宏操作命令可以定义成子宏，子宏通过其名称来调用。多个子宏可以组成一个宏。

（3）宏组。宏组指一个宏文件中包含一个或者多个宏，每个宏都是独立的，有各自的宏名。宏组中宏的调用格式：宏组名+“.”+宏名。

（4）条件宏。条件宏是满足一定条件才会执行的宏。条件宏的条件是一个逻辑表达式，宏将根据表达式结果而确定操作是否进行。

8.2.2 宏的使用

在 Access 中，使用宏非常方便，不需要记住各种语法，也不需要编程，只需利用几个简单的宏操作，就可以对数据库完成一系列操作。宏一般是通过窗体、报表中的命令按钮控件实现调用的。在窗体或报表中添加部分命令按钮控件，定义命令按钮控件的单击或双击，可指定“宏”的操作及方式。只要打开窗体或报表，再触发命令按钮控件，就可实现宏操作命令的指定动作。

在“创建”选项卡的“宏与代码”组中单击“宏”按钮，即可进入宏的操作界面。该界面包含“宏工具/设计”选项卡、“操作目录”窗格和宏设计窗口 3 个部分，宏的操作就是通过这些操作界面来实现的。下面具体介绍这 3 个部分。

1. “宏工具/设计”选项卡

如图 8-2 所示，“宏工具/设计”选项卡有 3 个组，分别是“工具”“折叠/展开”和“显示/隐藏”。

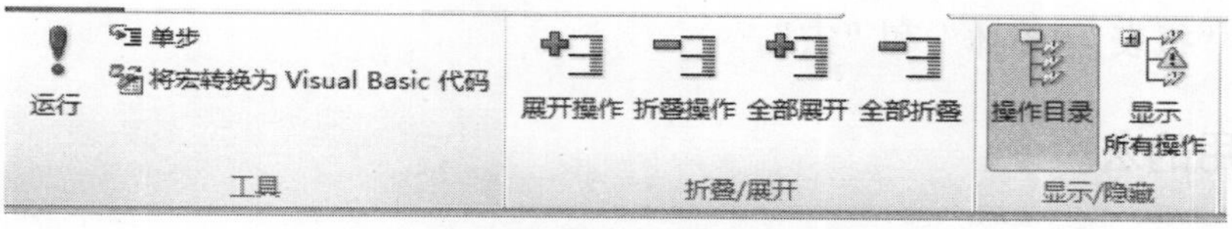

图 8-2　“宏工具/设计”选项卡

各组的作用如下。

（1）“工具”组包括运行、单步以及将宏转换为 Visual Basic 代码运行这 3 个操作。

（2）“折叠/展开”组提供浏览代码宏的方式，分别是展开操作、折叠操作、全部展开和全部折叠。

① 展开操作：可以详细地阅读每个操作的细节，包括每个参数的具体内容。

② 折叠操作：收起宏操作，不显示操作参数，只显示操作名称。

（3）“显示/隐藏”组可以隐藏或显示“操作目录”窗格。

2. “操作目录”窗格

为了方便用户操作，Access 2010 用“操作目录”窗格分类列出了所有的宏操作命令，用户可以根据需要选择。当选择一个宏操作命令后，在窗格中会显示相应命令的说明信息，如图 8-3 所示。

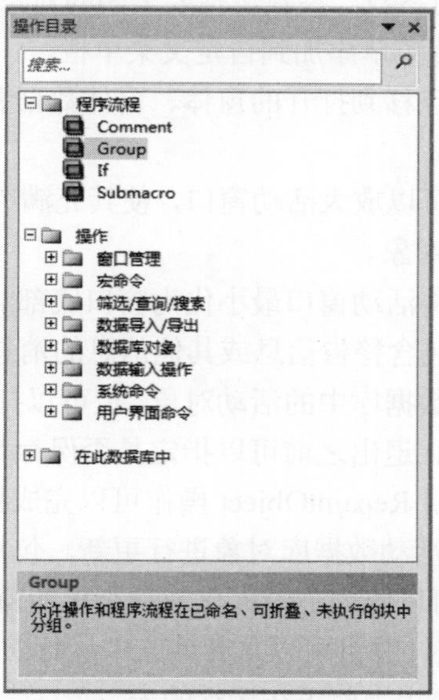

图 8-3　“操作目录”窗格

“操作目录”窗格由 3 部分组成。

（1）“程序流程”部分包括 Comment（注释）、Group（组）、If（条件）和 Submacro（子宏）等选项。其中，Comment 用于给宏命令添加注释说明，以提高宏程序代码的可读性；Group 对宏命令进行分组，以使宏的结构更清楚；If 通过条件表达式的值来控制宏操作的执行；Submacro 用于在宏内创建子宏。

（2）“操作”部分按照操作性质将宏操作分成 8 组共 86 个操作，用户进行宏创建时可以更为方便和容易。

（3）“在此数据库中”列举出当前数据库中的所有宏命令。展开该部分，可显示下一级列表，包括“报表”“窗体”和“宏”。

8.2.3 常用的宏命令

在 Access 2010 中，一共有 86 个基本的宏操作命令，在图 8-3 中，“操作目录”下面列举出常用的宏操作命令，包括：窗口管理命令、宏命令、筛选/查询/搜索命令、数据库导入导出命令、数据库对象命令、数据库命令、系统命令及用户操作命令。

其中，常见的宏命令如下。

（1）Beep：通过计算机的扬声器发出“嘟嘟”声，以提醒用户注意。

（2）OpenForm：打开一个窗体，并通过选择窗体的数据输入与窗口方式，来限制窗体显示的记录。OpenForm 操作需要设置相应的参数，包括设置要打开的窗体的名称、窗体的视图、筛选名称及 where 条件等。

（3）OpenQuery：打开一个查询。OpenQuery 操作需要设置相应的参数，包括设置要打开的查询的名称、查询的视图。

（4）OpenReport：在“设计”视图或打印预览中打开报表或立即打印报表，也可以限制需要在报表中打印的记录（需要设置相应的参数）。

（5）CloseWindow 操作：关闭指定的 Access 窗口。如果没有指定窗口，则关闭活动窗口。Close 操作需要设定相应的参数，参数包括要关闭的对象类型及要关闭的对象名称。

（6）AddMenu：为窗体将菜单添加到自定义菜单栏。

（7）GoToControl：把焦点移到打开的窗体、窗体数据表、报表数据表、查询数据表中当前记录的特定字段或控件上。

（8）MaximizeWindow：可以放大活动窗口，使其充满 Access 窗口。该操作可以使用户尽可能多地看到活动窗口中的对象。

（9）MinimizeWindow：将活动窗口最小化为窗口底部的标题栏。

（10）MessgeBox：显示包含警告信息或其他信息的消息框。

（11）PrintOut：打印打开数据库中的活动对象，也可以打印数据表、报表、窗体和模块。

（12）Quit：退出 Access。退出之前可以指定是否保存数据库对象。

（13）RepaintObject：使用 RepaintObject 操作可以完成指定数据库对象的屏幕更新。如果没有指定数据库对象，则对活动数据库对象进行更新，包括对象的所有控件都重新计算。

（14）RestoreWindow：可以将处于最大化或最小化的窗口恢复为原来的大小。

（15）RunMacro：运行宏，并且可以从其他宏中运行宏。

（16）StopMacro：可以停止当前正在运行的宏。

宏的创建

8.3 宏的创建

8.3.1 创建宏

在宏的设计窗口，可以进行宏的创建，主要包括 3 个步骤：①添加操作；②设置参数；③保存宏。以上三步均在 Access 2010 系统窗口中完成。打开数据库，选择“创建”选项卡，在“宏与代码”组中单击“宏”按钮，即可显示宏设计窗口，如图 8-4 所示。

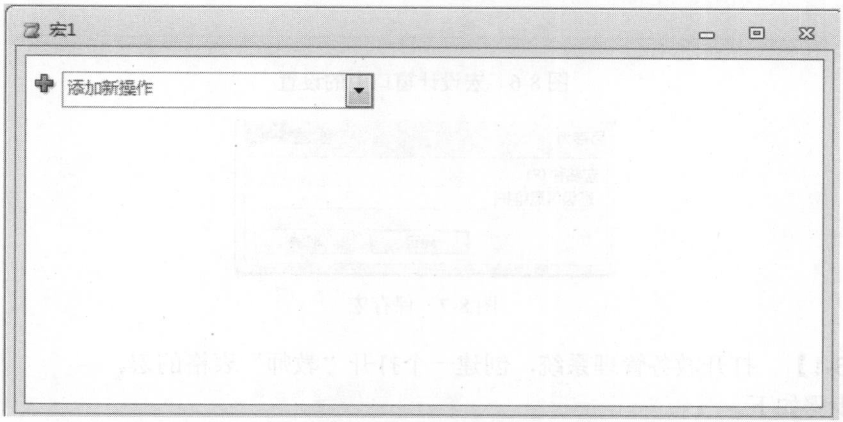

图 8-4 宏设计窗口

在宏设计窗口的“添加新操作”组合框中，通过单击下拉按钮，可以添加各种宏操作，如图 8-5 所示。

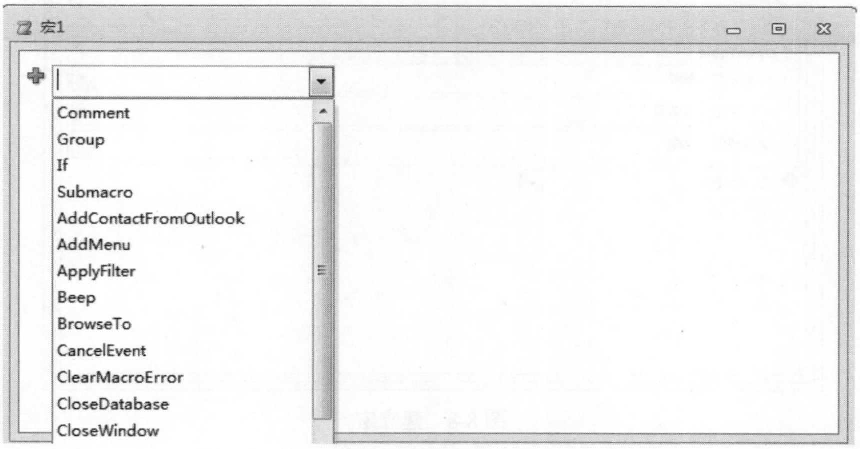

图 8-5 选择宏操作

每选择一种操作，窗口下方会出现与操作相关的操作参数。如图 8-6 所示，在“添加新操作”组合框中添加 OpenTable 操作后，下方出现了 OpenTable 操作相关的所有参数，用户可以根据需要进行设置。单击 OpenTable 操作左侧的 按钮和右侧的 按钮，可以隐藏操作参数和删除该操作。宏创建完成以后，可以通过保存宏来结束对宏的操作，如图 8-7 所示。

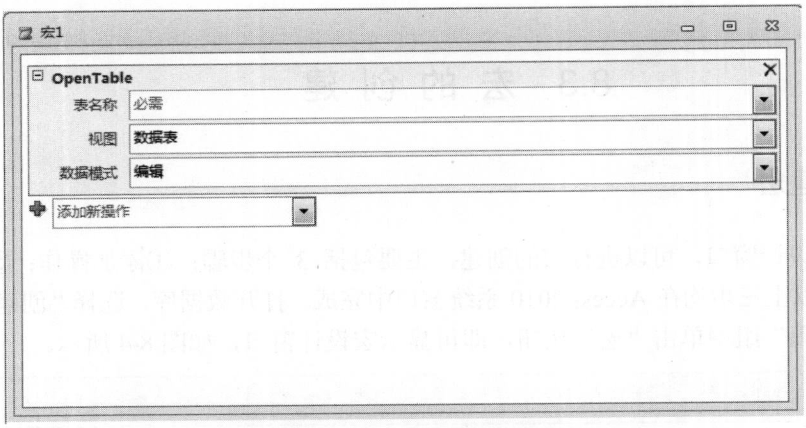

图 8-6　宏设计窗口中的设置

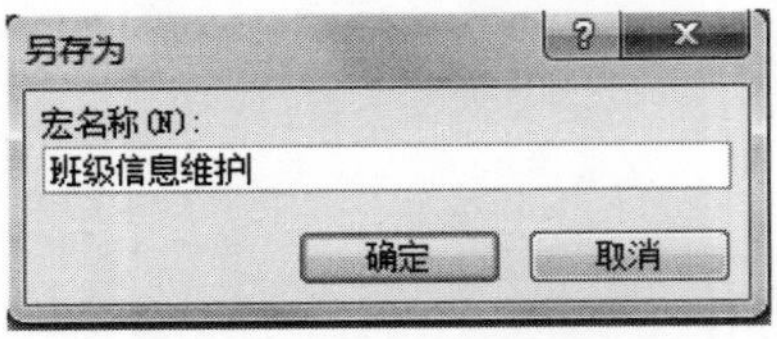

图 8-7　保存宏

【例 8-1】　打开教务管理系统，创建一个打开“教师”表格的宏。

操作步骤如下。

（1）打开“教务管理系统”数据库，单击“创建”选项卡的“宏与代码”组中的“宏”按钮，在弹出的宏设计窗口中，选择 OpenTable 命令，设置表名称为“教师”，其他参数默认，如图 8-8 所示。

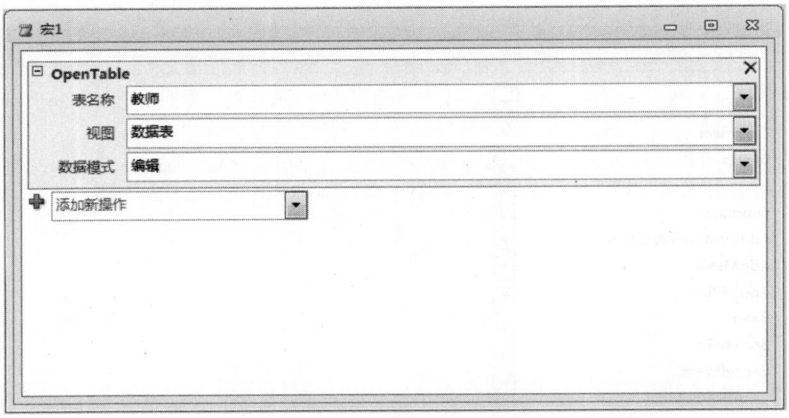

图 8-8　建立宏

（2）成功保存宏后，完成宏的创建。

8.3.2　宏组的创建

宏组是共同存储在一个宏名下的相关宏的集合。一个宏组可以包含多个子宏，而一个子宏又可以包含多个操作。在“宏”设计窗口中即可完成宏组的创建。

在 Access 2010 中，宏组的创建与宏窗口的创建步骤相似，仅需要在设计视图中打开“操作目录”窗格，把 submacro 宏操作拖放在“添加新操作”上，或者双击 submacro 宏操作，输入子宏名，并输入操作名。

执行宏组中的子宏时要在宏名前加上宏组名，格式为：宏组名.子宏名。本章引例的教务管理系统的宏对象中，就有宏组的创建和应用。

【例 8-2】 创建宏组“系统菜单_教学管理”，通过宏组中的两个子宏，打开学生信息表和课程信息表。

操作步骤如下。

（1）打开“教务管理系统”数据库，单击“创建”选项卡的“宏与代码”组中的“宏”按钮，打开宏设计器。

（2）在“操作目录”窗口中，双击 submacro 宏操作，设置子宏名为“学生选课”。

（3）向该子宏块中添加“OpenForm”操作，设置窗体名称。

（4）采用同样的方法建立另一个子宏，如图 8-9 所示。

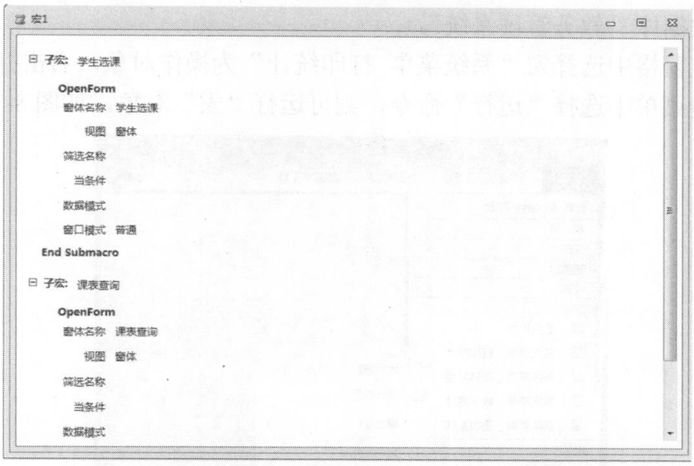

图 8-9　创建宏组

（5）保存宏为“系统菜单_教学管理”，如图 8-10 所示，关闭宏设计器。

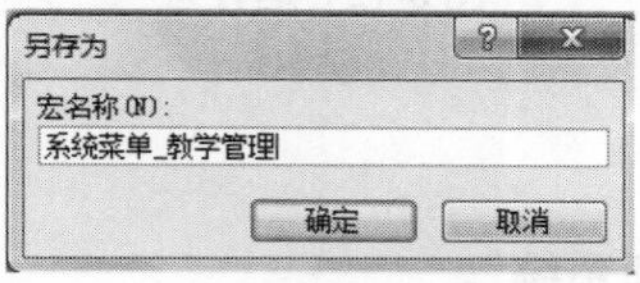

图 8-10　保存宏组

8.4　宏的运行与调试

宏的运行

宏创建完成后，就可以直接指定宏名来运行该宏。如果运行宏组中的宏，则直接指定宏组名，会默认执行宏组中的第一个宏名的宏，其他宏则以“宏组名.宏名”格式指定。

运行宏有以下几种方法。

8.4.1 直接运行宏

（1）在“数据库”导航窗格中直接选择宏，双击或右击，在弹出的快捷菜单中选择“运行”命令，即可运行宏。

（2）在“数据库工具”选项卡的“宏”组中单击“运行宏”按钮，在对话框中输入要运行的宏，如图 8-11 所示。对于宏组，需要以“宏组.宏名”格式指定某个宏。

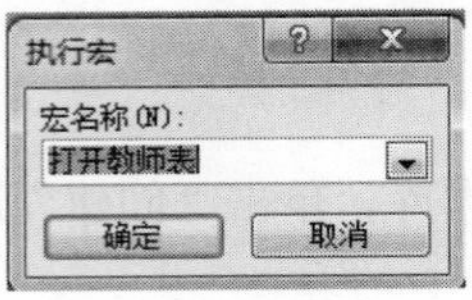

图 8-11　执行宏

【例 8-3】　运行宏。

操作步骤如下。

（1）打开数据库“教务管理系统”。

（2）在导航窗格中选择宏“系统菜单_打印统计”为操作对象，右击打开快捷菜单。

（3）在快捷菜单中选择“运行”命令，则可运行“宏”对象，如图 8-12 所示。

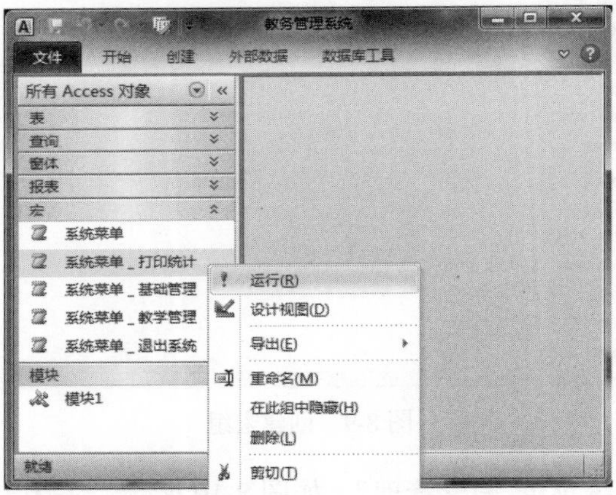

图 8-12　运行宏

【例 8-4】　运行宏组。

操作步骤如下。

（1）打开数据库“教务管理系统”。

（2）在“数据库工具”选项卡的“宏”组中单击“运行宏”按钮，在对话框中选择宏组中的任何一个宏，单击“确定”按钮，则可运行宏组，如图 8-13 所示。

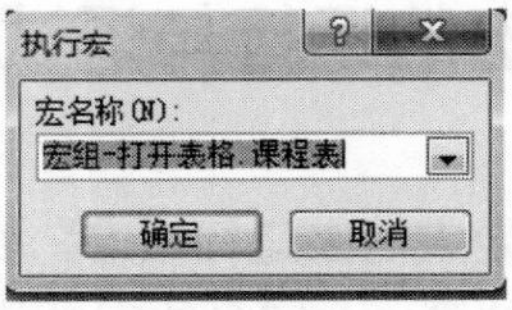

图 8-13　运行宏组

8.4.2 触发事件运行宏

在 Access 中，经常使用的宏运行方法是将宏赋予某一窗体或报表控件的事件属性值，通过触发事件运行宏。

操作步骤如下。

（1）打开包含控件的对象，并打开定义该控件的属性窗口。选择“事件”选项卡，选择触发动作（单击或双击）属性，选择要运行的宏。

（2）打开包含控件的对象，触发已赋予宏事件的控件，将运行宏。

【例 8-5】 创建一个窗体，包含一个命令按钮控件，通过命令按钮控件运行宏。

操作步骤如下。

（1）打开数据库“教务管理系统”。

（2）在“数据库”窗口中选择“创建”选项卡。

（3）在“创建”选项卡的“窗体”组中选择“窗体设计”命令，进入“窗体设计”窗口。

（5）在“窗体设计工具/设计”选项卡的“控件”组中选择“按钮”控件。

（6）在“窗体”的主体节中按下鼠标左键拖动画出控件 Command0，同时弹出“命令按钮向导”对话框一（若无向导，首先在控件组中选中“使用控件向导”），如图 8-14 所示。

（7）选择“命令按钮向导”对话框中“杂项”右边的“运行宏”，单击“下一步”按钮。

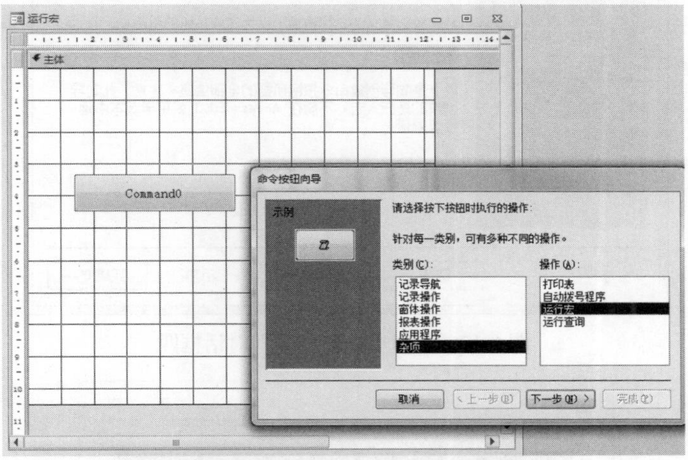

图 8-14 创建“命令按钮向导”对话框一

（8）在弹出的如图 8-15 所示的“命令按钮向导”对话框二中选择命令按钮运行的宏，单击“下一步”按钮。

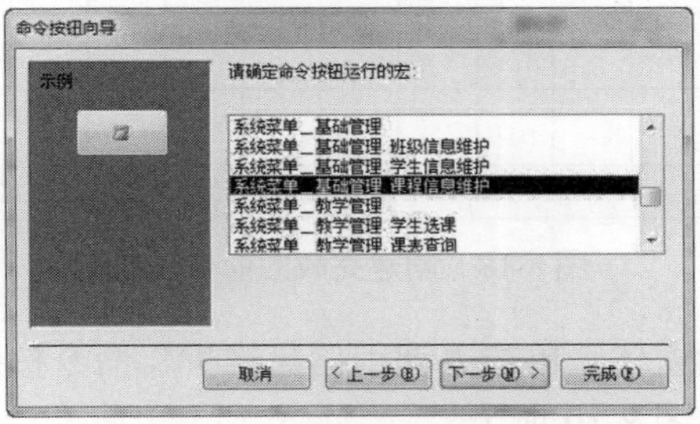

图 8-15 “命令按钮向导”对话框二

（9）在弹出的如图 8-16 所示的“命令按钮向导”对话框三中选择“文本”，并在其后的文本框中输入“课程信息维护”，单击“下一步”按钮。

（10）弹出如图 8-17 所示的“命令按钮向导”对话框四，指定命令按钮名称，单击“完成”按钮。创建的“课程信息维护”按钮如图 8-18 所示。

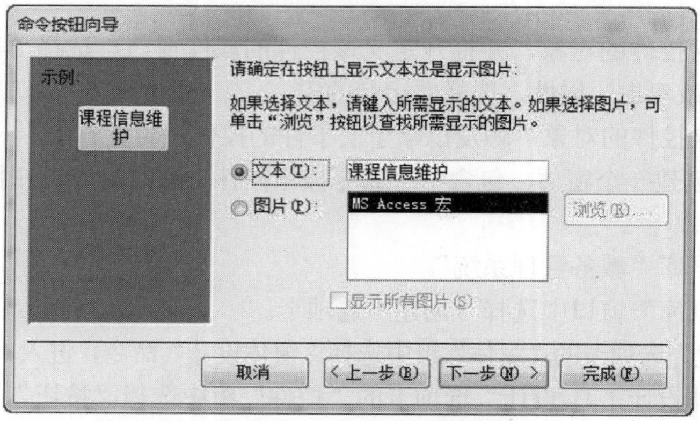

图 8-16 “命令按钮向导”对话框三

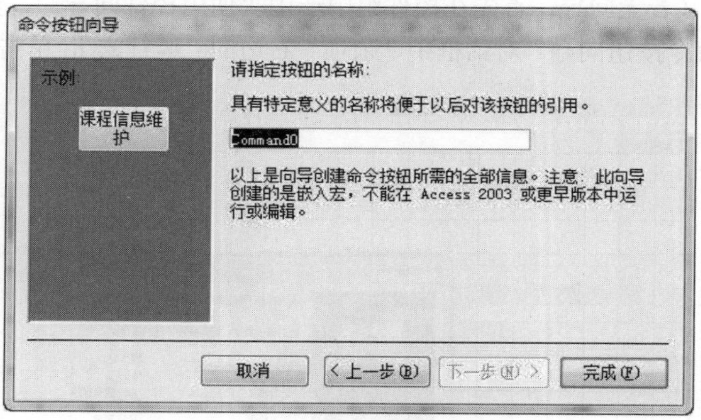

图 8-17 “命令按钮向导”对话框四

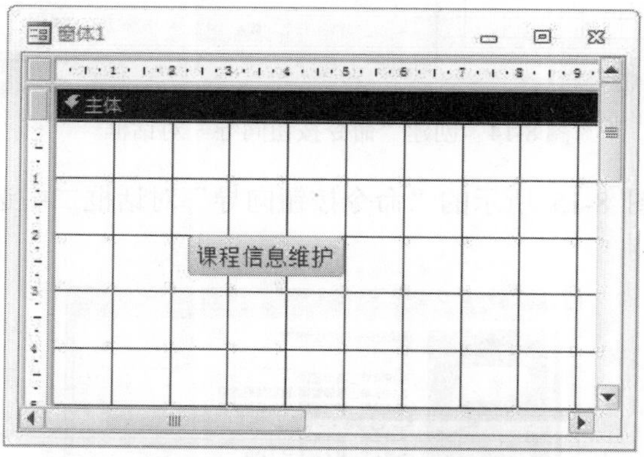

图 8-18 创建完成的命令按钮

（11）保存窗体并启动窗体，单击“课程信息维护”命令按钮，即可运行宏，同时打开“课程信息维护”窗体，如图 8-19 所示。

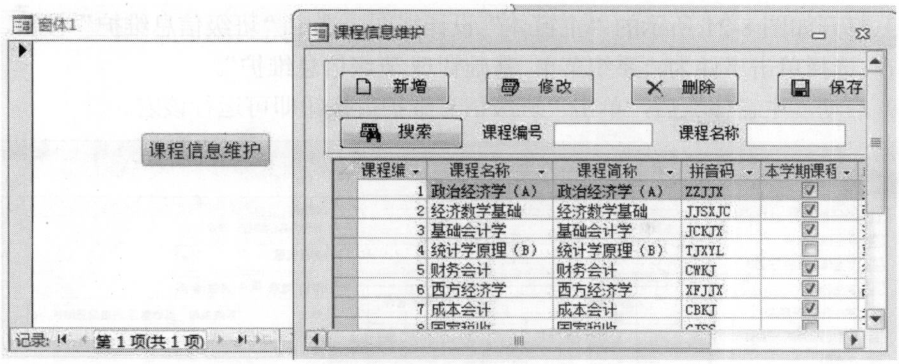

图 8-19　运行命令按钮触发宏

8.4.3　打开数据库时自动运行宏

Access 2010 中设置了一个特殊的宏名 AutoExec。AutoExec 代表自动加载或处理。如果数据库中创建了一个名为 AutoExec 的宏对象，那么在打开该数据库时将首先运行该 AutoExec 宏中的第一个宏。适当地设计 AutoExec 宏对象，可以在打开数据库时执行一个或一系列操作，为运行该数据库系统做好必要的初始化准备。若想阻止 AutoExec 宏的运行，可以在打开数据库时长按 Shift 键，直到数据库打开为止。

8.5　实例——“教务管理系统”中宏组的创建

教务管理系统之宏

学习过本章宏的基本知识之后，下面将以本章开头的引例作为实例介绍在“教务管理系统”中创建宏组的主要步骤。

（1）启动“教务管理系统”，选择“创建”选项卡的“宏与代码”组中的“宏”命令，打开宏设计器。

（2）按如图 8-20 所示添加宏命令，并保存为“系统菜单_基础管理”。

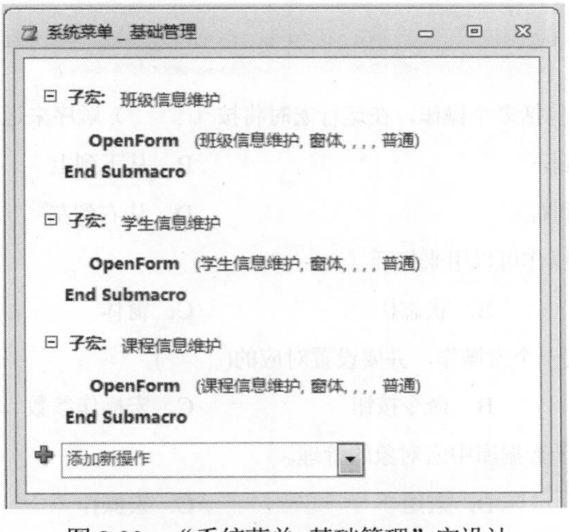

图 8-20　“系统菜单_基础管理”宏设计

（3）打开如图 8-21 所示的“主窗体”设计视图，选中“班级信息维护”按钮，打开其属性窗口，选择单击事件为“系统菜单_基础管理.班级信息维护”。

（4）启动“主窗体”后，单击“班级信息维护”按钮即可运行该宏。

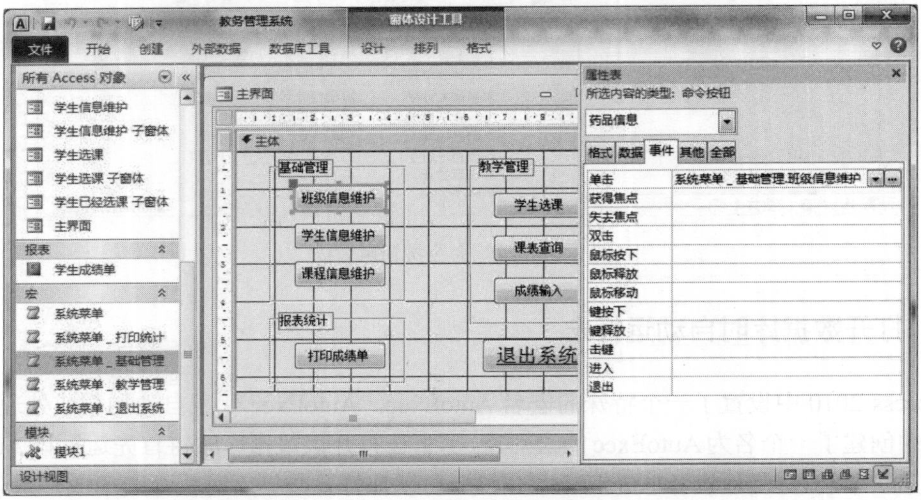

图 8-21 “系统菜单_基础管理”宏的调用

本章小结

本章介绍了宏的概念和宏的类型，列举了常用的宏命令，举例说明了宏和宏组的创建以及宏的运行与调试方法。

习 题 8

习题 8
参考答案

一、单选题

1．若一个宏包括多个操作，在运行宏时将按（　　）顺序来运行这些操作。

A．从上到下　　B．从下到上

C．从左到右　　D．从右到左

2．在宏中，OpenForm 操作可以用来打开（　　）。

A．查询　　B．状态栏　　C．窗体　　D．报表

3．创建宏时至少要定义一个宏操作，并要设置对应的(　　)。

A．条件　　B．命令按钮　　C．宏操作参数　　D．注释信息

4．定义（　　）有利于数据库中宏对象的管理。

A．宏　　B．宏组　　C．宏操作　　D．宏定义

5．直接运行含有子宏的宏时，只执行该宏的(　　)中的所有操作命令。

A．第一个子宏　　B．第二个子宏　　C．最后一个子宏　　D．所有子宏

6．如需决定宏的操作在某些情况下是否执行，可以在创建宏时定义（　　）。

A．子宏　　B．宏操作参数

C．If 操作　　D．窗体或报表的控件属性

7．宏由若干个宏操作组成，宏组由（　　）组成。

A．一个宏　　B．若干个宏操作　　C．若干宏　　D．上述都不对

8．宏组中宏的调用格式是（　　）。

A．宏名　　B．宏名.宏组名　　C．宏组名.宏名　　D．以上都不对

9．在宏中，OpenReport 操作可以用来打开（　　）。

A．查询　　B．状态栏　　C．窗体　　D．报表

10．在 Access 系统中提供了（　　）执行的宏调用工具。

A．单步　　B．同步　　C．运行　　D．继续

二、填空题

1．宏是一个或多个_______的集合。

2．引文有了_______，数据库应用系统中的不同对象就可以联系起来。

3．用于打开一个报表的宏命令是_______，用于打开一个窗体的宏命令是_______，用于打开一个查询的宏命令是_______。

三、思考题

1．简述宏的概念。

2．宏与宏组的区别是什么？

3．利用“宏设计器”设计宏与宏组。

4．如何运行宏？一般有哪几种运行方式？

5．如何运行宏组？

第 9 章　模块与 VBA 程序设计

本章导读

- 通过 Access 自带的向导工具，能够创建表、窗体、报表和宏等基本对象。但是，创建过程完全依赖于 Access 内在的、固有的程序模块，这样虽然方便了用户的使用，但是同时降低了所创建系统的灵活性，对于数据库中一些复杂问题的处理则难以实现。因此，为了满足用户更加广泛的需求，Access 为用户提供了自带的编程语言 VBA。
- VBA 是 Visual Basic for Applications 的英文缩写，是用 Basic 语言作为语法基础的可视化的高级语言。它使用了对象、属性、方法和事件等概念。VBA 也是采用 Basic 语言作为语法基础，初学者在编程的过程中感到十分容易。

本章要点

- 模块及 VBA 程序设计的相关概念
- VBA 程序开发环境
- VBA 程序开发基础知识
- VBA 程序控制语句
- VBA 自定义过程的定义与调用
- VBA 数据库访问技术
- VBA 程序的调试

教务管理系统之模块

9.1　引例——利用 VBA 创建“登录”模块

【例 9-1】　使用 VBA 程序模块制作一个“登录”模块，如图 9-1 所示。要求程序运行后，能够自动判断用户输入的用户名及密码是否正确，如果正确，则显示主界面，如果不正确，则显示“错误提示”界面。

图 9-1　“用户登录”界面

实现以上案例，要求掌握的知识如下。

（1）Access 中数据表的创建。

（2）Access 中窗体的创建及属性设置的方法。

（3）利用 VBA 进行程序设计实现相应功能。

通过本章及之前相关内容的学习，读者应可掌握上述知识并创建出本例的效果。

9.2 模块概述

模块与 VBA 概述

模块是 Access 数据库中的一个重要对象，其代码用 VBA 语言编写。模块是保存 VBA 代码的容器，将 VBA 的声明和过程作为一个单元进行保存。

9.2.1 模块的分类

模块有两种基本类型：标准模块和类模块。

1．标准模块

标准模块包含通用过程和常用过程，这些通用过程不与任何对象相关联，可以在数据库中被任意一个对象调用。通常将一些公共变量和公共过程设计成标准模块，其作用范围为整个应用系统。

2．类模块

类模块是可以包含新对象定义的模块。新建一个类实例时，也就新建了一个对象。在 Access 中，类模块是可以单独存在的。实际上，窗体和报表模块都是类模块，而且它们各自与某一窗体或报表相关联。窗体和报表模块通常都含有事件过程，该过程用于响应窗体或报表中的事件。

9.2.2 模块的组成

一个模块包含声明部分、Sub 子过程和 Function 函数过程等。其中声明部分主要进行常量、变量或自定义数据类型等的声明。Sub 子过程和 Function 函数过程都是通过执行 VBA 代码中的语句来完成相应的操作，区别在于 Sub 子过程无返回值，而 Function 函数过程执行后有返回值。

9.2.3 简单的 VBA 窗体模块实例

这里通过一个简单的例子来说明 VBA 窗体模块的创建。

【例 9-2】 创建一个窗体，在窗体上放置一个名称为 C1 的命令按钮，按钮上显示“欢迎”。运行窗体时，单击命令按钮后弹出“欢迎使用 VBA 程序！”消息框。操作步骤如下。

（1）单击“创建”选项卡的“窗体”组中的“窗体设计”按钮，打开窗体的“设计视图”。

（2）在窗体中添加一个命令按钮，在属性表中将其名称属性设置为 C1，标题属性设置为“欢迎”。

（3）右击该命令按钮，在弹出的快捷菜单中选择“事件生成器”命令，弹出“选择生成器”对话框，如图 9-2 所示。

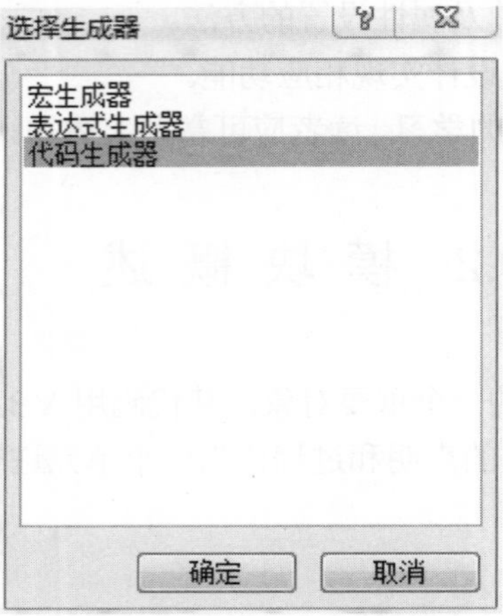

图 9-2　“选择生成器”对话框

（4）选择“代码生成器”命令，单击“确定”按钮，进入窗体模块的 VBA 代码编辑窗口。光标自动定位在名为“C1_Click()”的 SUB 子过程中，输入如图 9-3 所示的显示消息框的代码。

（5）关闭 VBA 代码窗口，返回窗体设计视图。

（6）切换到“窗体”视图运行该窗体，单击窗体中的命令按钮会立刻弹出如图 9-4 所示的消息框。

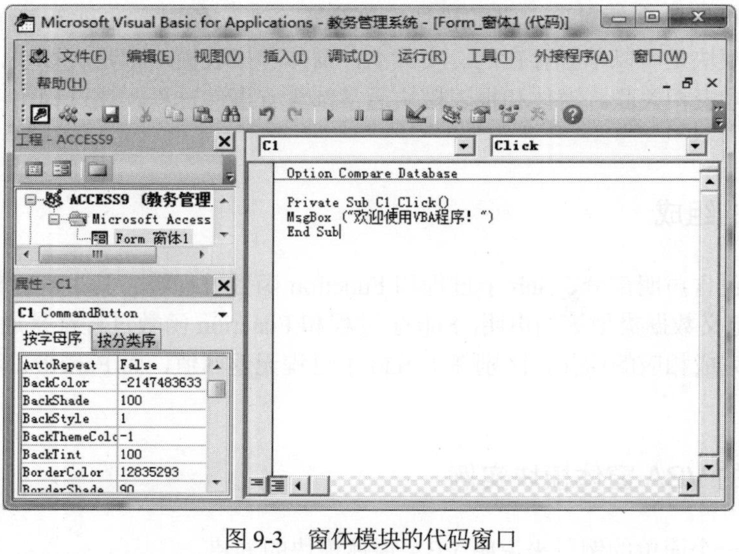

图 9-3　窗体模块的代码窗口

说明

（1）在面向对象的程序设计中，每一个控件都是对象，对象都有自己的属性。在本例中使用了命令按钮对象，并对其“名称”属性和“标题”属性进行了设置。

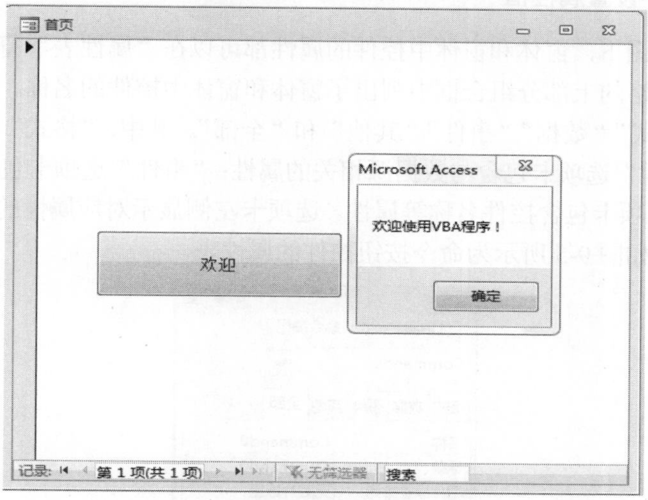

图 9-4　窗体模块的运行结果

（2）在窗体运行时，单击命令按钮会产生 Click 事件，当 Click 事件触发后会自动执行相应的事件过程。本例中单击命令按钮弹出了相应的消息框。

9.3　VBA 程序设计概述

9.3.1　对象和对象名

1. 对象

对象是面向对象方法中最基本的概念。对象可以用来表示客观世界中的任何实体，它既可以是具体的物理实体的抽象，也可以是人为的概念，或者是任何有明确边界和意义的东西。例如，一个人、一本书、一台计算机等都是对象。

面向对象的基本概念

在 Access 数据库中，表、查询、窗体、报表、宏和模块等都是对象。对象也可以包含其他对象，例如，窗体是一个对象，它又可以包含标签、文本框、命令按钮等对象。包含其他对象的对象称为容器对象。

2. 对象名

创建对象时，系统会自动给每个对象起个默认的对象名。未绑定控件对象的默认名称是控件的类型加上一个唯一的整数，如 Form1；绑定的控件对象，如果是通过从字段列表中拖曳字段创建的控件，则该控件对象的默认名称是记录源中字段的名称。

9.3.2　对象的属性

在面向对象程序设计中，对象的状态称为对象的属性，描述该对象特性的具体数据称为属性值。通过设置对象的属性可以定义对象的特征和状态。

1. 在属性表中设置属性值

在窗体设计视图下，窗体和窗体中控件的属性都可以在“属性表”窗格中设定。

“属性表”窗格的上部分组合框中列出了窗体和窗体中控件的名称。下部分包含 5 个选项卡，分别是“格式”“数据”“事件”“其他”和“全部”。其中，“格式”选项卡包含对象的外观类属性；“数据”选项卡包含与数据源相关的属性；“事件”选项卡包含窗体或控件响应的事件；“其他”选项卡包含控件名称等属性。选项卡左侧显示对应属性的中文名称，右侧是其对应的属性值。如图 9-5 所示为命令按钮控件的属性表。

图 9-5 “命令”按钮属性表

2. 在 VBA 代码中设置属性值

在 VBA 代码中引用对象属性的格式为：对象名.属性。

在 VBA 代码中使用的属性名称是英文的，当用户输入“对象名.”后会自动显示“属性及方法”列表框，直接选择所需选项即可。

例如，在窗体中将命令按钮 Command1 的显示内容（Caption）设置为“删除”，可使用代码：Command1. Caption="删除"。

9.3.3 对象的方法

方法就是事件发生时对象执行的操作。方法与对象是紧密联系的。例如，单击命令按钮时显示消息框，则显示消息框就是命令按钮对象在识别到单击事件时的方法。如果说属性是静态成员，那么方法就是动态操作。

方法的引用格式为：

对象名.方法名

例如，为窗体中的命令按钮 C1 设置获得焦点操作，使用的命令为：C1.SetFocus。

9.3.4　事件和事件驱动

事件就是对象可以识别和响应的操作。事件是预先定义的特定操作。不同的对象能够识别不同的事件。例如，鼠标能识别单击、双击、右击等操作，而键盘则能识别键按下、键释放、击键等操作。

事件驱动是面向对象编程和面向过程编程之间的一大区别，在视窗操作系统中，用户在操作系统下的各个动作都可以看成是激发了某个事件。比如单击某个按钮，就相当于激发了该按钮的单击事件。

在 Access 系统中，可以通过两种方式处理窗体、报表或控件的事件响应。一是使用宏对象设置属性；二是为某个事件编写 VBA 代码过程，完成指定动作，这样的代码过程称为事件过程。

9.3.5　DoCmd 对象

Access 中除数据库的 7 个对象外，还提供一个重要的对象：DoCmd 对象。它的主要功能是通过调用包含在内部的方法来实现 VBA 编程中对 Access 的操作。

例如，利用 DoCmd 对象的 OpenForm 方法打开"学生"窗体的语句格式为：

```
DoCmd.OpenForm "学生"
```

9.4　VBA 程序开发环境

VBA 的开发环境

VBE（Visual Basic Editor）编辑器是编辑 VBA 代码时使用的界面。VBE 提供了完整的开发和调试环境，可以用于创建和编辑 VBA 程序代码。

9.4.1　打开 VBE 编程窗口

在 Access 中进入 VBE 环境有以下几种方法。

在窗体或者报表中，进入 VBE 环境有两种方法。一种方法是在设计视图中打开窗体或者报表，然后单击"设计"功能区中"工具"组中的"查看代码"按钮；另一种方法是在设计视图中打开窗体或者报表，然后在某个控件上右击，弹出"选择生成器"对话框，在该对话框中选择其中的"代码生成器"选项，然后单击"确定"按钮即可。

在窗体或者报表之外，进入 VBE 环境也有两种方法。一种方法是单击"数据库工具"功能区中"宏"组中的"Visual Basic"命令；另一种方法是选择"创建"功能区中"宏与代码"组中的"模块"命令。

9.4.2　VBE 窗口的组成

VBE 窗口主要由标题栏、菜单栏、工具栏、工程资源管理器窗口、属性窗口、代码窗口、立即窗口、本地窗口和监视窗口等组成，如图 9-6 所示。通过主窗口的"视图"菜单可以打开各个窗口。

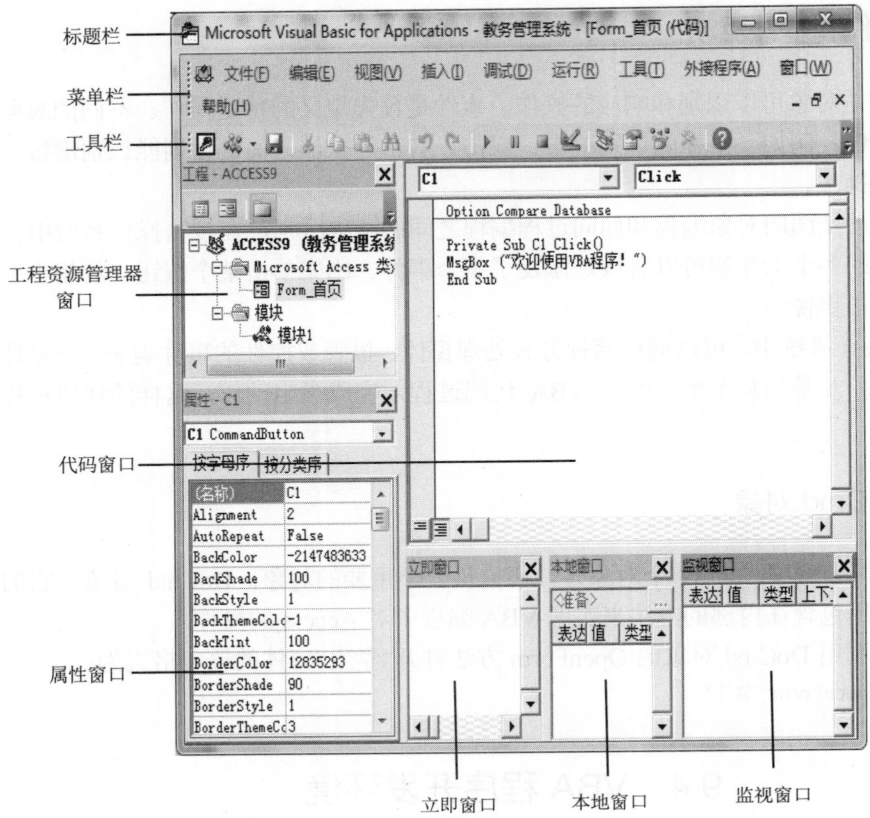

图 9-6 VBE 窗口组成

1. 工程资源管理器窗口

在该窗口中用树形结构列出了应用程序中的所有模块，双击其中的某一个模块，该模块对应的代码窗口就会显示。

2. 属性窗口

在该窗口中列出了所选对象的所有属性，可以按照“按字母排序”和“按分类排序”两种方法查看。用户可以在该属性窗口中对所选对象的属性值进行设置。

3. 代码窗口

在该窗口中可以输入和编辑 VBA 代码。

4. 立即窗口

立即窗口是用来进行快速计算表达式的值，完成简单方法的操作和进行程序测试工作的窗口。在立即窗口中输入语句代码后按回车键会立即执行该语句代码，但是立即窗口中的代码不被存储。

在立即窗口中可以使用如下语句显示表达式的值。

（1）Debug.Print 表达式

（2）Print 表达式

（3）？表达式

例如，在如图 9-7 所示的窗口中用 3 种方法分别输出了 10+7 的结果、当前的系统日期和当前的年份。

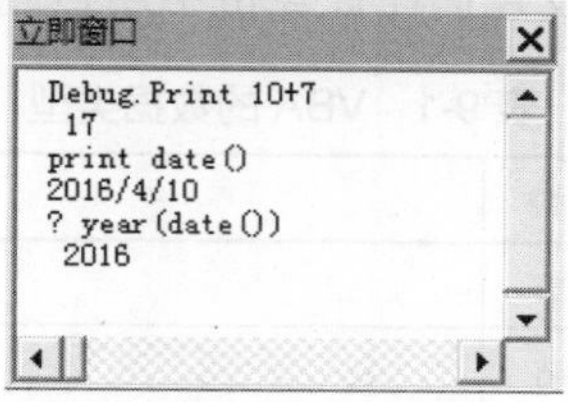

图 9-7　立即窗口

5. 本地窗口

在调试程序时，本地窗口中会自动显示所执行代码中的所有变量声明和变量值。

6. 监视窗口

监视窗口用于调试 Visual Basic 过程，通过在监视窗口添加监视表达式，可以动态了解变量或表达式的值的变化情况，以判断代码是否正确。

9.4.3　编写代码

VBE 窗口提供了完整的开发和调试 VBA 代码的环境。代码窗口顶部包含两个组合框：左侧的对象列表和右侧的事件列表。编写代码的操作步骤如下。

（1）从左侧对象列表中单击预编写代码的对象，右侧的事件组合框中会列出该对象的所有事件。

（2）从该对象的事件列表中选择某个事件名称，系统将自动生成相应的事件代码结构。例如选中命令按钮 C1 后，在事件列表中选择单击事件，系统自动生成如下所示的代码：

```
Private Sub C1_Click()

End Sub
```

用户只需在中间添加上该单击事件对应执行的功能语句即可。

在代码窗口输入程序代码时，VBA 会根据输入内容显示不同的提示信息。

（1）输入属性和方法。当输入对象名称后接着输入圆点字符“.”时，VBE 会自动弹出该控件可以使用的属性和方法列表，用户可以直接进行选择。

（2）输入函数。当输入函数时，VBE 会自动列出该函数的使用格式，包含参数的提示信息等。

（3）输入命令。在关闭 VBE 窗口时，VBE 会自动检查命令代码的语法是否正确。

9.5　VBA 程序基础

使用 VBA 编写应用程序时，主要的处理对象是各种数据，所以首先要掌握数据的类型和相关运算等基础知识。

VBA 的数据类型及运算

9.5.1 数据类型

VBA 支持多种数据类型，Access 中的数据类型在 VBA 中都可以使用，表 9-1 中列出了 VBA 程序中的基本数据类型，以及它们在计算机中所占用的字节数和取值范围等。

表 9-1 VBA 的数据类型

数据类型	类型标识	符号	字节数	取值范围
字节型	Byte	无	1 字节	0～255
整型	Integer	%	2 字节	-32768～32767
长整型	Long	&	4 字节	-2147483648～2147483647
单精度	Single	!	4 字节	负数：-3.402823E38～-1.401298E-45 正数：1.401298E-45～3.402823E38
双精度	Double	#	8 字节	负数：1.79769313486232E308～-4.9406545841247E-324 正数：4.9406545841247E-324～1.79769313486232E308
货币型	Currency	@	8 字节	-922337203685477.5808～922337203685477.5807
日期型	Date	无	8 字节	100 年 1 月 1 日～9999 年 12 月 31 日
字符串型	String	$	不定	0～65535 个字符
布尔型	Boolean	无	2 字节	True、False
对象型	Object	无	4 字节	任何对象引用
变体型	Variant	无	不定	由最终的数据类型决定

9.5.2 标识符

1. 定义

标识符是一种标识变量、常量、过程、函数、类等语言构成单位的符号，利用它可以完成对变量、常量、过程、函数、类等的引用。

2. 标识符的命名规则

（1）可以包含汉字、字母、数字或下划线，可以以字母或汉字开头。

（2）字母不区分大小写。

（3）长度不超过 255 个字符。

（4）不可以使用 VBA 的关键字。

例如，班级、class-1、a3 等都是合法的，而 1 班、class 1、long 等是不合法的标识符名称。

9.5.3 常量

在程序运行过程中，其值不可以发生变化的量叫作常量。

1. 普通常量

普通常量直接按照其实际值出现在程序中，它的形式决定了其类型。常用的普通常量有以下几种类型。

（1）数值常量：由数字组成，如 123、9.72、3.14E-3。

（2）字符常量：由双引号扩起来的字符串，如"China"、"数据库管理系统"、"ABC123"。

（3）时间常量：由“#”括起来的用于表示时间的数据，如#2008-8-8#、#2016/9/110:20:30#。

（4）布尔常量：对应 Ture 和 False 两个值。

2. 符号常量

符号常量是用标识符表示的常量，符号常量需要先进行声明，然后才可以使用。符号常量声明语句的格式为：

Const 符号常量名=常量值

例如，Const PI=3.14159265，执行程序语句 l=2*PI*r 时，系统会自动用 3.14159265 替换程序中出现的 PI。

声明符号常量的好处：一方面是增加了程序的可读性，“简单明了”；另一方面便于程序的维护和修改，可以做到“一改全改”。

3. 系统常量

系统常量由系统预先定义好，有着特定含义，用户可以直接引用。例如 acForm、vbRed、adOpenKeyset 等。

9.5.4 变量

在程序的运行过程中，其值可以发生变化的量叫做变量。变量用于暂时存储程序运行中产生的一些中间值。几乎所有的 VBA 程序都离不开变量。

一个变量有 3 个基本要素：变量名、变量的数据类型和变量值。

1. 变量名

同一个程序中，任意两个不同的变量都不能使用相同的名字。变量的命名应遵循标识符的命名规则。另外，变量的命名最好遵循“见名知意”的原则，以方便使用。

2. 变量的声明

一般来说，在程序中使用的变量应先声明后使用，以便于系统为其分配存储空间并检查其使用是否合法。声明变量可以起到两个作用：一是指定变量的名称和数据类型；二是指定变量的取值范围。

（1）显式变量声明。可以通过 Dim 语句对变量进行显式声明。Dim 语句的格式如下：

Dim 变量名 AS 变量类型

该语句的作用为：定义变量并为其分配内存空间。其中 Dim 为关键字；AS 用于指定变量的数据类型，如果省略，则默认该变量为变体型（Variant）。

例如：

```
Dim Sum As Integer
```

声明了一个整型变量 Sum。

```
Dim r As Double，name As String，n As Boolean ,x
```

分别定义了双精度变量 r，变长字符串型变量 name，布尔型变量 n 及变体型变量 x。

在变量定义中，应该注意以下两点。

① 定长字符串型变量的定义方式。其格式如下：

Dim 变量名 As String * n

其中，n 代表整数，表示该字符串型变量所包含的字符个数。如果 n 值小于字符串的实际长度，则变量中只存放该字符串的前 n 位；如果 n 值等于字符串的实际长度，则该字符串全部存入变量中；如果 n 值大于字符串的实际长度，则将该字符串全部存入变量中后，不足的位数用空格填补。例如：

Dim s As String * 10

表示定义了一个长度为 10 的字符串型变量。

② 在 Dim 语句中，可以直接在变量名的后面加类型符号来定义。例如下面的语句：

Dim r#，name$，sum%

与语句 Dim r As Double，name As String，Sum As Integer 的作用相同。

（2）隐式变量声明。隐式变量声明是指变量没有进行声明就直接使用，在这种情况下，变量的数据类型就是变体型（Variant）。例如：

Max=0

因为没有对 Max 进行声明，所以 Max 变量就是变体型，其值为 0。

（3）强制变量声明。用户在使用中应尽量减少隐式变量的使用，大量使用隐式变量会增加识别变量的难度，为调试程序带来困难，而显式声明变量可以使程序更加清晰。可以通过设置强制显式声明变量的方法使用户必须显式声明变量。设置强制显式声明变量有以下两种方法。

方法一：在 VBE 环境下选择“工具”菜单的“选项”命令，在打开的“选项”对话框的“编辑器”选项卡中选中“要求变量声明”复选框后，单击“确定”按钮，则在代码区域会出现语句 Option Explicit。在输入程序时，所有的变量必须进行显式声明。

方法二：可以在代码区域程序开始处直接输入语句 Option Explicit。同样可以实现设置强制对模块中的所有变量进行显式声明。

3. 变量的作用域

在 VBA 编程中，变量定义的位置和方式不同，则它存在的时间和起作用的范围也有所不同，这就是变量的作用域与生命周期。

（1）局部变量。局部变量定义在模块的过程内部，过程代码执行时才可见。在子过程或函数过程中定义的或不用 Dim…As 关键字定义而直接使用的变量作用范围都是局部的。

（2）模块级变量。模块级变量定义在模块的所有过程之外起始位置的通用声明部分，运行时在模块所包含的所有子过程和函数过程中可见。在模块的变量定义区域，用 Dim…As 关键字定义的变量就是模块范围的。

（3）全局变量。在标准模块的通用声明部分，用 Public…As 关键字说明的变量是全局变量。运行时在所有类模块和标准模块的所有子过程与函数过程中都可见。

（4）静态变量。变量的生命周期也称为持续时间，它是指从变量定义语句所在的过程第一次运行到程序代码执行完毕并将控制权交回调用它的过程为止的时间。

要在过程的实例间保留局部变量的值，可以用 Static 关键字代替 Dim 以定义静态变量。静态变量的持续时间是用整个模块执行的时间，但它的有效作用范围是由其定义位置决定的。

9.5.5　数组

数组是若干相同类型的数据的有序集合，数组中的数据称为元素。在 VBA 中，按照维数分类，数组可以分为一维数组和多维数组。数组不允许隐式声明，必须进行显式声明。

1. 一维数组

声明一维数组的语句格式为：

Dim　数组名([下标下限 To] 下标上限)　As　数据类型

例如：

Dim　a(–6 to 8)　As　Integer

表示该数组元素为整型，下标在–6～8 之间，共有 15 个元素。

说明

（1）下标的下限默认值为 0，也可以人为指定。

（2）可以在模块声明部分指定数组的默认下标下限为 0 或 1。方法为：Option Base 1，则将数组的默认下标下限设置为 1。

例如：

Dim　b(10)　As　Double

表示声明了一个有 10 个元素的数组，数组元素为双精度型，其下标在 1～10 之间。

（3）可以通过在数组名后面添加数据类型符号来指定数组的数据类型。例如：

Dim　c$(5 to 15)

表示该数组元素为字符串型，下标在 5～15 之间，共有 11 个元素。

2. 二维数组

声明二维数组的语句格式为：

Dim　数组名([下标下限 1 To] 下标上限 1，[下标下限 2 To] 下标上限 2)　As　数据类型

如果省略下标下限，则默认值为 0。例如：

Dim　d(2,3)　As　Integer

该语句声明了一个名称为 d 的二维数组，元素的数据类型为整型。该数组包含 3 行（0～2）4 列（0～3）共 12 个元素。在内存中二维数组的元素是按行存储的，如表 9-2 所示。

表 9-2　二维数组中元素的存储顺序

位置	第 1 列	第 2 列	第 3 列	第 4 列
第 1 行	d(0,0)	d(0,1)	d(0,2)	d(0,3)
第 2 行	d(1,0)	d(1,1)	d(1,2)	d(1,3)
第 3 行	d(2,0)	d(2,1)	d(2,2)	d(2,3)

3. 数组的引用

数组声明后，就可以在程序中使用。数组的使用就是对数组元素的引用，数组元素的引用形式为：

数组名(下标)

如果是一维数组，只有一个下标；如果是多维数组，则需要用“,”分隔开每个下标。使

用时要注意下标的取值范围。

例如，可以引用前面声明的数组元素：

a(-5) '引用一维数组 a 的第 2 个元素，数组下标下限为-6

b(5) '引用一维数组 b 的第 5 个元素，数组下标下限为 1

d(2,1) '引用二维数组 d 中第 3 行第 2 个元素，数组行列下标的下限都为 0

9.5.6 运算符

VBA 提供了多种类型的运算符。通过运算符与操作数组合成表达式，完成各种形式的运算和处理。

运算符是表示进行某种运算的符号，根据运算形式的不同，可以将运算符分为算术运算符、关系运算符、逻辑运算符、字符连接运算符和对象运算符。

1. 算术运算符

算术运算符用于数值的计算。常用的算术运算符如表 9-3 所示。

表 9-3 算术运算符

运算符	功能	优先级	示例	结果
^	乘幂	1	3^2	9
–	取负	2	– (–5)	5
*	乘法	3	2*9	18
/	除法	3	9/5	1.8
\	整除	4	9\5	1
Mod	取模	5	13 Mod 3	1
+	加法	6	4+9	13
–	减法	6	9–5	4

说明

（1）对于整除运算符，如果被除数和除数都是整数，则取商的整数部分。如果被除数和除数有一个是实数，则先将实数四舍五入取其整数部分，再求商，求商的过程与整数之间整除求商相同。

例如，17.9\2.4 的值是 9。

（2）对于取模（Mod）运算符，如果被除数和除数是整数，则直接求两者的余数。如果被除数和除数至少有一个是实数，则先将实数四舍五入取其整数部分，再求余。另外，余数的符号仅取决于被除数的符号。

例如，9.6 Mod -4 的值是 2，而-11 MOD 3 结果为-2。

2. 关系运算符

关系运算用来对两个操作数进行比较，比较的结果只有两种可能：真（True）或假（False）。

VBA 中的关系运算符有 7 个，如表 9-4 所示。这 7 个关系运算符的优先级是相同的，但是比算术运算符的优先级低。

表 9-4　关系运算符

运算符	运算	示例	结果
=	等于	9=9	True
>	大于	3>7	False
>=	大于等于	7>=7	True
<	小于	"a"<"A"	False
<=	小于等于	"ABCD"<="ab"	True
<>	不等于	"123"<>"456"	True
Like	字符串匹配	"李红" Like "*宏"	False

说明

（1）数值型数据按照数值大小进行比较。

（2）字符型数据按照其 ASCII 码值进行比较。

（3）汉字按照区位码进行比较。

（4）汉字字符大于西文字符。

3. 逻辑运算符

逻辑运算符又称作布尔运算符，用来完成逻辑运算。常用的逻辑运算符有“非”运算符（Not）、“与”运算符（And）和“或”运算符（Or）。其运算关系如表 9-5 所示。逻辑运算符的优先级低于关系运算符。这 3 个逻辑运算符之间的优先级为：Not > And > Or。

表 9-5　逻辑运算符

运算符	运算	示例	结果
Not	非	Not True	False
And	与	3>9 And 5>1	False
Or	或	3>9 Or 5>1	True

说明

（1）当与运算（And）的两个操作数均为真（True）时，结果为真（True）；当其中任意一个值为假（False）时，结果为假（False）。

（2）当或运算（Or）的两个操作数均为假（False）时，结果为假（False）；当其中任意一个值为真（True）时，结果为真（True）。

除此之外，还有些不常用的逻辑运算符，例如：异或运算符（Xor）、等价运算符（Eqv）和蕴含运算符（Imp）等。

4. 字符连接运算符

字符连接运算符的作用是将两个字符串连接生成一个新的字符串。字符串的连接运算符有“&”和“+”两种。

（1）“&”运算符。“&”运算符用来强制将两个表达式作为字符串连接，而不论这两个表达式是何种类型。注意，在字符串变量后使用运算符“&”时，字符串变量与运算符“&”之间需要加一个空格。

例如：

```
Dim str As String
str="你好" & "中国"              '结果为"你好中国"
str=123 & "456"                  '结果为"123456"
```

用文本框在报表每页底部显示页码，格式为：当前页/总页数，则文本框的控件来源应设置为：=[page] & "/" & [pages]

（2）“+”运算符。“+” 仅用于连接字符串，从而构成一个新的字符串。

例如：

```
"我的名字叫"+"张三"          '结果为"我的名字叫张三"
"123"+"456"                  '结果为"123456"
123+"456"                    '系统报错
```

5. 对象运算符

在VBA中，对象运算符有两个，分别是“!”和“.”。

（1）“!”用于引用用户创建的窗体、报表或控件对象。

（2）“.”用于引用窗体、报表或控件对象的属性。

在实际应用中，“!”和“.”运算符通常是配合使用的，用于标识引用一个对象或对象的属性。

- 窗体对象的引用格式为：

Forms！窗体名！控件名[.属性名]

- 报表对象的引用格式为：

Reports！报表名！控件名[.属性名]

> 说明
>
> Forms表示窗体；Reports表示报表。父对象与子对象之间用“!”分隔，控件名与属性之间用“.”分隔。[.属性名]若省略，则引用该控件的默认属性。

例如，在如图9-8所示的窗口中，有3个文本框，名称分别为“Text1”“Text2”和“Text3”；命令按钮的名称为“Cmd1”，可以使用如下的语句对控件进行引用。

```
x= Forms！计算总分！Text1.Value
y= Forms！计算总分！Text2.Value
Forms！计算总分！Text3.Value=x+y
```

如果在本窗体的模块中引用控件对象，可以将“Forms！窗体名”用“Me”代替或省略。例如引用按钮可以使用：Me！Cmd1.Caption="计算"。

图 9-8　“计算总分”窗体

9.5.7　标准函数

在 VBA 中，系统提供了一个颇为完善的函数库，函数库中有一些常用的且被定义好的函数供用户直接调用。这些由系统提供的函数称为标准函数。标准函数一般用于表达式中，其使用格式为：

函数名（<参数 1>[<,参数 2>][,参数 3]…）

其中，函数名必不可少，函数的参数放在函数名后的圆括号中，参数可以是常量、变量或表达式。函数的参数可以有一个或多个，少数函数为无参函数。函数被调用后，会得到一个返回值，需要注意的是函数的参数和返回值都有特定的数据类型。

1. 数学函数

数学函数能够完成相应的数学计算功能。常用的数学函数如表 9-6 所示。

表 9-6　常用的数学函数

函数	函 数 功 能	示例	返回结果
Abs(n)	返回数值表达式 n 的绝对值	Abs(-3.3)	3.3
Int(n)	返回不大于数值表达式值的最大整数	Int(7.4)	7
Fix(n)	返回大于等于数值表达式值的最小整数	Fix(7.4)	8
Round(n,m)	返回按照指定的小数位数 m 进行四舍五入的值	Round(93.7,0)	94
Rnd()	返回一个[0,1]范围内的随机数	Rnd	0.7687
Sqr(n)	返回数值表达式的平方根	Sqr(9)	3

2. 字符串函数

字符串函数用来处理字符型变量或字符串表达式。在 VBA 中，字符串的长度是以字为单位的，即每个西文字符或汉字都作为一个字。常用的字符串函数如表 9-7 所示。

表 9-7 常用的字符串函数

函 数	函 数 功 能	示 例	返回结果
Instr([n,]c1,c2[,[m]]	从 c1 字符串中查找 c2 字符串，返回 c2 字符串在 c1 串中第一次出现的位置。若查找不到则返回 0。n 表示开始的位置，默认值为 1。m 表示比较的方式，默认值为 0，比较时区分大小写；m 为 1 时比较时不区分大小写	Instr("12312","12")	1
Len (s)	求字符串的长度	Len ("C 语言程序")	5
Left(s,n)	取字符串左边的 n 个字符	Left("123456",3)	"123"
Right(s,n)	取字符串右边的 n 个字符	Right("123456",3)	"456"
Mid(s,n1[,n2])	从字符串 n1 位置开始取 n2 个字符。缺省 n2 时，从 n1位置开始取到串尾	Mid("123456",3,3)	"345"
Ltrim(s)	去掉字符串中左边的空格	Ltrim(" 123456")	"123456"
Rtrim(s)	去掉字符串中右边的空格	Rtrim("123456 ")	"123456"
Trim(s)	去掉字符串中两边的空格	Trim(" 123456 ")	"123456"
Lcase(c)	将字符串中的所有字母转换成小写	Lcase("AbCd")	"abcd"
Ucase(c)	将字符串中的所有字母转换成大写	Ucase("AbCd")	"ABCD"

3. 日期/时间函数

日期/时间函数用于处理日期和时间表达式或变量。常用的日期/时间函数如表 9-8 所示。

表 9-8 常用的日期/时间函数

函 数	函 数 功 能	示 例	返回结果
Date( )	返回系统当前日期	Date()	2016-4-16
Time()	返回系统当前时间	Time()	8:15:26
Now()	返回当前日期和时间	Now()	2016-4-168:15:26
Year(日期型表达式)	返回日期表达式的年份	Year(#2016-4-16#)	2016
Month(日期型表达式）	返回日期表达式的月份	Month(#2016-4-16#)	4
Day(日期型表达式)	返回日期表达式的天数	Day(#2016-4-16#)	16
Weekday(日期型表达式, [W])	返回日期表达式为本周的第几天。W 为可选项，用来指定一周中的第一天是星期几。如省略，默认星期日为一周的第一天	Weekday(#2016-4-16#)	7

4. 类型转换函数

类型转换函数的功能是将数据转换成指定的数据类型。常用的类型转换函数如表 9-9 所示。

表 9-9 常用的类型转换函数

函 数	函 数 功 能	示 例	返回结果
Asc(s)	返回字符串第一个字符的 ASCII 码	Asc("Access")	65
Chr(n)	返回 ASCII 码对应的字符	Chr(65)	"A"
Str(n)	将数值表达式的值转换成字符串	Str(3.14)	"3.14"
Val(s)	将字符串转换成数值型数据	Val("100Access")	100
Cdate(s)	将字符串转换成日期型数据	Cdate("2016/4/16")	#2016-4-16#

9.5.8 表达式

表达式是由运算符、函数和数据等内容组合而成的。表达式的结果是一个值，其类型由表达式中操作数的类型和所做运算决定。

1. 表达式的书写规则

（1）表达式从左向右写在同一行中，不能出现上标或下标。例如：r^2 的正确写法为 r^2。

（2）不能省略运算符。例如：2ab 的正确写法为 2*a*b。

（3）只能使用圆括号且必须成对出现。

（4）将数学表达式中的符号写成 VBA 中可以使用的符号。例如，数学中一元二次方程的求根公式：$x=\dfrac{-b+\sqrt{b^2-4ac}}{2a}$，正确的 VBA 写法为：(-b+sqr(b^2-4*a*c))/(2*a)，其中的 sqr 为求平方根函数。

2. 表达式的运算顺序

如果一个表达式中含有多种不同类型的运算符时，进行运算的先后顺序由运算符的优先级决定。当优先级相同时按照从左到右的顺序进行。可以通过圆括号来改变运算的优先级别。不同类型运算符之间的优先级：算术运算符>字符串运算符>关系运算符>逻辑运算符。

9.6 VBA 程序语句

VBA 程序简单语句

VBA 程序的功能是由语句序列构成的，语句是指能够完成某项操作的命令，包括关键字、运算符、常量、变量和表达式等。

VBA 程序语句按照功能的不同可以分为以下两类。

- 声明语句：用于给变量、常量或过程定义命名，并指明数据类型。
- 执行语句：用于执行赋值操作、过程调用和实现各种流程控制。

9.6.1 语句的书写规则

VBA 程序语句在书写的时候有一定的要求，主要的书写规则如下。

（1）通常将一条语句书写在一行内。若语句较长时，可以使用续行符（空格加下划线）在下一行继续书写语句。

（2）在同一行内可以书写多条语句，语句之间需要用冒号“：”进行分隔。

（3）语句中不区分字母的大小写。语句的关键字首字母自动转换成大写，其余字母转换为小写。

（4）语句中的所有符号和括号必须使用英文格式。

9.6.2 声明语句

声明语句可以命名和定义常量、变量、数组、过程等。当声明一个变量、数组、子过程、函数时，同时定义了它们的作用范围，此范围取决于声明位置和使用的关键字。例如：

```
Private  Sub  Sum()
    Const  M=100
    Dim s As Long，i As Integer
        …
End Sub
```

该段程序代码定义了一个名为 Sum 的局部子过程，在过程开始部分用 Const 语句声明了一个名为 M 的符号常量，其值为 100；用 Dim 定义了一个名为 s 的长整型变量和一个名为 i 的整型变量。M、s、i 的作用域都在 Sum 子过程内部。

9.6.3 赋值语句

赋值语句给某个变量或对象赋予一个值或表达式。赋值语句有以下两种形式。

1. 对普通变量赋值

[Let] 变量名=表达式

功能：计算右边表达式的值，将结果赋值给左边的变量。Let 是可选项，通常可以省略。例如：

a=100*20　或 let a=100*20

> 说明
>
> （1）不能在一个赋值语句中同时给多个变量赋值。
>
> 例如：x=y=z=0。该语句没有语法错误，但运行结果是错误的。
>
> （2）赋值号左端不能是常量、常量标识符或表达式。
>
> 例如：5=a+b 或 a+b=5 都是错误的。

2. 为对象变量赋值

Set 对象=表达式

例如：

```
Dim StrName As Control
Set StrName=Forms!学生基本情况!姓名
  StrName.ForColore=255
  StrName.FontName="宋体"
```

9.6.4 注释语句

在代码书写过程适当地添加注释，有助于程序的阅读和维护。其实现方式有以下两种。

方法一：Rem 注释语句

方法二：' 注释语句

注释语句可以添加到程序的任意位置，默认以绿色文本显示。用 Rem 格式进行注释时，必须在语句与 Rem 之间用冒号进行分隔。例如：

```
Rem　以下设置窗体的标题和数据源
Me.Caption="学生管理"  '窗体标题“学生管理”
Me.RecordSource="学生"  ：Rem 数据来源为“学生”
```

9.6.5 输入输出语句

在 VBA 程序中先使用输入语句输入数据，然后对数据进行计算和处理，最后将结果用输出语句进行输出显示。VBA 中提供了 InputBox 函数实现输入；MsgBox 函数实现输出。

1．InputBox 函数

InputBox 函数是用来输入数据的函数，该函数显示一个输入对话框，等待用户输入。用户输入数据后，单击“确定”按钮时，函数返回输入的字符串；单击“取消”按钮时，函数返回空字符串。InputBox 函数格式为：

InputBox (Prompt[, Title][, Default][,xpos][, ypos])

参数说明如下。

（1）Prompt：指定显示在对话框的提示消息，是必须指定的参数，最大长度为 1024 个字符。多行间可用 Chr（13）回车符、Chr（10）换行符或两者组合将各行分开。

（2）Title：指定对话框标题栏中显示的字符串。默认情况下，标题为“Microsoft Access”。

（3）Default：指定显示在输入文本框中的字符串表达式，在没有其他输入时作为默认值。如果省略 default，则文本框为空。

（4）xpos 和 ypos：指定对话框与屏幕左边和上边的距离。

例如：

strName=InputBox("请输入你的名字：", , "李四")

语句执行后将会显示如图 9-9 所示的对话框，文本框中有默认值"李四"，用户可以输入自己的姓名或使用默认值。

图 9-9　InputBox 函数

2．MsgBox 函数

MsgBox 函数用于在一个对话框中显示消息，通常用在错误提示、结果显示或等待用户选择执行操作的情况下。单击命令按钮后，系统会返回一个整型值来反馈用户所选择的命令按钮。MsgBox 函数的调用格式为：

MsgBox (prompt[, buttons][, title])

参数说明如下。

（1）prompt：用于指定显示在对话框的消息，是必须指定的参数，最大长度为 1024 个字符。

（2）buttons：用于指定显示按钮的数目、形式及使用的图标样式，为可选项，其默认值为 0。按钮设置值的含义如表 9-10 所示。

表 9-10 MsgBox 函数中“buttons”的取值及对应含义

分 组	常 数	按钮值	含 义
按钮数目	vbOkOnly	0	只显示“确定”按钮
	vbOkCancel	1	显示“确定”“取消”按钮
	vbAbortRetryIgnore	2	显示“终止”“重试”“忽略”按钮
	vbYesNoCancel	3	显示“是”“否”“取消”按钮
	vbYesNo	4	显示“是”“否”按钮
	vbRetryCancel	5	显示“重试”“取消”按钮
图标类型	vbCritical	16	显示红色停止图标
	vbQuestion	32	显示询问信息图标
	vbExclamation	48	显示警告信息图标
	vbInformation	64	显示信息图标

（3）Title：用于指定对话框标题栏中显示的字符串。默认情况下，标题为“Microsoft Access”。例如：

```
MsgBox("欢迎进入教务管理系统", vbOKCancel + vbInformation, "首页")
    '显示如图 9-10（a）所示消息框
    MsgBox("要退出吗？", 4+32, "退出提示")        '显示如图 9-10（b）所示的消息框
```

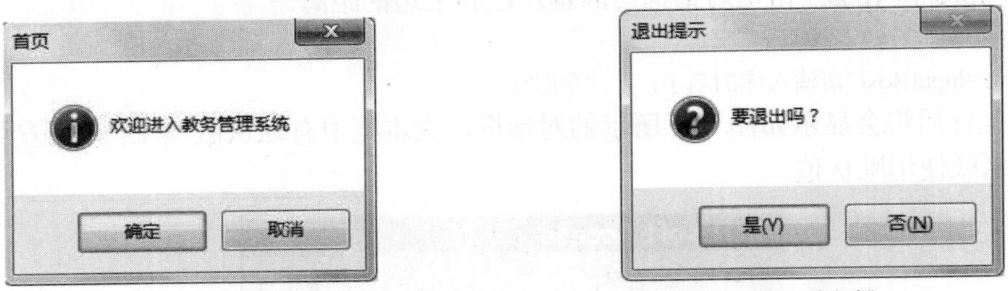

（a）消息框　　（b）询问框

图 9-10 MsgBox 函数应用举例

9.7 VBA 程序的控制结构

VBA 程序流程控制

程序是按照一定的结构来控制整个程序的流程。常用的程序控制结构有 3 种：顺序结构、选择结构和循环结构。

9.7.1 顺序结构

顺序结构是在程序执行时，按照程序中语句的书写顺序依次执行的语句序列。在顺序结构中常用的语句有输入语句、赋值语句和输出语句等。

【例 9-3】 输入两门课成绩，输出平均分。

（1）创建一个如图 9-11（a）所示的窗体，窗体中有一个命令按钮，名称为 cmd1，标题为“求平均分”。

（2）为命令按钮 cmd1 编写单击事件代码。在代码窗口中 cmd1 命令按钮的 Click 事件过程中输入如下的程序代码。

```
Private Sub Cmd1_Click()
Dim x As Single, y As Single, a As Single
x = Val(InputBox("请输入第一门课成绩"))
y = Val(InputBox("请输入第二门课成绩"))
a = (x + y) / 2
MsgBox "两门课的平均分为：" & a
End Sub
```

（3）保存后运行窗体。运行时依次在图 9-11（b）、（c）中输入分数后，弹出对话框的结果如图 9-11（d）所示。

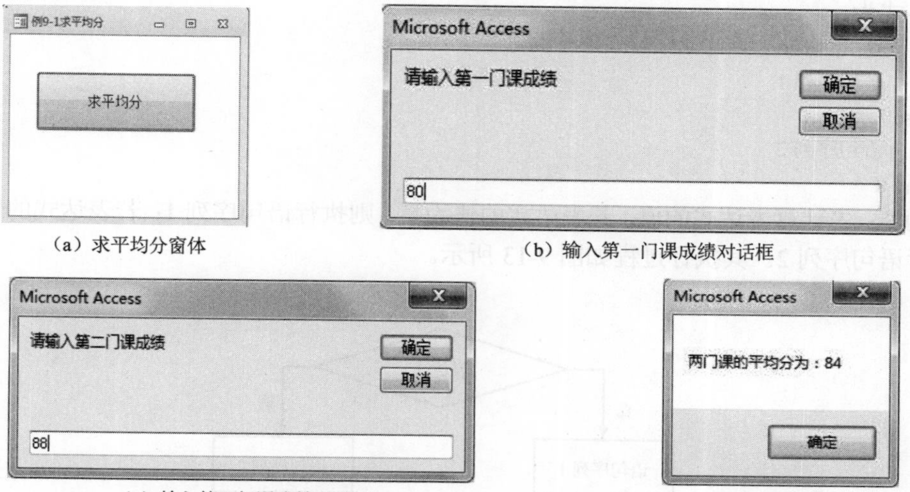

（a）求平均分窗体　（b）输入第一门课成绩对话框

（c）输入第二门课成绩对话框　（d）平均分结果对话框

图 9-11　“例 9-3 求平均分”窗体和对话框

9.7.2　选择结构

选择结构是指程序在执行过程中，根据条件选择执行不同的语句。VBA 提供了以下两种选择语句。

1. If 语句

（1）单分支 If 语句。

格式一：

```
If 表达式 Then 语句
```

格式二：

```
If 表达式 Then
  语句序列
End If
```

功能：先计算表达式的值，若表达式的值为真，则执行相应的语句序列。其执行过程如图 9-12 所示。

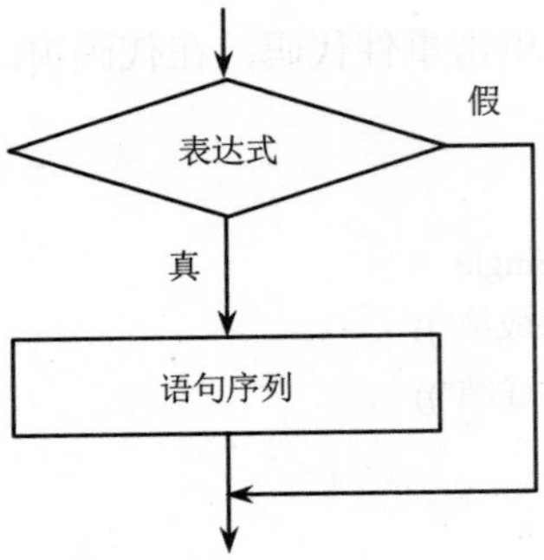

图 9-12　单分支 IF 语句流程图

（2）双分支 If 语句。

格式为：

```
If 表达式 Then
    语句序列 1
Else
    语句序列 2
End If
```

功能：先计算表达式的值，若表达式的值为真，则执行语句序列 1；若表达式的值为假，则执行语句序列 2。其执行过程如图 9-13 所示。

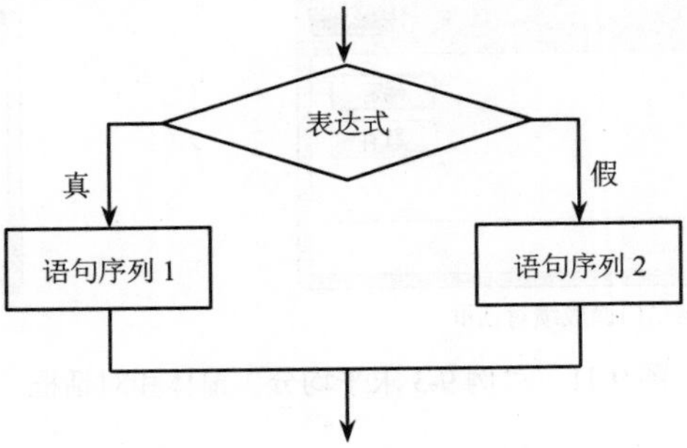

图 9-13　双分支 IF 语句流程图

【例 9-4】　输入三个整数，求出这三个数的最大数并输出。

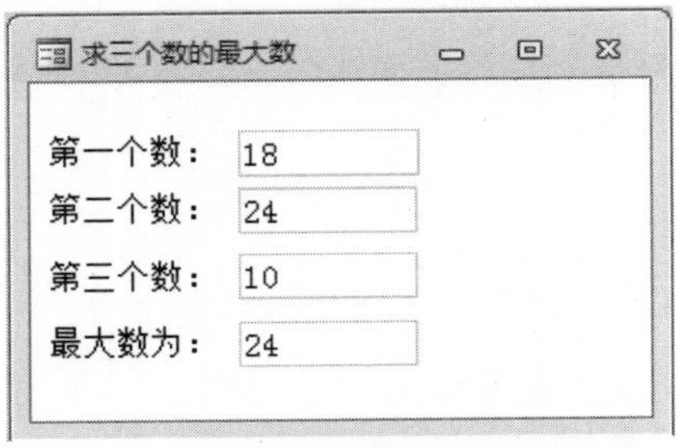

图 9-14　“求三个数的最大数”窗体

① 创建一个如图 9-14 所示的名为“求三个数的最大数”的窗体。在窗体中添加四个名为 Text1、Text2、Text3、Text4 的文本框，其对应标签的标题设置为“第一个数：”“第二个数：”“第三个数：”和“最大数为：”。

② 为文本框 Text4 编写 GotFocus 事件代码，程序代码如下：

```
Private Sub Text4_GotFocus()
Dim x As Integer, y As Integer, z As Integer, max As Integer
x = Text1.Value: y = Text2.Value: z = Text3.Value
If x > y Then
    max = x
Else
    max = y
End If
If max < z Then max = z
Text4.Value = max
End Sub
```

（3）多分支 If 语句。

当判断的条件比较复杂时，可以使用 If 语句的多分支形式。语句格式为：

```
If 表达式 1 Then
   语句序列 1
ElseIf 表达式 2 Then
   语句序列 2
[Else
   语句序列 3]
End If
```

功能：先计算表达式 1 的值，若表达式 1 的值为真，则执行语句序列 1；若表达式 1 的值为假，则继续判断表达式 2 的值，若表达式 2 的值为真，则执行语句序列 2；若表达式 2 的值为假，则执行表达式 3 的值。

【例 9-5】 输入一个学生的分数，输出其对应的等级。成绩在 85～100 分为“优秀”；70～84 分为“中等”；60～69 分为“及格”；60 分以下为“不及格”。

（1）创建一个如图 9-15（a）所示名为“成绩等级评定”的窗体。窗体中有一个名为 Text1 的文本框，标签标题为“分数:”；一个名为 Cmd1 的命令按钮，标题为“成绩等级”。

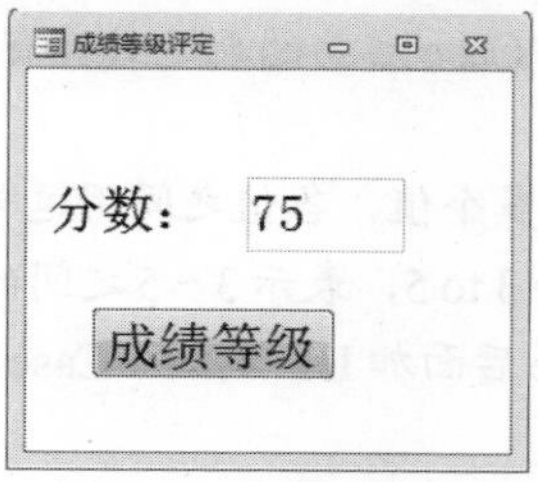

（a）窗体

（b）等级“良好”

图 9-15 成绩等级评定

（2）在代码窗口中为按钮 Cmd1 编写单击事件代码，内容如下：

```
Private Sub Cmd1_Click()
Dim scroe As Integer
score = Text1.Value
If score >= 85 Then
    MsgBox "优秀"
ElseIf score >= 75 Then
    MsgBox "良好"
```

```
ElseIf score >= 60 Then
        MsgBox "及格"
Else
        MsgBox "不及格"
End If
End Sub
```

（3）启动窗体视图，输入分数 75，再单击“成绩等级”按钮，弹出如图 9-15（b）所示的结果。

2. 多路分支 Select Case 语句

在 VBA 中，还提供了一种专门面向多个条件的选择结构，称为多路分支选择结构。多路分支选择结构采用 Select Case 语句，其语法格式如下：

```
Select   Case 表达式
    Case   表达式 1
           语句序列 1
    Case   表达式 2
           语句序列 2
    ……
    Case   表达式 n
           语句序列 n
    [Case   Else
           语句序列 n+1 ]
End   Select
```

功能：先计算表达式的值，如果表达式的值与第 i（i=1，2，…，n）个 Case 表达式列表的值匹配，则执行语句序列 i 中的语句；如果表达式的值与所有表达式列表中的值都不匹配，则执行语句序列 n+1。

> **说明**
>
> （1）Select Case 后面的表达式只能是数值型或字符型。
>
> （2）语句中的各个表达式列表应与 Select Case 后面的表达式具有相同的数据类型。表达式列表可以采用以下的形式：
>
> - 可以是单个值或者是几个值。如果是多个值，各值之间用逗号分隔。
> - 可以用关键字 to 来指定范围。如 Case 3 to 5，表示 3～5 之间的整数，即 3，4，5。
> - 可以是连续的一段值。这时要在 Case 后面加 Is。例如：Case Is > 3，表示大于 3 的所有实数。
>
> （3）Case 语句是依次测试的，并执行第一个匹配的 Case 语句序列，后面即使再有符合条件的分支也不被执行。

【例 9-6】 输入一个学生的分数，输出其对应的等级。成绩在 85～100 分为“优秀”；70～84 分为“中等”；60～69 分为“及格”；60 分以下为“不及格”。要求使用多路分支语句编写该程序。

（1）创建一个如图 9-16 所示名为“成绩等级评定（多路分支结构）”的窗体。窗体中有一个名为 Text1 的文本框，标签标题为“分数:”；一个名为 Cmd1 的命令按钮，标题为“成绩等级”。

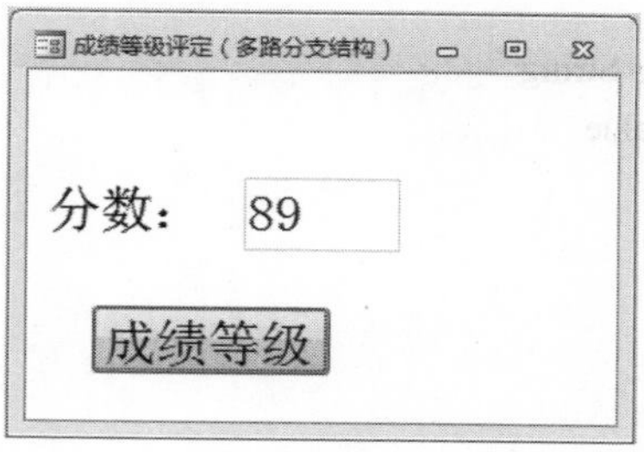

（a）窗体

（b）运行结果

图 9-16 成绩等级评定（多路分支结构）

（2）在代码窗口中为按钮 Cmd1 编写单击事件代码，内容如下：

```
Private Sub Cmd1_Click()
Dim scroe As Integer
score = Text1.Value
Select Case score
Case Is >= 85
    MsgBox "优秀"
Case Is >= 75
    MsgBox "良好"
Case 60 To 74
    MsgBox "及格"
Case Else
    MsgBox "不及格"
End Select
End Sub
```

（3）启动窗体，输入相应的数据，运行结果如图 9-16（b）所示。

【例 9-7】 输入两个数，选择运算符（+、-、*、/），求出运行结果并显示。

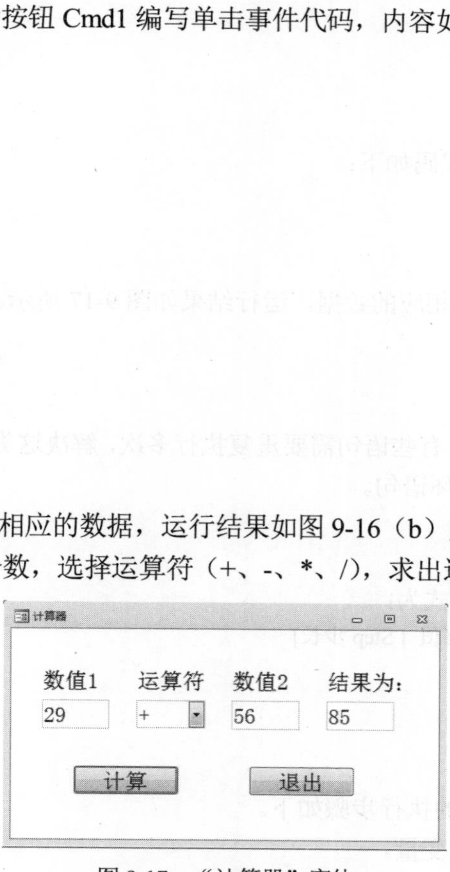

图 9-17 “计算器”窗体

（1）创建一个如图 9-17 所示名为“计算器”的窗体。

（2）窗体中添加 3 个文本框 Text1、Text2 和 Text3，其标签分别为“数值 1”“数值 2”和“结果为:”。

（3）窗体中添加一个组合框 Comb1，在属性表中设置行来源为：“+”“-”“*”“/”；行来源类型为值列表；限于列表为是；默认值为“+”。

（4）窗体中添加两个命令按钮 Cmd1 和 Cmd2，标题分别为“计算”和“退出”。单击“计算”按钮对两个数进行计算并将结果显示在 Text3 中；单击“退出”按钮关闭窗体。

计算按钮的程序代码如下：

```
Private Sub Cmd1_Click()
Dim n1 As Single, n2 As Single, n3 As Single, op As String
n1 = Text1.Value: n2 = Text2.Value: op = Comb1.Value
Select Case op
Case "+": n3 = n1 + n2
Case "-": n3 = n1 - n2
Case "*": n3 = n1 * n2
Case "/"
    If n2 = 0 Then
        MsgBox "除数不能为 0！", vbOKOnly + vbCritcall, "警告"
    Else: n3 = n1 / n2
    End If
End Select
Text3.Value = n3
End Sub
```

“退出”按钮的程序代码如下：

```
Private Sub Cmd2_Click()
DoCmd.Close
End Sub
```

（5）启动窗体，输入相应的数据，运行结果如图 9-17 所示。

9.7.3 循环结构

在实际的编程过程中，有些语句需要重复执行多次，解决这类问题时需要用到循环结构。VBA 提供了多种形式的循环语句。

1. For…Next 语句

（1）该语句的一般格式为：

```
For 循环变量=初值 To 终值 [Step 步长]
        循环体
        [Exit For]
         循环体
Next [循环变量]
```

（2）For…Next 语句的执行步骤如下。

① 将初值赋值给循环变量。

② 将循环变量与终值比较，根据比较的结果来确定循环是否进行，比较分为以下 3 种情况。

- 步长>0 时：若循环变量≤终值，循环继续，执行步骤③；若循环变量>终值，退出循环。
- 步长=0 时：若循环变量≤终值，进行无限次的死循环；若循环变量>终值，一次也不执行循环。
- 步长<0 时：若循环变量≥终值，循环继续，执行步骤③；若循环变量<终值，退出循环。

③ 执行循环体。如果在循环体内执行到 Exit For 语句，则直接退出循环。

④ 循环变量增加步长，即循环变量=循环变量+步长，程序转到②执行。当缺省步长时，步长的默认值为 1。

（3）For…Next 语句的执行过程如图 9-18 所示。

【例 9-8】 求 100 以内奇数的和，并输出显示。

（1）创建一个如图 9-19 所示的名为“100 以内奇数求和”的窗体。

（2）在窗体中添加一个名为 Text1 的文本框，标签的标题为“1+3+…+99=”；添加一个名为 Cmd1 的命令按钮，标题为“求和”。单击命令按钮后将结果显示在 Text1 的文本框中。

（3）在代码窗口中为命令按钮 Cmd1 编写如下代码：

```
Private Sub Cmd_Click()
Dim i As Integer, s As Integer
s = 0
For i = 1 To 100 Step 2
   s = s + i
Next i
Text1.Value = s
End Sub
```

（4）启动窗体，单击“求和”按钮，运行结果如图 9-19 所示。

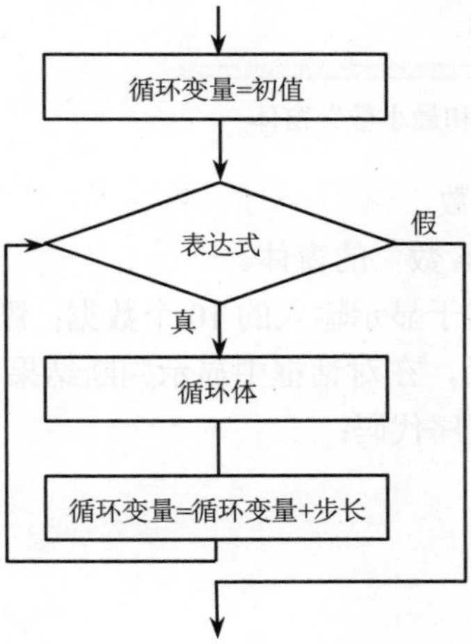

图 9-18 For…Next 语句的执行过程

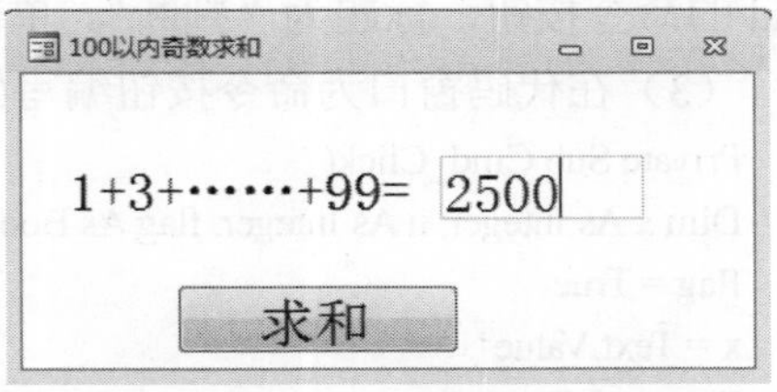

图 9-19 “100 以内奇数求和”窗体

【例 9-9】 输入 10 个整数，求其中的最大数和最小数。

（1）创建一个如图 9-20 所示名为“10 个数的最大数和最小数”的窗体。

（2）在窗体中添加 3 个名为 Text1、Text2 和 Text3 的文本框，Text1 用于显示输入的 10 个数据；添加一个名为 Cmd 的命令按钮，标题为“求最大数和最小数”。单击命令按钮后，在 Text2 中显示最大数，在 Text3 中显示最小数。

（3）在代码窗口为命令按钮编写如下所示的程序代码：

```
Private Sub Cmd_Click()
Dim a(1 To 10)   As Integer
   Dim i As Integer, max As Integer, min As Integer
  For i = 1 To 10
```

```
        a(i) = Val(InputBox("输入一个数："))
        Text1.Value = Text1.Value & a(i) & " "
    Next i
    max = a(1)
    min = a(1)
    For i = 2 To 10
        If a(i) > max Then max = a(i)
        If a(i) < min Then min = a(i)
    Next i
    Text2.Value = max
    Text3.Value = min
End Sub
```

（4）启动窗体，输入相应数据，运行结果如图 9-20 所示。

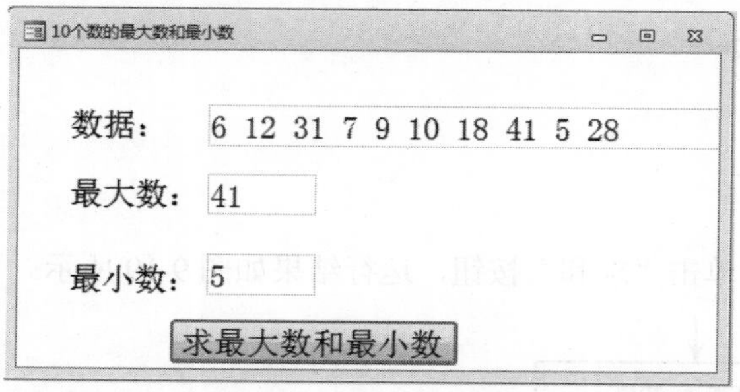

图 9-20 “10 个数的最大数和最小数”窗体

【例 9-10】 输入一个整数，判断其是否为素数。

（1）创建一个如图 9-21（a）所示名为“判断素数”的窗体。

（2）在窗体中添加一个名为 Text 的文本框，用于显示输入的 10 个数据；添加一个名为 Cmd 的命令按钮，标题为“判断”。单击命令按钮后，在对话框中显示判断结果。

（3）在代码窗口为命令按钮编写如下所示的程序代码：

```
Private Sub Cmd_Click()
Dim x As Integer, n As Integer, flag As Boolean
flag = True
x = Text.Value
For n = 2 To x - 1
    If x Mod n = 0 Then
        flag = False
        Exit For
    End If
Next n
If flag = False Then
    MsgBox Str(x) & "不是素数"
Else
    MsgBox Str(x) & "是素数"
End If
End Sub
```

（4）启动窗体，输入相应的数据，运行结果如图 9-21（b）所示。

（a）窗体　　　　　　　　　　（b）运行结果

图 9-21　判断素数

2. While…Wend 语句

（1）语句格式：

```
While  条件表达式
       循环体
Wend
```

（2）While…Wend 语句的执行过程：

① 判断条件是否成立。如果条件成立，则执行循环体；否则转到③执行。

② 执行到 Wend 语句，转到①执行。

③ 执行 Wend 语句后面的语句。

（3）While…Wend 语句的执行过程如图 9-22 所示。

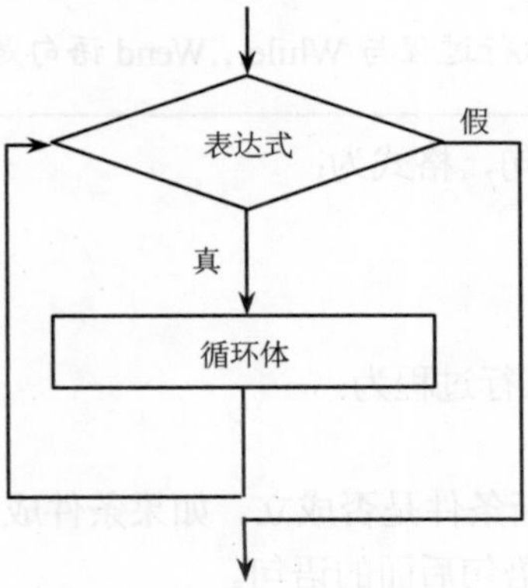

图 9-22　While…Wend 语句的执行过程

【例 9-11】　输入若干整数，统计其中负数的个数，输入到 0 终止。

（1）创建一个如图 9-23 所示名为“统计负数个数”的窗体。

（2）在窗体中添加两个文本框，Text1 用于显示输入的整数，Text2 用于显示负数的个数；添加一个命令按钮，用于开始程序的执行。

（3）在代码窗口为命令按钮编写如下所示的程序代码：

```
Private Sub Cmd_Click()
Dim n As Integer, x As Integer
x = Val(InputBox("输入一个数："))
While x <> 0
Text1.Value = Text1.Value & x & " "
If x < 0 Then n = n + 1
x = Val(InputBox("输入一个数："))
```

```
Wend
Text2.Value = n
End Sub
```

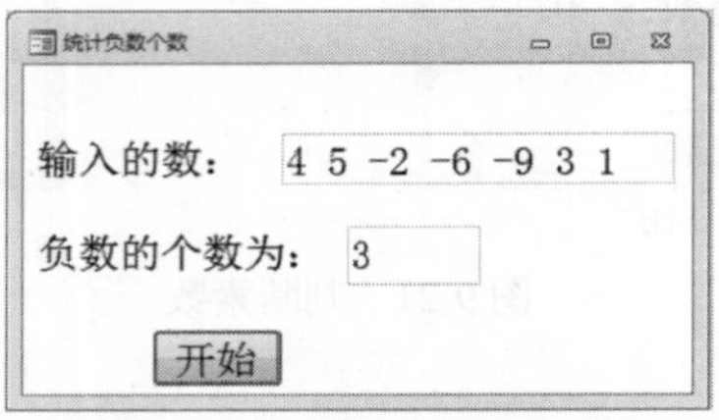

图 9-23 “统计负数个数”窗体

3. Do…Loop 语句

Do…Loop 语句有以下几种形式。

（1）Do While … Loop 语句，格式为：

```
Do While  循环条件
    循环体
Loop
```

> **说明**
>
> Do While…Loop 语句的执行过程与 While…Wend 语句是一致的。

（2）Do … Loop While 语句，格式为：

```
Do
    循环体
Loop While  循环条件
```

Do … Loop While 语句的执行过程为：

① 执行循环体语句。

② 执行到 Loop 语句，判断条件是否成立。如果条件成立，则转到①执行；如果条件不成立，则结束循环，执行 loop 语句后面的语句。

（3）Do Until … Loop 语句，格式为：

```
Do Until <循环条件>
    <循环体>
Loop
```

Do Until … Loop 语句的执行过程为：

① 判断条件是否成立。如果条件不成立，则执行循环体；如果条件成立，则结束循环，执行 Loop 后面的语句。

② 执行到 Wend 语句，转到①执行。

（4）Do … Loop Until 语句，格式为：

```
Do
    <循环体>
Loop Until <循环条件>
```

Do … Loop Until 语句的执行过程为：

① 执行循环体语句。

② 执行到 Loop 语句，判断条件是否成立。如果条件不成立，则转到①执行；如果条件成立，则结束循环，执行 Loop Until 后面的语句。

【例 9-12】 分别用四种 Do…Loop 语句实现求 n!。

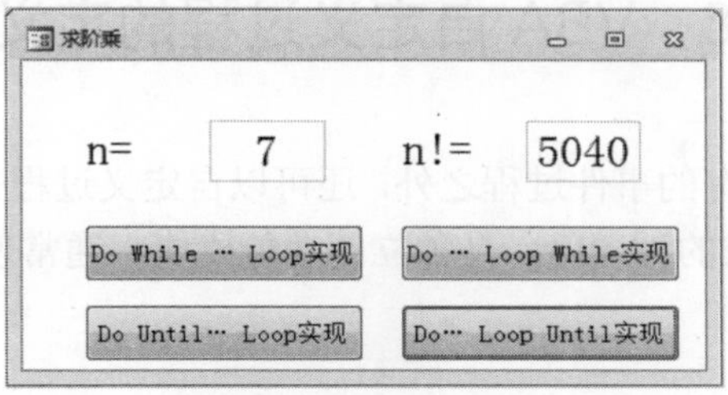

图 9-24 “求阶乘”窗体

（1）创建一个如图 9-24 所示名为“求阶乘”的窗体。

（2）在窗体中添加两个文本框，Text1 用于输入要求阶乘的整数，Text2 用于显示求得的结果；添加四个命令按钮，实现分别用 4 种方法求解。

（3）在代码窗口为命令按钮分别编写如下所示的程序代码：

```
① Private Sub Cmd1_Click()
Dim n As Integer, s As Integer, i As Integer
n = Text1.Value: s = 1: i = 1
Do While i <= n
    s = s * i: i = i + 1
Loop
Text2.Value = s
End Sub
② Private Sub Cmd2_Click()
Dim n As Integer, s As Integer, i As Integer
n = Text1.Value: s = 1: i = 1
Do
    s = s * i: i = i + 1
Loop While i <= n
Text2.Value = s
End Sub
③ Private Sub Cmd3_Click()
Dim n As Integer, s As Integer, i As Integer
n = Text1.Value: s = 1: i = 1
Do Until i > n
    s = s * i: i = i + 1
Loop
Text2.Value = s
End Sub
④ Private Sub Cmd4_Click()
Dim n As Integer, s As Integer, i As Integer
n = Text1.Value: s = 1: i = 1
Do
    s = s * i: i = i + 1
Loop Until i > n
```

```
Text2.Value = s
End Sub
```

VBA 过程

9.8 VBA 自定义过程的定义与调用

VBA 除了对象自身具有的事件过程之外，还可以自定义过程来完成特定的操作。过程是用 VBA 的声明和语句组成的程序段，是独立的功能模块。通常使用的过程有两种类型，即子过程和函数过程。

9.8.1 子过程的声明和调用

在程序设计中通常将某些反复使用的程序段定义成子过程，在程序中需要使用这些程序段时，调用相应的子过程，达到简化程序设计的目的，实现了程序的复用。

在 VBA 中，过程分为两种，即事件过程和通用过程。事件过程只能由用户或系统触发，VBA 的程序运行就是依靠事件来驱动的；而通用过程则是由应用程序来触发的。

1. 子过程的声明

声明子过程的语句格式为：

[Public | Private] [Static] Sub 子过程名（[<形参列表>]）
    语句序列
End Sub

参数说明：

① Private 表示该过程只能被同一模块中的其他过程调用。

② Public 表示在程序的任何地方都可以调用该过程。

③ Static 用于设置静态变量。

④ 过程名后面的参数是虚拟参数（形式参数），简称为虚参（形参）。虚参的作用是用来和实际参数（简称为实参）进行虚实结合，通过参数值的传递来完成子程序与主程序之间的数据传递。

⑤ 可以使用 Exit Sub 语句使程序立即从子过程中退出并返回主调过程。

2. 子过程的调用

子过程的调用有以下两种格式。

格式一：

子过程名 [实参列表]

格式二：

Call 子过程名 [(实参列表)]

【例 9-13】 定义一个子过程，实现将两个参数值进行交换。并在窗体中调用该子过程。

（1）创建一个如图 9-25 所示名为“参数交换”的窗体。

（2）在窗体中添加控件，Text1 和 Text2 用于显示交换前的参数；Text3 和 Text4 用于显示交换后的参数；单击命令按钮，实现两个参数的交换。

（3）在代码窗口编写代码实现子过程 swap 和命令按钮的单击事件。

子过程 swap 的代码如下：

```
Public Sub swap(a As Integer, b As Integer)
    Dim c As Integer
     c = a:   a = b :   b = c
End Sub
```

命令按钮的单击事件代码如下：

```
Private Sub Cmd_Click()
Dim x As Integer, y As Integer
    x = Text1.Value:    y = Text2.Value
    swap a, b
    Text3.Value = x:    Text4.Value = y
End Sub
```

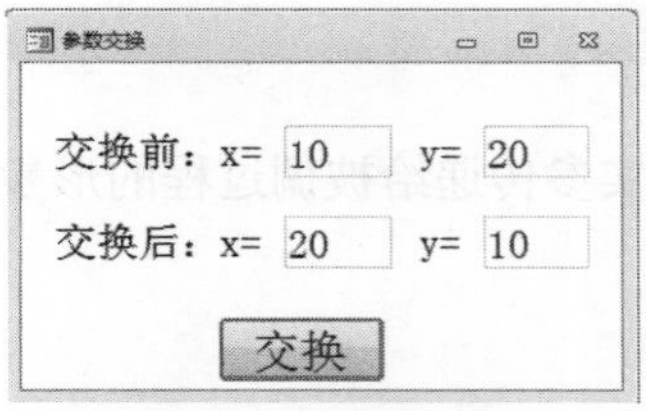

图 9-25 “参数交换”窗体

9.8.2 函数的声明和调用

1. 函数的声明

函数声明的格式为：

```
[Public|Private] [Static]   Function 函数名([<形参列表>]) As   返回值数据类型
      语句序列
End Function
```

2. 函数的调用

函数过程的调用与标准函数的调用相同。由于函数过程会返回一个值，所以函数过程不能作为单独的语句进行调用，必须作为表达式或表达式的一部分使用，格式如下：

变量=函数名([实参列表])

【例 9-14】 定义一个函数，实现对两个数求和。

（1）创建一个如图 9-26 所示名为“求和”的窗体。

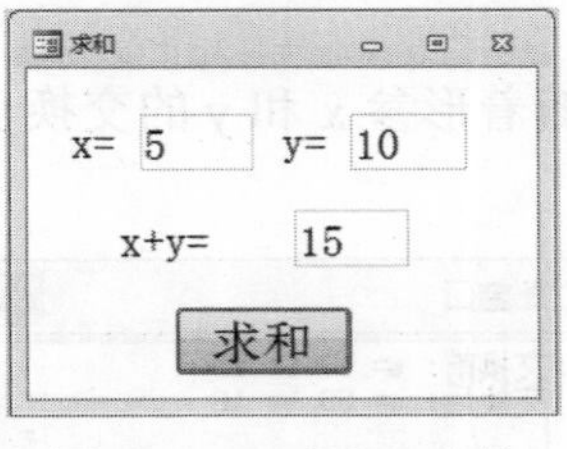

图 9-26 “求和”窗体

（2）在窗体中添加控件，Text1 和 Text2 显示参与求和的两个数；单击命令按钮，实现两个数的求和并显示在 Text3 中。

（3）在代码窗口编写代码实现函数和命令按钮的单击事件。

函数 sum 的代码如下：

```
Public Function sum(x As Integer, y As Integer) As Integer
sum = x + y
End Function
```

命令按钮的单击事件代码如下：

```
Private Sub Cmd_Click()
Dim x As Integer, y As Integer
x = Text1.Value: y = Text2.Value
Text3.Value = sum(x, y)
End Sub
```

9.8.3 参数传递

参数传递是指将主调过程的实参传递给被调过程的形参。参数的传递有按值传递和按地址传递两种形式。

1. 地址传递

在调用过程中将实参的地址传给形参。如果在被调用过程中修改了形参的值，则调用过程中的实参值也随之改变。传址调用具有“双向”传递作用。传址调用的关键字是 ByRef，是形参的默认关键字。

【例 9-15】 用地址传递的方式实现将两个参数值进行交换，并在窗体中调用该子过程。

子过程 swap 的代码如下：

```
Public Sub swap(ByRef  x As Integer, ByRef  y As Integer)
    Dim c As Integer
     c = x:  x = y :  y = c
End Sub
```

命令按钮的单击事件代码如下：

```
Private Sub Cmd_Click()
Dim a As Integer, b As Integer
    a = Val(InputBox("a="))
    b = Val(InputBox("b="))
    Debug.Print "交换前：a="; a; "b="; b
    swap a, b
    Debug.Print "交换后：a="; a; "b=";b
End Sub
```

调用后实参变量 a 和 b 的值随着形参 x 和 y 的交换也进行了交换，运行结果如图 9-27 所示。

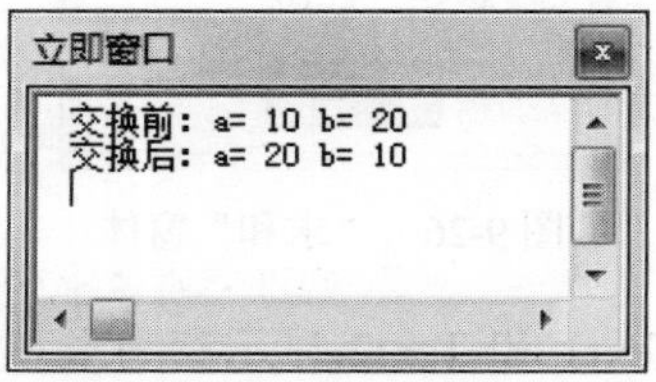

图 9-27 传址调用结果

2. 传值调用

如果在定义过程或函数时，形参的变量名前加上关键字 ByVal，即为传值调用。这时主调过程将实参的值复制后传递给被调过程的形参，如果在被调函数中修改了形参的值，则主调过程中实参的值不会发生变化。例如在例 9-15 中用过程 swap1 代替过程 swap，则程序的运行结果就会不同，如图 9-28 所示。

```
Public Sub swap1(ByVal x As Integer, ByVal y As Integer)
    Dim t As Integer
    t = x:    x = y:    y = t
End Sub
```

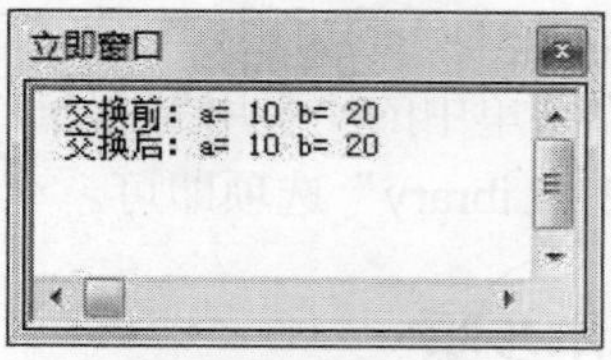

图 9-28　传值调用结果

9.9　VBA 数据库访问技术

VBA 数据库编程

利用 Access 提供的基本工具，可以轻松地创建表格、查询、窗体、报表等。但在实际的开发应用中，为了设计出功能更加强大、使用更加方便的应用系统，可以利用 VBA 提供的数据库访问技术。

数据库访问接口技术可以通过编写相对简单的程序来实现复杂的任务，并且为不同类别的数据库提供了统一的接口。常用的数据库访问接口技术包括 ODBC API（Open Database Connectivity Application Programming Interface，开放数据库互连应用编程接口）、DAO（Data Access Objects，数据访问对象）和 ADO（ActiveX Data Objects，ActiveX 数据对象）等。

目前，Microsoft 的数据库访问一般使用 ADO 方式。下面将重点介绍在 VBE 环境中使用 ADO 这种数据库访问接口技术来访问 Access 数据库。

9.9.1　ADO 对象模型

ADO 是一个组件对象模型，模型中包含一系列用于连接和操作数据库的组件对象。系统已经完成了对组件对象的定义，用户只需要在程序中通过对应的类类型声明对象变量，就可以通过对象变量来调用对象的方法，设置对象的属性，以此来实现对数据库的各项访问操作。

ADO 对象模型提供了 9 个常用对象，其功能说明如表 9-11 所示。

表 9-11　ADO 对象模型中的 9 个常用对象

对象名称	含　义
Connection	建立与数据库的连接
Command	发出命令，对数据源执行相应的操作
RecordSet	与数据库中的表或查询对应，对记录集中的数据进行操作

续表

对象名称	含　义
Record	表示电子邮件、文件或目录
Error	包含数据访问错误的详细信息
Field(s)	表示记录集中的字段数据信息
Parameter	表示与基于参数化查询或存储过程的 Command 对象相关联的参数
Property	由提供者定义的 ADO 对象的动态特性
Stream	用来读取或写入二进制数据的数据流

使用 ADO 之前，必须先添加对 ADO 的引用，包含 ADO 对象和函数的库。其设置方法为：在 VBE 窗口中选择“工具”菜单中的“引用”命令，在弹出的“引用”对话框中选择“Microsoft ActiveX Data Objects 2.1 Library”选项即可。

9.9.2 ADO 访问数据库的基本步骤

通过 ADO 编程实现数据库访问时，首先需要创建 ADO 对象变量，然后通过对象变量调用对象的方法，设置对象的属性，实现对数据库的各种访问。

1. 数据库连接对象（Connection）

首先需要建立应用程序与数据库之间的连接，才可以访问数据库，这必须用到前面介绍的 Connection 对象。

Connection 对象在使用前需要先声明，其语法格式为：

```
Dim cn as ADODB.Connection
```

对象声明后，需要实例化才可以使用，代码为：

```
Set cn=New ADODB.Connection
```

表 9-12 中列出了 Connection 对象的常用属性。

表 9-12　Connection 对象的常用属性

属性名称	说　明
ConnectionString	指定用于设置连接到数据源的信息
DefaultDatabase	指定 Connection 对象的默认数据库
Provider	指定 Connection 对象的提供者的名称
State	返回当前 Connection 对象打开数据库的状态

Connection 对象的常用方法有 Open、Execute 和 Close 等。其中，Open 方法用于创建与数据库的连接；Execute 方法用于执行指定的 SQL 语句；Close 方法可以关闭已经打开的数据库，但不能将对象从内存中清除，可以将 Connection 对象设置为 Nothing 进行清除。

【例 9-16】　建立与 Access 数据库“教务管理系统”的连接，然后关闭并撤销。

```
Private Sub ConnectCreate ()
   Dim cn as ADODB.Connection
   Set cn=New ADODB.Connection
   Cn.Open CurrentProject. Connection        '与当前数据库建立连接
   cn.close                                  '关闭连接
```

```
  Set cn=Nothing                              '撤销连接
End Sub
```

2. 记录集对象（RecordSet）

利用 RecordSet 对象，可以存取所有数据记录中每个字段的数据。RecordSet 对象是用于数据库操作的重要对象。

表 9-13 中列出了 RecordSet 对象的常用属性。

表 9-13 RecordSet 对象的常用属性

属性名称	说　明
Bof	该属性值为 True 时，记录指针在数据表第一条记录前
Eof	该属性值为 True 时，记录指针在数据表最后一条记录后
RecordCount	返回 RecordSet 对象中的记录个数
Filter	指定记录集的过滤条件
State	返回当前记录集的操作状态

表 9-14 中列出了 RecordSet 对象的常用方法。

表 9-14 RecordSet 对象的常用方法

方法名称	说　明
Move	将当前记录位置移动到指定的位置
MoveFirst	将当前记录位置移动到记录集中的第一条记录
MoveLast	将当前记录位置移动到记录集中的最后一条记录
MovePrevious	将当前记录位置向后移动一条记录（记录集顶部方向）
MoveNext	将当前记录位置向前移动一条记录（记录集底部方向）
AddNew	向记录集中添加一条记录
Find	在记录集中查找符合条件的记录
Delete	删除记录集中的当前记录或记录组
Update	将记录缓冲区中的记录真正写入数据库

【例 9-17】 利用 Connection 和 RecordSet 对象，统计“教务管理系统”中“学生”表中记录的个数。

```
Private Sub CountRecord ()
  Dim cn as ADODB. Connection
  Dim rs as ADODB. RecordSet
  Set cn=New ADODB. Connection
  Set rs=New ADODB. RecordSet
  cn.Open CurrentProject. Connection
  rs.ActiveConnection=cn                      '将 RecordSet 连接到当前数据库
  rs.Open "select * from 学生"                '打开学生记录集
  Debug.Print rs ("学号")                     '打印第一条记录的学号
  rs. MoveLast
  Debug.Print rs ("学号")                     '打印最后一条记录的学号
  Debug.Print rs. RecordCount                 '打印记录的个数
```

```
    rs.close
    cn.close
    Set rs=Nothing
  Set cn=Nothing
  End Sub
```

3．命令对象（Command）

利用 Command 对象，可以实现对数据源执行查询、SQL 语句或存储过程等。

表 9-15 中列出了 Command 对象的常用属性。

表 9-15　Command 对象的常用属性

属性名称	说　明
ActiveConnection	指定当前命令对象属于哪个 Connection 对象
CommandText	指定向数据提供者发出的命令文本
State	返回 Command 对象的运行状态

Command 对象的常用方法为 Execute，用来执行 CommandText 属性中指定的查询、SQL 语句或存储过程等。

【例 9-18】　利用 Command 对象获取“教务管理系统”中“学生”表中的记录。

```
Private Sub findRecord ()
  Dim cm as ADODB.Command
  Dim rs as ADODB. RecordSet
  Set rs=New ADODB. RecordSet
  Set cm=New ADODB.Command
  cm. CommandText= "select * from  学生"
  cm. ActiveConnection= CurrentProject. Connection       '设置数据源
  Set rs=cm. Execute                                     '使用 Execute 方法执行 SQL 语句，返回记录集
  Debug.Print rs.GetString
  rs.close
  cm.close
  Set rs=Nothing
Set cm=Nothing
End Sub
```

9.10　VBA 程序的调试

编程就是规划、书写程序代码并上机调试的过程。很难做到书写后的程序能一次通过，所以在编程过程中往往需要不断重复检查和纠正错误，试运行这个过程，就是程序的调试。在进一步学习程序调试方法之前，首先需要了解 VBA 开发环境的中断模式。

中断模式代表 VBA 程序的一种运行状态。在中断模式下，程序暂停运行，这时编程者可以查看并修改程序代码，检查各个变量或表达式的取值是否正确等。有两种情况可以使程序进入中断模式。第一种是如果程序出现错误，无法继续执行，会自动进入中断模式；第二种是通过设置断点，或在程序运行过程中单击“中断”按钮人为进入中断模式。

可以用以下方法退出中断模式。

（1）单击“继续”按钮进入运行模式，继续运行程序。

（2）单击“重新设置”按钮终止程序的运行。

9.10.1 错误类型

编程时，可能产生的错误有以下 4 种。

1．语法错误

语法错误是指在输入代码时产生的不符合程序设计语言语法规定的错误，初学者经常发生此类错误。例如，将 Dim 写成了 Din，If 语句的条件后面忘了写 Then 等。

如果在输入程序时发生了此类错误，编辑器会随时指出，并将出现错误的语句用红色显示。编程者根据给出的出错信息，就可以及时进行修改。

2．编译错误

编译错误是指在程序编译过程中发现的错误。例如，在要求显式声明变量时输入了一个未声明的变量。对于这类错误编译器往往会在程序运行初期的编译阶段发现并指出，并将出错的行用高亮显示，同时停止编译并进入中断状态。

3．运行错误

运行错误是指在程序运行中发现的错误。例如，出现了除数为 0 的情况，或者试图打开一个不存在的文件等，这时系统会给出运行时错误的提示信息并告知错误的类型。

对于上面的两种错误，都会在程序运行过程中由计算机识别出来，编程者这时可以修改程序中的错误，然后选择“运行”菜单中的“继续”命令，继续运行程序。也可以选择“运行”菜单中的“重新设置”命令退出中断状态。

4．逻辑错误

如果程序运行后，得到的结果和所期望的结果不同，则说明程序中存在逻辑错误。产生逻辑错误的原因有很多。例如，将本该赋给变量 a 的值赋给了变量 b；在书写表达式时忽略了运算符的优先级，造成表达式的运算顺序有问题；将排序的算法写错，不能得到正确的排序结果等。

显然，逻辑错误不能由计算机自动识别，这就需要编程者认真阅读、分析程序，自己找出错误。

9.10.2 程序调试方法

为了帮助编程者更有效地查找和修改程序中的逻辑错误，VBE 提供了几个调试窗口，分别是立即窗口、本地窗口和监视窗口。可以在“视图“菜单中选择相应的窗口进行显示。

（1）立即窗口。立即窗口用于给变量临时赋值或输出数据。

（2）本地窗口。在中断模式下本地窗口（见图 9-29）可以显示当前过程中所有变量的类型和值。

（3）监视窗口。监视窗口（见图 9-30）可显示给定表达式的值。例如，将循环的条件表达式设置为监视表达式，这样就可以观察进入和退出循环的情况。

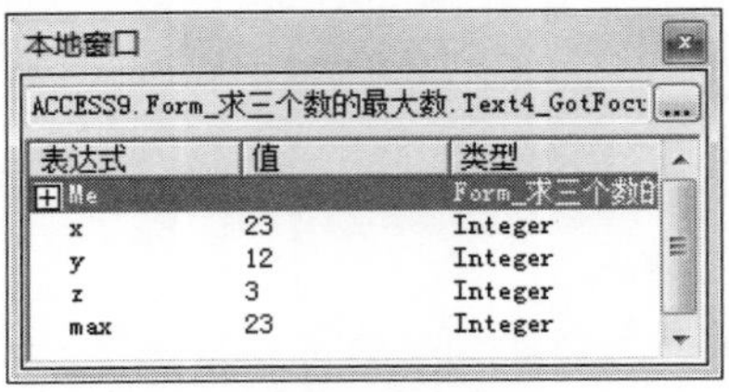

图 9-29　本地窗口

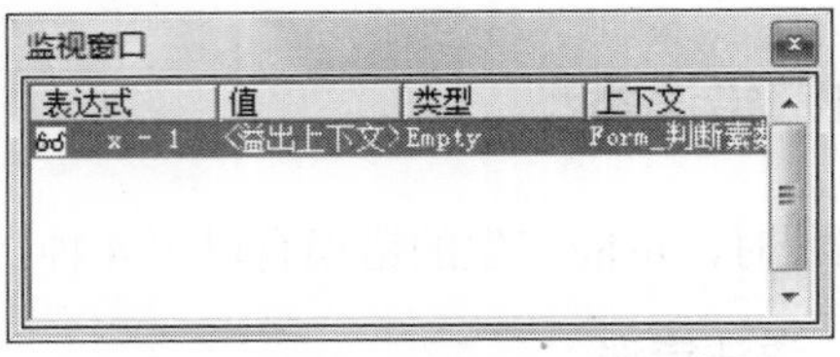

图 9-30　监视窗口

上面几个调试窗口的用途，实际就是在程序运行过程中观察和跟踪变量及表达式的变化情况。下面介绍的几种方法可以使程序人为进入中断状态，方便程序调试者观察变量和表达式。

（1）设置断点。在程序中人为设置断点，当程序运行到设置了断点的语句时，会自动暂停运行并进入中断状态。设置断点的方法是：在代码窗口中单击要设置断点的那一行语句左侧的灰色边界标识条。再次单击边界标识条可取消断点，如图 9-31 所示。

（2）单步跟踪。也可以单步跟踪程序的运行，即每执行一条语句后都进入中断状态。单步跟踪程序的方法是：将光标置于要执行的过程内，单击“调试”工具栏的“逐语句”按钮，或选择“调试”菜单中的“逐语句”命令。

（3）设置监视点。如果设置了监视表达式，一旦监视表达式的值为真或改变，程序也会自动进入中断模式。设置监视点的方法如下：①选择“调试”菜单中的“添加监视”命令，弹出“添加监视”对话框，如图 9-32 所示。②在“模块”下拉列表框中选择被监视过程所在的模块，在“过程”下拉列表框中选择要监视的过程，在“表达式”文本框中输入要监视的表达式。③在“监视类型”选项组中选择所需的监视类型。单击“确定”按钮即可。

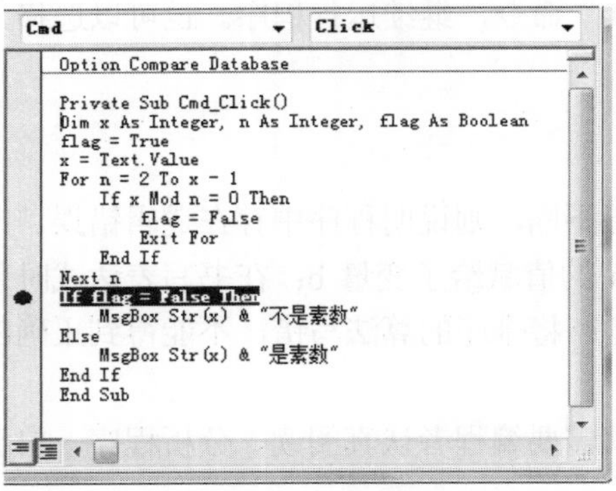

图 9-31　设置断点

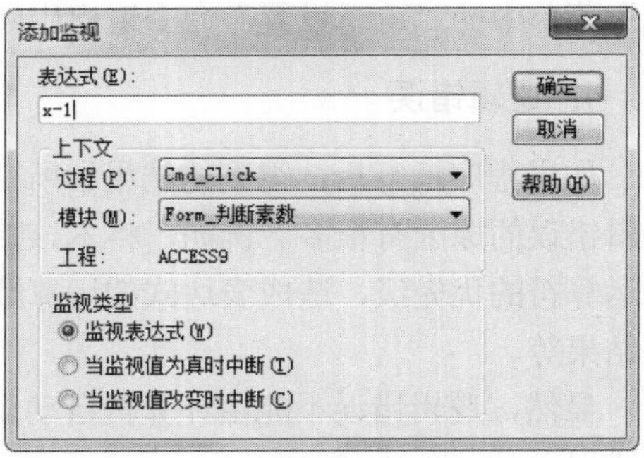

图 9-32　设置监视表达式

教务管理系统之模块

9.11　实例——“登录”模块的实现

学过 VBA 基本知识之后，下面将实现引例中的 VBA 编程。主要步骤如下。

（1）启动“教务管理系统”，选择“创建”选项卡中的“窗体设计”按钮，打开窗体设计窗口。

（2）按图 9-33 所示添加窗体控件，并布局控件和设置相应控件的属性。

图 9-33　“用户登录”界面设计

（3）如图 9-34 所示，建立“用户表”。

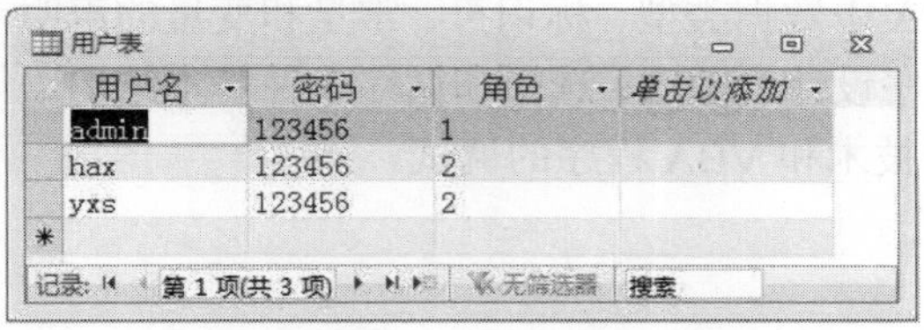

图 9-34　用户表

（4）在“用户登录”窗体中右键单击“登录”按钮，选择“事件生成器”，打开“选择生成器”对话框，选择“代码生成器”，则打开 VBE 编辑窗口。输入“登录”按钮的事件过程代码如下：

```
Private Sub 登录_Click()
Dim cn As New ADODB.Connection
Dim rs As New ADODB.Recordset
Dim strSQL As String
Set cn = CurrentProject.Connection
strSQL = "select * from 用户表"
rs.Open strSQL, cn, asopendynamic, adLockOptimistic, adCmdText
Do While Not rs.EOF
If yhm = rs.Fields("用户名") And mm = rs.Fields("密码") Then
  DoCmd.OpenForm "主界面"
  Exit Sub
End If
rs.MoveNext
Loop
If rs.EOF Then
  MsgBox "用户名或密码不正确！"
  yhm = ""
  mm = ""
  End If
  rs.Close
```

```
  cn.Close
  Set rs = Nothing
  Set cn = Nothing
End Sub
```

（5）编辑“取消”按钮的事件过程代码如下：

```
Private Sub 取消_Click()
DoCmd.Close
End Sub
```

（6）保存“用户登录”窗体，运行该窗体，输入用户名和密码测试“登录”和“取消”按钮实现的功能。

本 章 小 结

本章介绍了模块和 VBA 编程的基础知识，主要内容包括模块的结构和建立，VBA 程序设计中对象的概念；VBA 中数据类型、标识符、常量和变量的声明，运算符和表达式，数组的声明与使用；VBA 程序设计的顺序、选择和循环 3 种基本结构语句；过程和函数的定义及调用；VBA 数据库访问技术和 VBA 程序的调试。

习题 9
参考答案

习 题 9

一、单选题

1．下列关于 VBA 事件的叙述中，正确的是（　　）。

A．触发相同的事件可以执行不同的事件过程

B．每个对象的事件都是不相同的

C．事件都是由用户操作触发的

D．事件可以由程序员定义

2．以下不是分支结构的语句是（　　）。

A．If…Then…End If　　B．While…Wend

C．If…Then…Else…End If　　D．Select…Case…End Select

3．以下选项中，不属于 VBA 程序基本结构的是（　　）。

A．顺序结构　　B．选择结构　　C．循环结构　　D．物理结构

4．以下程序段运行结束后，变量 x 的值是（　　）。

```
x = 1
y = 2
Do
  x = x * y
```

```
    y = y + 1
  Loop While y < 2
```

A. 1　　B. 2　　C. 3　　D. 4

5. 表达式 123+Mid("123456",3,2)的结果是（　　）。

A. 123　　B. 12334　　C. 157　　D. "12334"

6. 下列循环语句中，循环次数最少的是（　　）。

A. a = 5: b = 7

```
  Do While a < b
      a = a + 1
  Loop
```

B. a = 5: b = 7

```
  Do Until a < b
      a = a + 1
  Loop
```

C. a = 5: b = 7

```
  Do
      a = a + 1
  Loop While a < b
```

D. a = 5: b = 7

```
  Do
      a = a + 1
  Loop Until a < b
```

7. 用 Function 定义的函数过程，返回值的类型（　　）。

A. 只能是符号常量

B. 是除数组之外的简单数据类型

C. 在调用时由运行过程决定

D. 由函数定义时 As 子句声明

8. 有以下事件代码，当单击按钮 Command1 时，消息框中显示的内容是（　　）。

```
Private Sub Command1_Click()
    Dim d1 As Date
    Dim d2 As Date
  d1 = #1/1/2016#
    d2 = #12/31/2016#
  MsgBox DateDiff("yyyy", d1, d2)
End Sub
```

A. 11　　B. 365　　C. 0　　D. 3

9．Sub 过程和 Function 过程最根本的区别是（　　）。

A．Function 过程可以通过过程名返回值，而 Sub 过程没有返回值

B．Sub 过程可以直接用过程名来调用，而 Function 过程不可以

C．两种过程参数的传递方式不同

D．Function 过程有参数，而 Sub 过程没有参数

10．有以下窗体事件代码，打开窗体视图后单击，消息框中显示的内容是（　　）。

```
Private Sub Form_Click()
Result = 1
For i = 1 To 5 Step 3
    Result = Result * i
Next i
MsgBox Result
End Sub
```

A．1　　B．4　　C．28　　D．120

11．下列各项中，不能用作 VBA 程序中变量名的是（　　）。

A．Sum　　B．Integer_1　　C．Form1　　D．Rem

12．在面向对象程序设计中，为处理“一只白色的足球被踢进球门”，“白色”“踢”和“进球门”可分别定义成足球对象的（　　）。

A．属性、方法、事件　　B．属性、事件、方法

C．方法、事件、属性　　D．事件、属性、方法

13．以下选项中，不是 VBA 的条件函数的是（　　）。

A．Choose　　B．If　　C．IIf　　D．Switch

14．下面关于 VBA 面向对象中的“事件”，说法正确的是（　　）。

A．每个对象的事件都是不相同的

B．事件可以由程序员定义

C．触发相同的事件，可以执行不同的事件过程

D．事件都是由用户的操作触发的

二、操作题

1．设计如图 9-35 所示的“字符判别”窗体，设计相关程序实现：

（1）单击“开始”按钮，弹出一个提示信息为“请输入任意一个字符”的输入对话框，当用户完成输入后，系统将自动判断字符的类别（分为“字母”“数字”和“其他”3 种），并利用消息框反馈判断结果。

（2）单击“退出”按钮，关闭“字符判别”窗体。

2．设计如图 9-36 所示的“加法运算”窗体，设计相关程序实现：对于由文本框 T1 和 T2 构成的加法算式，当用户在文本框 T3 中输入答案后，单击“判断”按钮，判断答案是否正确，并利用消息框反馈判断结果。其中，答案正确时的提示信息为“恭喜！答对了”；反之，提示信息为“很遗憾！答错了”，并清空 T3

中的内容。

图 9-35

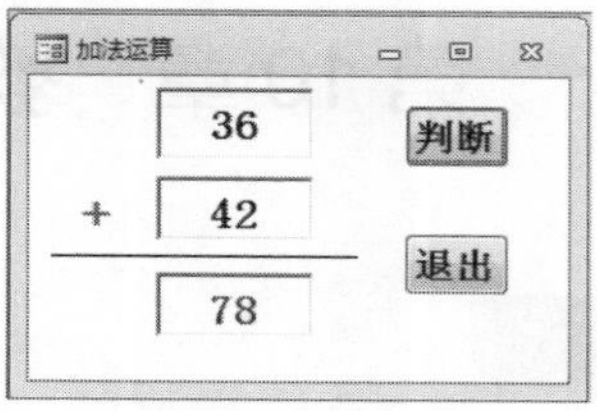

图 9-36

3. 设计如图 9-37 所示的“求和”窗体，编写相关事件代码实现：单击“计算”按钮，根据公式 $P=1+\frac{1}{2\times2}+\frac{1}{3\times3}+\cdots+\frac{1}{n\times n}$，计算 n=6 时 P 对应的值，并将该值显示在文本框中。

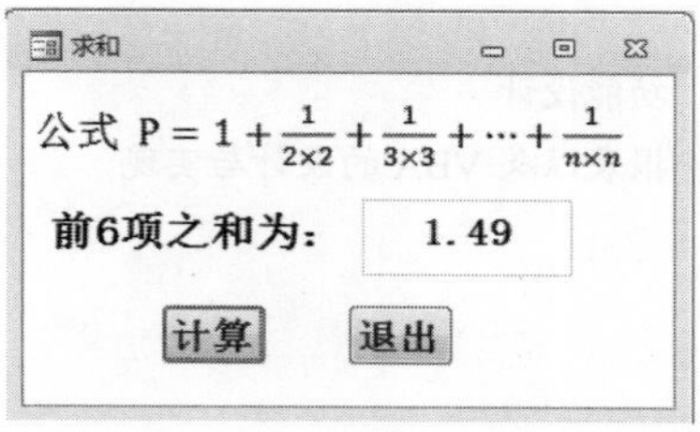

图 9-37

4. 设计如图 9-38 所示的“统计个数”窗体，编写相关事件代码实现：单击“统计”按钮，统计 500 以内能够被 7 整除的所有正整数的个数，并将统计结果显示在文本框中。

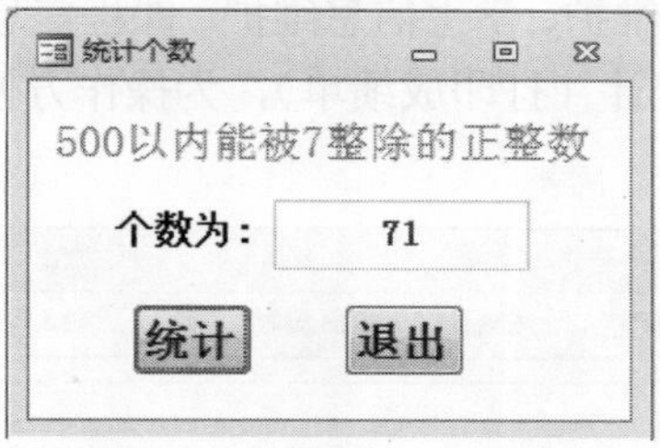

图 9-38

5. 设计如图 9-39 所示的“成绩换算”窗体，编写相关事件代码实现：单击“转换”按钮，将文本框 Text1 中的成绩换算成对应等级，并在文本框 Text2 中显示该等级。具体转换规则为：超过 80 分为“良好”，不足 60 分为“不及格”，其余均为“及格”。

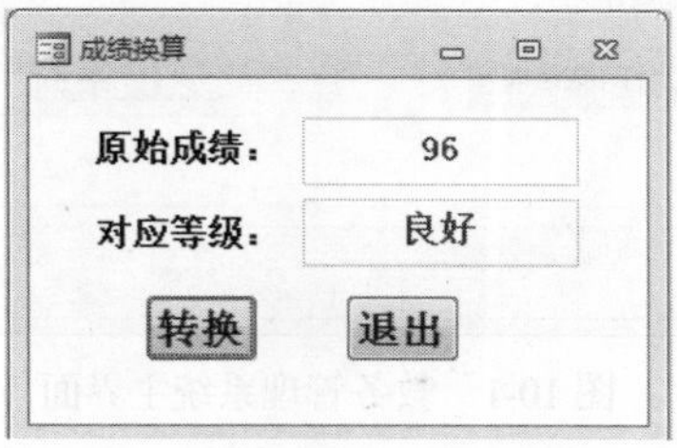

图 9-39

第 10 章　教务管理系统的开发

本章导读

- Access 不仅可以作为数据存储工具，还可以用它进行数据库应用系统的开发。本章以“教务管理系统”的开发为例，介绍数据库应用系统的开发过程，重点讲述主要开发环节，并介绍系统集成。将数据表、查询、窗体、报表、宏和模块对象进行有机融合，并应用于实际管理过程，为高校教学管理部门提供一套可行的数字化管理方案。

本章要点

- 教务管理系统的需求分析、功能设计
- 数据库设计，查询、窗体、报表以及 VBA 的设计与实现
- VBA 的数据库编程
- 应用系统集成

教务管理系统

10.1　引例——教务管理系统的开发目标

使用 Access 软件开发如图 10-1 所示的“教务管理系统”。该系统分为三大模块，即基础管理（班级信息维护、学生信息维护、课程信息维护）、教学管理（学生选课、课表查询、成绩输入）、报表统计（打印成绩单），为操作方便和界面整齐增加一个退出系统功能。

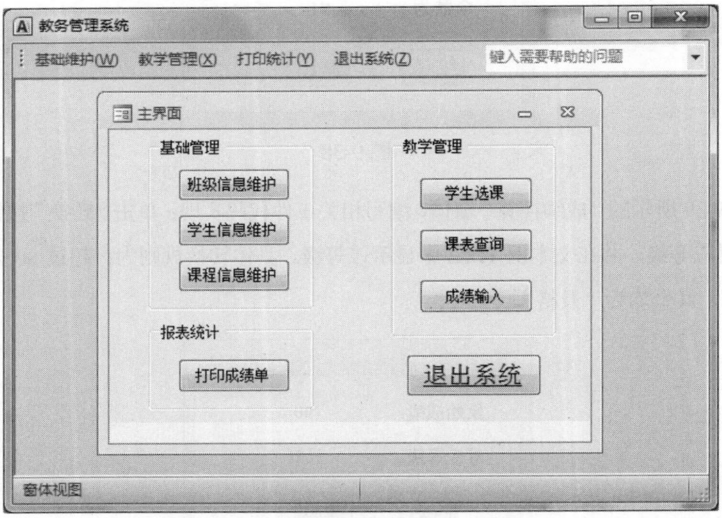

图 10-1　教务管理系统主界面

通过系统开发实现以上案例，要求掌握的知识如下。

（1）需求分析。

（2）功能设计。
（3）数据库和表设计。
（4）查询、窗体和报表设计。
（5）宏与模块 VBA、数据库编程。
（6）系统集成。

10.2 需求分析

“教务管理系统”的主要作用是帮助学校对教务事项有规范地进行管理，是运用计算机技术、网络技术和通信技术，建成智能信息化管理体系，为学院教务管理服务的系统，从而降低管理成本，提高办公效率，提高教育教学水平，提升服务能力，进而更好地为学生服务，方便教师办公和教学。系统基本需求是：①强化学生、教师和课程的基础信息管理，如班级信息、学生个人信息、课程信息等，管理工作包括定期更新与维护；②保障日常教学管理产生的大量数据的安全；③将教学管理活动中积累的大量数据和教学资源进行充分利用，更好地服务于现在和未来的教学活动，充分发挥数据的最大效用。

数据库以需求分析来进行总体布局、设计、建立。设计数据库，需求分析是关键；需求分析的质量决定数据库的价值，这是数据库设计的核心，也是最耗时、最复杂的阶段。根据以上系统目标，综合分析教务管理系统各模块，需要对该系统实现基本的功能。现实应用中，教务管理系统是一个集 Client / Server 和 Browser / Web Server 技术于一体、涉及教务管理各环节、面向学校各部门以及各层次用户的多模块综合管理信息系统。教务系统数据管理流程主要包括学籍管理、收费管理、注册管理、选课管理、成绩管理、毕业审查以及课程管理、教学计划管理、排课等多个模块。这里为了教学的需要，弱化其他课程知识的关联，本系统仅实现以上系统目标的基本功能，即基础管理（基础信息维护）、教学管理、报表统计三个模块和一个退出系统功能。教务管理系统功能需求如下。

1. 基础管理

该模块包括三方面的内容，即班级信息维护、学生信息维护、课程信息维护，是教务工作人员对基础信息的管理，进行信息的添加、修改、删除和搜索。在进行信息的添加时，首先在子窗口进行学生信息的录入，在保存的时候要进行学生学号是否有重复的检查，如果添加的学生编号有重复就要对用户进行提示。只有在不重复的情况下才能进行信息的添加。在进行信息的删除时，要首先打开提示窗口让用户确认是否要删除，只有在用户确认的情况下才能进行信息的删除。在进行信息的修改时，要根据用户选定的学生进行修改，即列出用户选定的学生的所有信息，在这个基础上进行学生信息的修改和保存。

2. 教学管理

教务工作人员通过此模块来管理学生选课、课表查询和成绩录入三个子模块，教师或学生通过选课模块，可以查询自己已选课程和所有课程信息，并对未选课进行选课和对已选课程进行删除等功能。课表查询模块可利用学号查询课表，通过成绩输入录入相应成绩。

3. 报表统计

教务工作人员可以通过打印成绩单模块来打印学生的全部成绩信息。可以根据班级、学生学号、课程编号来打印学生成绩单，打印前还可以预览所要打印的报表。

4. 退出系统

该功能的实现可方便快捷地退出数据库系统。

10.3 功能结构设计

根据“教务管理系统”功能需求设计功能结构图如图 10-2 所示。功能图中的省略号表示对应模块中其他功能的扩展。

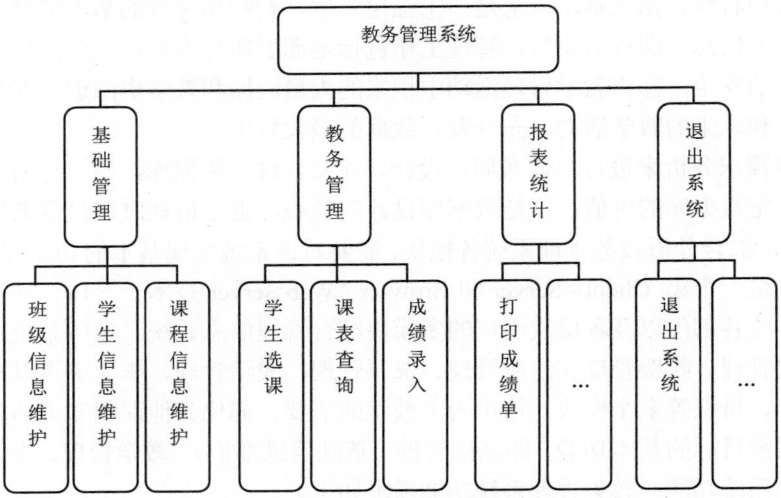

图 10-2 教务管理系统功能结构图

10.4 数据库设计

根据“教务管理系统”的功能和管理的对象进行数据库设计。数据库设计分为概念设计、逻辑结构设计和物理结构设计几个阶段，并相应产生数据库的三级模型：概念模型、逻辑模型和物理模型。

10.4.1 概念模型

根据前面相关章节的知识，设计概念模型时可以先画出部分 E-R 图，再根据实体之间的联系将各部分 E-R 图合并成完整的系统总体 E-R 图，整合时应消除不必要的冗余实体、属性和联系，解决部分 E-R 图之间的冲突。按照上述方法，建立如图 10-3 所示的“教务管理系统”总体 E-R 图。

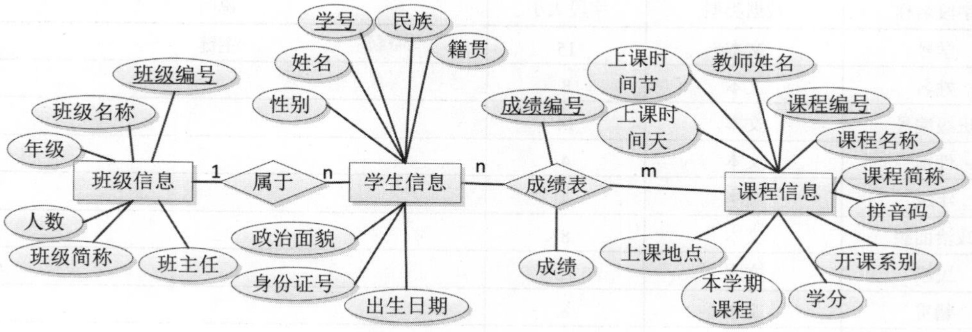

图 10-3 “教务管理系统”总体 E-R 图

10.4.2 逻辑模型

建立逻辑模型就是根据概念模型确定有哪些关系模式，根据图 10-3 转化的关系模式如下。

班级信息（班级编号，班级名称，年级，人数，班级简称，班主任）

学生信息（学号，姓名，性别，民族，籍贯，出生日期，政治面貌，身份证号，班级编号）

课程信息（课程编号，课程名称，课程简称，拼音码，开课系别，学分，教师姓名，上课时间天，上课时间节，本学期课程，上课地点）

成绩表（成绩编号，学号，课程编号，成绩）

在实际的应用系统中，需要考虑数据的冗余，并一般要求各关系模式达到第三范式要求。

10.4.3 建立表及表间关系

建立表即是数据库物理模型的设计和实现。根据一个关系模式对应一张表，下面将设计 5 个数据表，分别是班级信息、学生信息、课程信息、成绩表和课程表图表（由于要生成一张课程表图，所以增加了一个课程表图表），设计表结构如表 10-1 至表 10-5 所示。

表 10-1 班级信息

字段名称	数据类型	字段大小	说明
班级编号	文本	14	主键
年级	文本	4	
班级名称	文本	15	
班级简称	文本	10	
人数	数字	整型	
班主任	文本	8	

表 10-2 学生信息

字段名称	数据类型	字段大小	说明
学号	文本	15	主键
姓名	文本	8	
班级编号	文本	14	
性别	文本	4	
年级	文本	4	
政治面貌	文本	8	
民族	文本	12	
籍贯	文本	8	
身份证号	文本	19	输入掩码 000000000000000999;0;_
出生日期	日期/时间		

表 10-3 课程信息

字段名称	数据类型	字段大小	说明
课程编号	数字	整型	主键
课程名称	文本	30	
课程简称	文本	14	
拼音码	文本	14	
本学期课程	是/否		
教师	文本	8	
开课系别	文本	20	
学分	数字	整型	
本学期课程	是/否		
上课时间天	数字	整型	
上课时间节	数字	整型	
上课地点	文本	30	

表 10-4 成绩表

字段名称	数据类型	字段大小	说明
成绩编号	自动编号	长整型	主键
学号	文本	15	
课程编号	数字	长整型	
成绩	数字	整型	

表 10-5 课程表图

字段名称	数据类型	字段大小	说明
上课时间节	数字	14	整型
星期一	文本	100	
星期二	文本	100	
星期三	文本	100	
星期四	文本	100	
星期五	文本	100	

按照第4章介绍的建立表和表间关系的方法，建立如图10-4所示的“学生信息”表（其他表的建立类同，在此不再赘述），并建立表间关系如图10-5所示。

图10-4 “学生信息”表

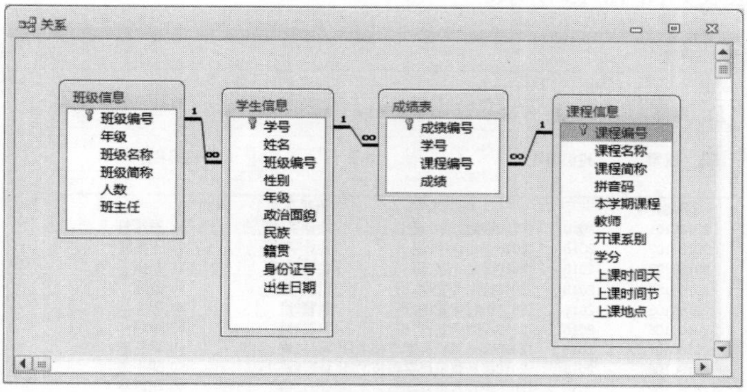

图10-5 教务管理系统表间关系

10.5 查询设计

在“教务管理系统”中数据信息的录入和展示将以查询为数据源，因此需要建立许多相关查询。这些查询主要有班级信息查询、成绩打印查询、成绩输入查询、课程信息查询、学生信息查询、学生选课查询和学生选课课程信息等。这些查询分别用于窗体和报表的数据源。如图10-6所示为班级信息查询的设计视图。按照第5章介绍的相关知识依次建立其他查询。

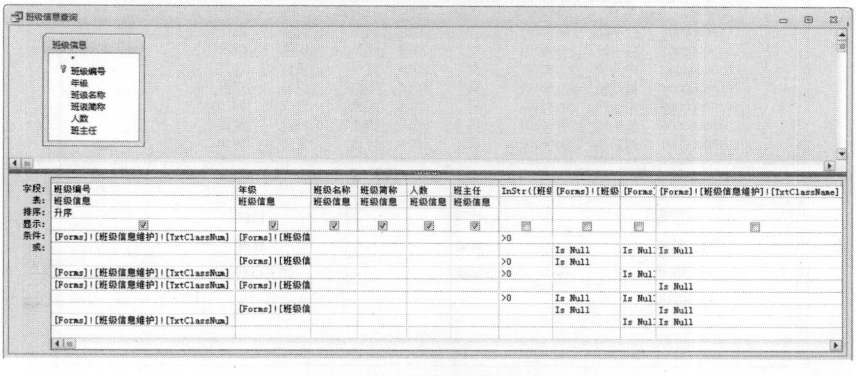

图10-6 班级信息查询

10.6 窗体和报表设计

在“教务管理系统”中采用窗体进行人机交互，设计数据库应用系统的数据窗体时，应设计具有数据输入、数据维护和数据查询等功能的窗体，在本系统中主要通过主/子窗体实现。这些窗体主要有班级信息维护窗体及其子窗体、成绩输入及其子窗体、打印成绩单及其子窗体、课表查询及其子窗体、课程信息维护及其子窗体、学生信息维护及其子窗体、学生选课及其子窗体、学生已选课子窗体。各主要窗体效果图分别如图 10-7 至图 10-14 所示。

数据库应用系统的报表是数据库中数据输出到打印机的格式文件，数据报表的设计主要包括对报表的布局、页面大小、附加标题、各种说明信息的设计思路和方案，并使其在实用、美观的基础上，能够完成对数据源中数据的统计分析计算，然后按指定格式打印输出。打印学生成绩单时的报表如图 10-15 所示。

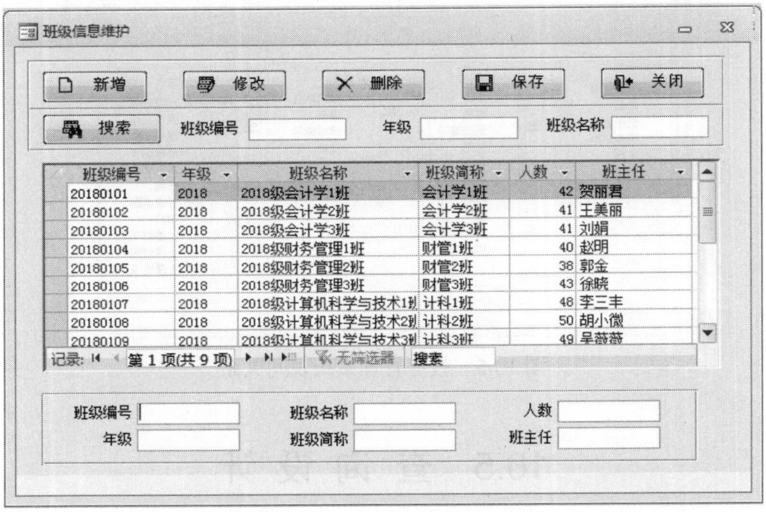

图 10-7 班级信息维护窗体

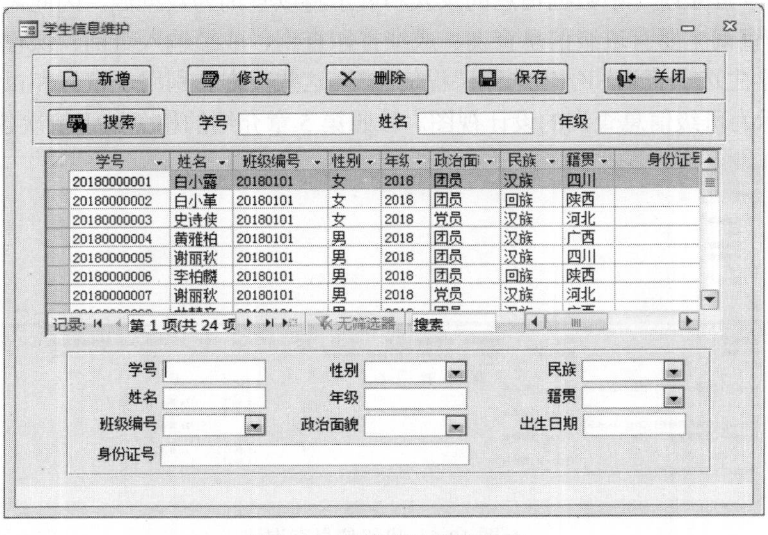

图 10-8 学生信息维护窗体

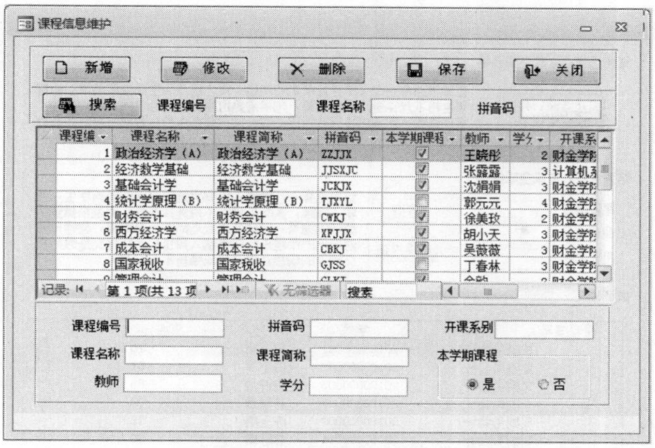

图 10-9 课程信息维护窗体

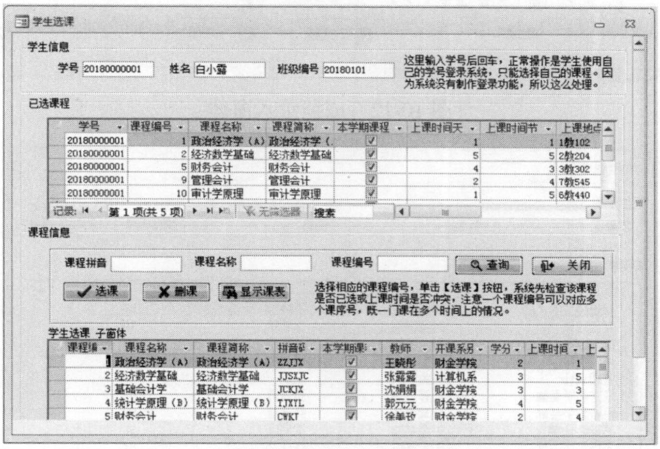

图 10-10 学生选课窗体

图 10-11 课表查询窗体

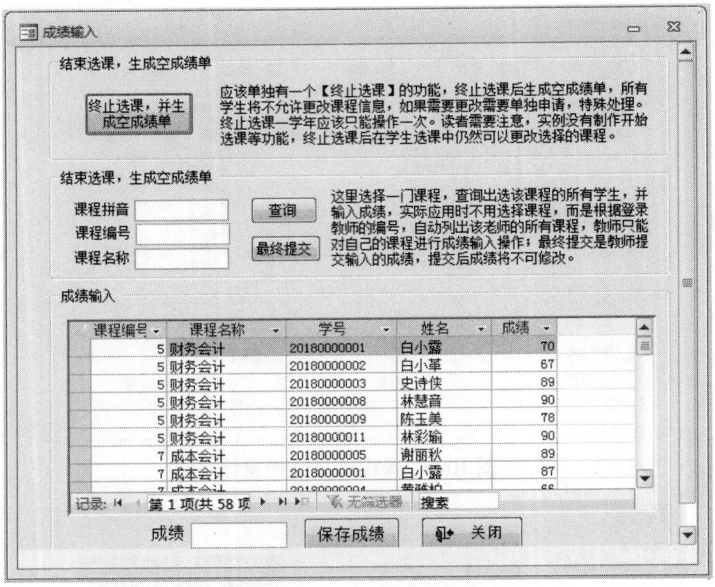

图 10-12　成绩录入窗体

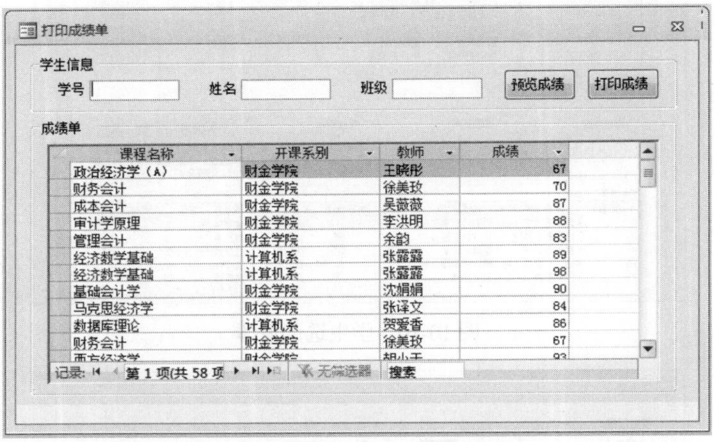

图 10-13　打印成绩单窗体（总体）

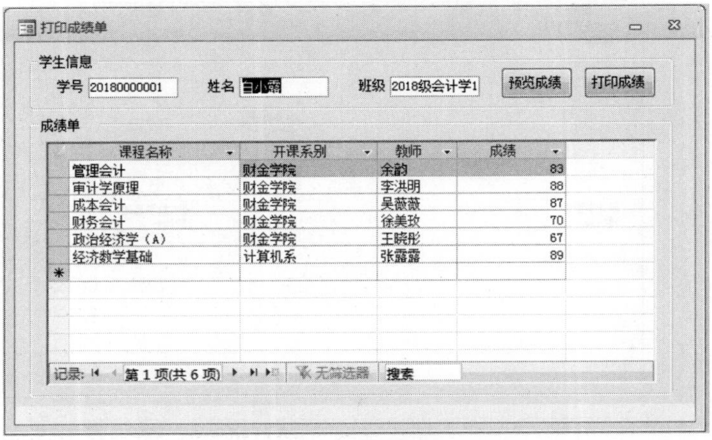

图 10-14　打印成绩单窗体

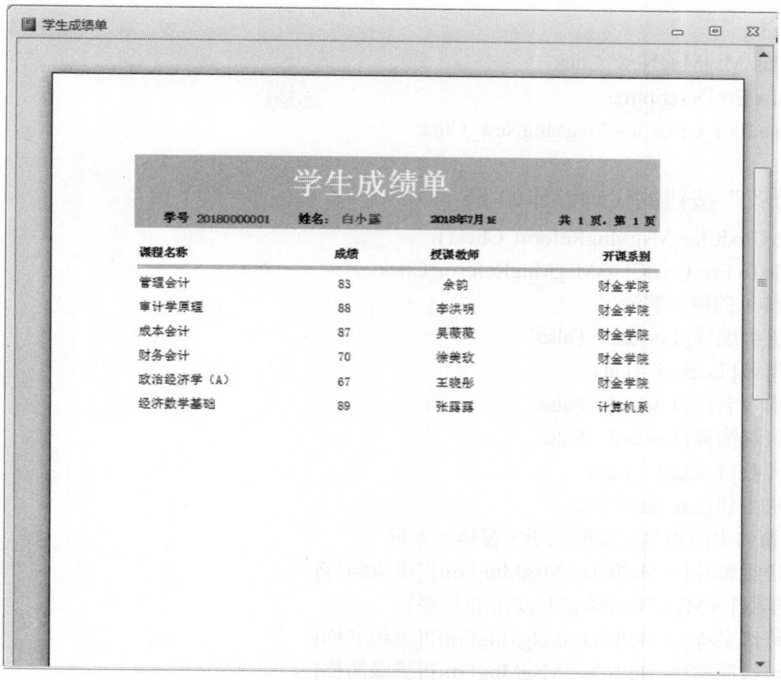

图 10-15　学生成绩单报表

10.7　模块与 VBA 的设计

在“教务管理系统”窗体界面中，要实现窗体的功能需要与模块相结合，利用模块 VBA 代码来实现信息的新增、修改、删除、保存和搜索。以班级信息维护窗体为例给出各模块的主要代码，其他窗体模块代码详见二维码。

（1）“新增”按钮的代码设计如下：

```
Private Sub CmdClassMsgMngNew_Click()
On Error GoTo Err_CmdClassMsgMngNew_Click
    '为窗体上的控件解锁
    Me![班级编号].Locked = False
    Me![年级].Locked = False
    Me![班级名称].Locked = False
    Me![班级简称].Locked = False
    Me![人数].Locked = False
    Me![班主任].Locked = False
    '使窗体上控件的值为空
    Me![班级编号].Value = Null
    Me![年级].Value = Null
    Me![班级名称].Value = Null
    Me![班级简称].Value = Null
    Me![人数].Value = Null
    Me![班主任].Value = Null
Exit_CmdClassMsgMngNew_Click:
```

```
    Exit Sub
Err_CmdClassMsgMngNew_Click:
    MsgBox Err.Description
    Resume Exit_CmdClassMsgMngNew_Click
End Sub
```

（2）“修改”按钮的代码设计如下：

```
Private Sub CmdClassMsgMngReform_Click()
On Error GoTo Err_CmdClassMsgMngReform_Click
    '为窗体上的控件解锁
    Me![班级编号].Locked = False
    Me![年级].Locked = False
    Me![班级名称].Locked = False
    Me![班级简称].Locked = False
    Me![人数].Locked = False
    Me![班主任].Locked = False
    '把子窗体中的当前记录值赋予主窗体文本框
    Me![班级编号] = Me![ClassMsgMngFrm]![班级编号]
    Me![年级] = Me![ClassMsgMngFrm]![年级]
    Me![班级名称] = Me![ClassMsgMngFrm]![班级名称]
    Me![班级简称] = Me![ClassMsgMngFrm]![班级简称]
    Me![人数] = Me![ClassMsgMngFrm]![人数]
    Me![班主任] = Me![ClassMsgMngFrm]![班主任]
Exit_CmdClassMsgMngReform_Click:
    Exit Sub
Err_CmdClassMsgMngReform_Click:
    MsgBox Err.Description
    Resume Exit_CmdClassMsgMngReform_Click
End Sub
```

（3）“删除”按钮的代码设计如下：

```
Private Sub CmdClassMsgMngDelete_Click()
On Error GoTo Err_CmdClassMsgMngDelete_Click
    '打开“班级信息”表
    Set rs = New ADODB.Recordset
    StrTemp = "Select * From 班级信息"
    rs.Open StrTemp, CurrentProject.Connection, adOpenKeyset, adLockOptimistic
    '“班级信息”表中没有记录，则提示记录可删除
    If rs.RecordCount <= 0 Then
        MsgBox "读者信记录为空，无记录可删除！", vbOKOnly, "提示！"
        DoCmd.Close
    Else
    rs.MoveFirst
    '在“班级信息”表中查找并删除当前记录
        Do While Not (rs.EOF)
            If (rs("班级编号") = Me![ClassMsgMngFrm]![班级编号]) Then
                rs.Delete 1
                rs.Update
                ClassMsgMngFrm.Requery
            Else
```

```
                rs.MoveNext
            End If
        Loop
    End If
    '释放记录集空间
    Set rs = Nothing
Exit_CmdClassMsgMngDelete_Click:
    Exit Sub
Err_CmdClassMsgMngDelete_Click:
    MsgBox Err.Description
    Resume Exit_CmdClassMsgMngDelete_Click
End Sub
```

（4）“保存”按钮的代码如下：

```
Private Sub CmdClassMsgMngSave_Click()
On Error GoTo Err_CmdClassMsgMngSave_Click
    XTong = False
    '打开“班级信息”表
    Set rs = New ADODB.Recordset
    StrTemp = "Select * From 班级信息"
    rs.Open StrTemp, CurrentProject.Connection, adOpenKeyset, adLockOptimistic
    '提示有些文本框必须填写内容，否则提示信息
    If IsNull(Me![班级编号]) Then
        MsgBox "必填字段对应的文本框不能为空，请重新输入！", vbOKOnly, "系统警告"
        MsgBox "必填字段的文本框有：班级编号", vbOKOnly, "提示"
        Me![班级编号].SetFocus
    Else
        '如果“班级信息”表为空，则 XTong 的值为 False
        If rs.RecordCount <= 0 Then
            XTong = False
        Else
        '在“班级信息”表查找是否存在与待保存的记录相同
            rs.MoveFirst
            For iTemp = 0 To rs.RecordCount - 1
                If (rs("班级编号") = Me![班级编号]) Then
                    XTong = True
                    iTemp = rs.RecordCount + 1
                Else
                    rs.MoveNext
                End If
            Next iTemp
        End If
        '在“班级信息”表中如果记录已经存在，则提示是否修改
            If XTong = True Then
                If MsgBox("记录已存在，是否要进行修改", vbYesNo, "确认!") = vbYes Then
                    rs("年级") = Me![年级]
                    rs("班级名称") = Me![班级名称]
                    rs("班级简称") = Me![班级简称]
                    rs("人数") = Me![人数]
```

```
                rs("班主任") = Me![班主任]
                rs.Update
                rs.MoveNext
            End If
        '在“班级信息”表中如果记录不存在，则添加新记录
        Else
            rs.AddNew
            rs("班级编号") = Me![班级编号]
            rs("年级") = Me![年级]
            rs("班级名称") = Me![班级名称]
            rs("班级简称") = Me![班级简称]
            rs("人数") = Me![人数]
            rs("班主任") = Me![班主任]
            rs.Update
            rs.Close
        End If
    End If
    ClassMsgMngFrm.Requery
    Set rs = Nothing
Exit_CmdClassMsgMngSave_Click:
    Exit Sub
Err_CmdClassMsgMngSave_Click:
    MsgBox Err.Description
    Resume Exit_CmdClassMsgMngSave_Click
End Sub
```

（5）“关闭”按钮的代码如下：

```
Private Sub CmdClassMsgMngClose_Click()
On Error GoTo Err_CmdClassMsgMngClose_Click
    DoCmd.Close
Exit_CmdClassMsgMngClose_Click:
    Exit Sub
Err_CmdClassMsgMngClose_Click:
    MsgBox Err.Description
    Resume Exit_CmdClassMsgMngClose_Click
End Sub
```

（6）“搜索”按钮代码如下：

```
Private Sub CmdClassMsgMngQuery_Click()
On Error GoTo Err_CmdClassMsgMngQuery_Click
    ClassMsgMngFrm.Requery
Exit_CmdClassMsgMngQuery_Click:
    Exit Sub
Err_CmdClassMsgMngQuery_Click:
    MsgBox Err.Description
    Resume Exit_CmdClassMsgMngQuery_Click
End Sub
```

10.8 系统集成

设计应用系统的目的，就是让用户通过窗体和报表等对象操作数据，而不是直接操作数据库中的表或查询等数据对象，这样可以降低用户对计算机水平的要求，保证数据操作的准确性和安全性。用户不需要具有数据库的操作能力，也不需要直接接触数据库中的数据对象，只需要具备一般软件的使用操作能力即可。

在本章的 10.6 节中已经建立了部分窗体和报表等对象，但这些对象都是独立的，如何将它们组织起来构成一个整体呢？本节就是要完成此项任务，并使这项对象融入一个完整的系统内。要更好地有序管理数据库中各个不同的表、查询、窗体和报表等对象，应根据用户提出的需求和设计的方法对已建立的多个数据库对象进行分类整理。对每个数据库对象进行分类时，一般是以系统的功能模块作为分类的依据。即基础管理类包括班级信息维护、学生信息维护、课程信息维护等，教学管理类包括学生选课、课表查询、成绩输入等，报表统计类包括打印成绩单等，最后是关于退出系统的实现。按以上功能类别划分，设计系统主界面的效果如图 10-16 所示。

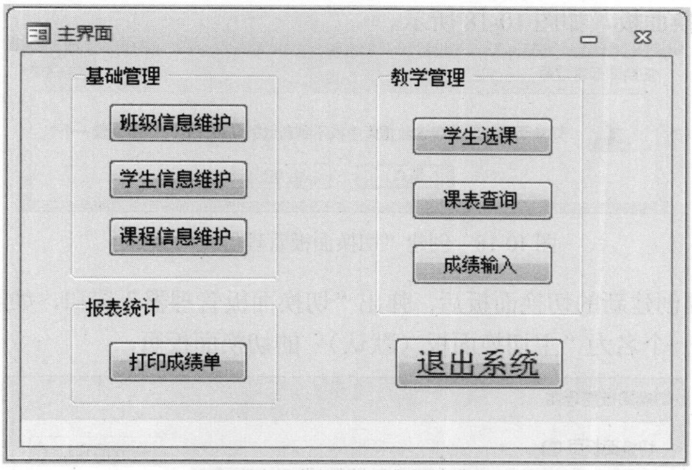

图 10-16 系统集成主界面

10.8.1 切换面板管理器

Access 切换面板实际上是一个特殊的窗体，主要作用在于帮助用户集成应用系统的各个模块，按照应用系统的逻辑，单击相应页面上的命令按钮即可执行其他页面的跳转或模块的调用，而这些操作不需要用户制作专门的宏操作和编写 VBA 代码就可以实现。

创建切换面板的操作步骤如下。

（1）向“快速访问工具栏”添加“切换面板管理器”工具。单击“文件”选项卡中的“选项”命令，在弹出的“Access 选项”对话框中选择“快速访问工具栏”选项，从“不在功能区中的命令”下拉列表框中选择“切换面板管理器”选项，然后单击“添加”按钮，如图 10-17 所示。

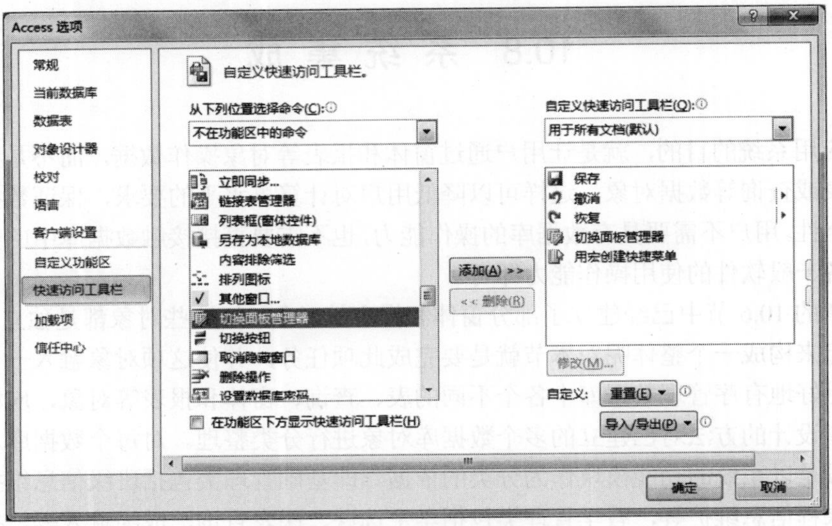

图 10-17 添加切换面板管理器

（2）单击“切换面板管理器”图标。如果系统不存在切换面板窗体，Access 将会询问是否要创建切换面板，如图 10-18 所示。

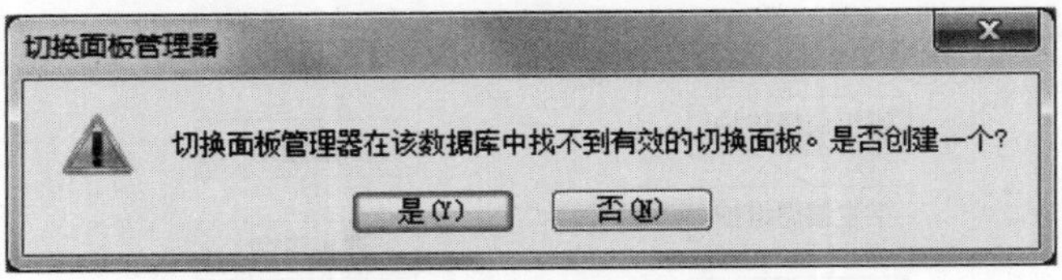

图 10-18 创建“切换面板管理器”对话框

（3）确定要创建新的切换面板后，弹出“切换面板管理器”窗口，如图 10-19 所示。在窗口中自动生成一个名为“主切换面板（默认）”的切换面板页。

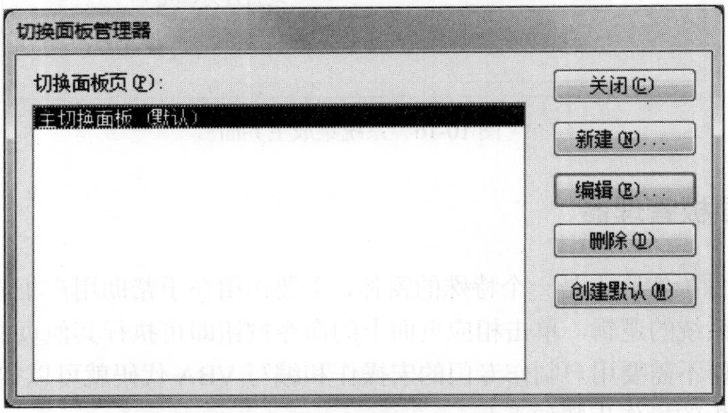

图 10-19 “切换面板管理器”窗口

（4）单击“编辑”按钮，将“主切换面板（默认）”改名为“教务管理系统（默认）”，或者单击“新建”按钮，显示如图 10-20 所示的“新建”对话框。输入新的切换面板页的名称，如“教务管理系统”，然后单击“确定”按钮，Access 会将切换面板页名添加到“切换面板页”列表中，再单击“创建默认”按钮。

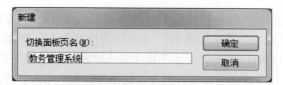

图 10-20　“新建”切换面板页名对话框

（5）重复执行步骤（4），直至涉及系统中各级模块的切换面板页创建完毕。“教务管理系统”的“切换面板页”列表如图 10-21 所示。“切换面板页”列表中按照页名称升序显示。

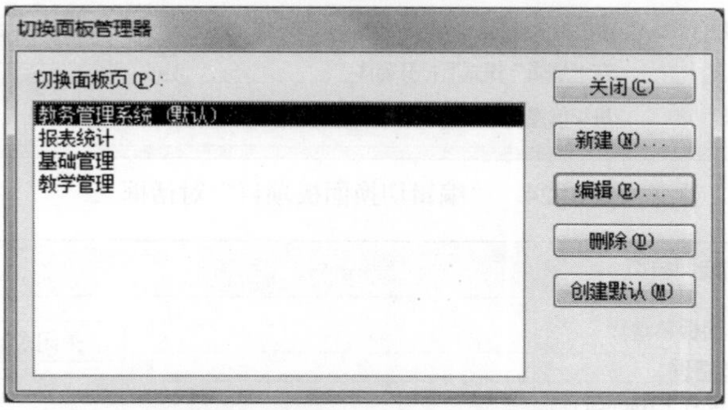

图 10-21　“教务管理系统”的“切换面板页”列表

（6）单击已创建的某个切换面板页名称，如“教务管理系统”，然后单击“编辑”按钮，Access 会显示“编辑切换面板页”对话框，再单击“新建”按钮，显示“编辑切换面板项目”对话框。对于需要创建分支切换面板页的切换面板页，在“文本”框中输入下级切换面板页的名称，然后从“命令”列表中选择“转至‘切换面板’”命令，从该列表中选择切换面板或输入其他切换面板的名称，如图 10-22 所示。

图 10-22　“编辑切换面板项目”对话框一

（7）再依次新建“教学管理”“报表统计”和“退出系统”切换面板项目，其中“退出系统”的命令列表框中选择“退出应用程序”。结果如图 10-23 所示。

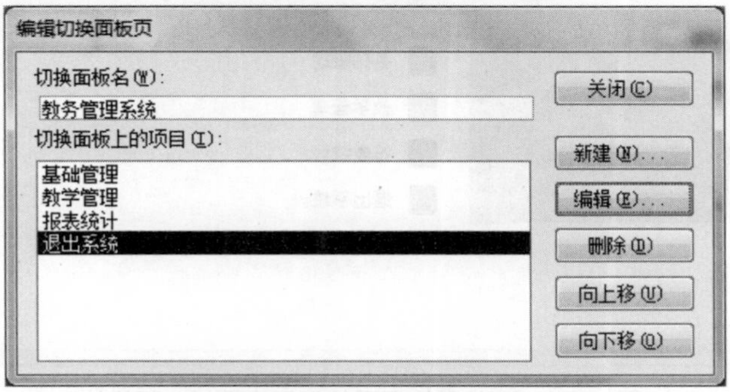

图 10-23　“教务管理系统”下级切换面板页列表

（8）对于需要创建下一级切换面板项目的切换面板页，在“文本”框中输入切换面板项目的名称，然后从“命令”列表中选择一个对应的执行命令。例如，在“班级信息维护”的“编辑切换面板项目”对话框的“文本”框中输入“班级信息维护”，在“命令”列表中选择“在‘编辑’模式下打开窗体”命令，再在“窗体”列表框中选择“班级信息维护”窗体，如图 10-24 所示。在“切换面板管理器”中再依次编辑“基础管理”“教学管理”和“报表统计”的切换面板上的项目。如“基础管理”切换面板上的项目如图 10-25 所示。

图 10-24　“编辑切换面板项目”对话框二

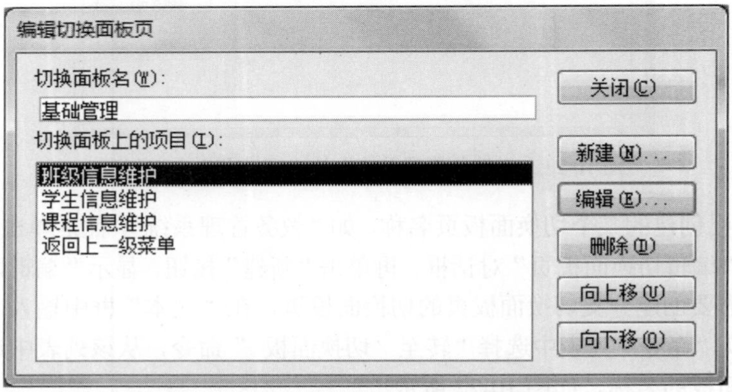

图 10-25　“基础管理”切换面板上的项目

使用切换面板管理器创建切换面板时，Access 会自动创建一个切换面板项目表 Switchboard Items 以描述窗体上各个按钮的外观和功能，同时以“切换面板”命名的窗体来保存所创建的切换面板。一般情况下，无须手动修改 Switchboard Items 表，否则将会影响切换面板的正常使用。“教务管理系统”的切换面板的运行结果如图 10-26 和图 10-27 所示。

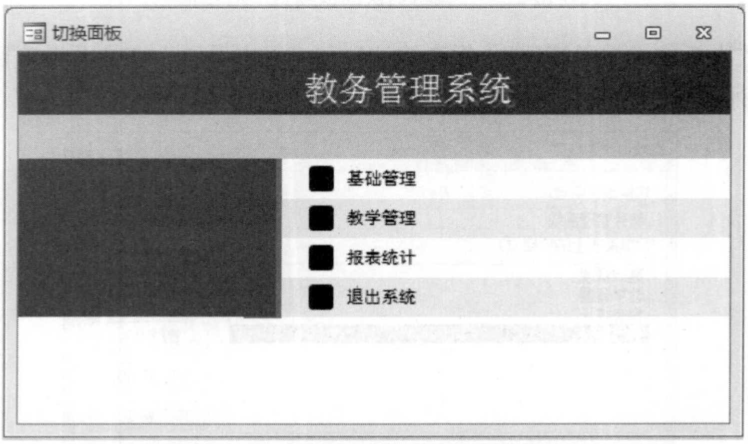

图 10-26　“教务管理系统”切换面板一级模块

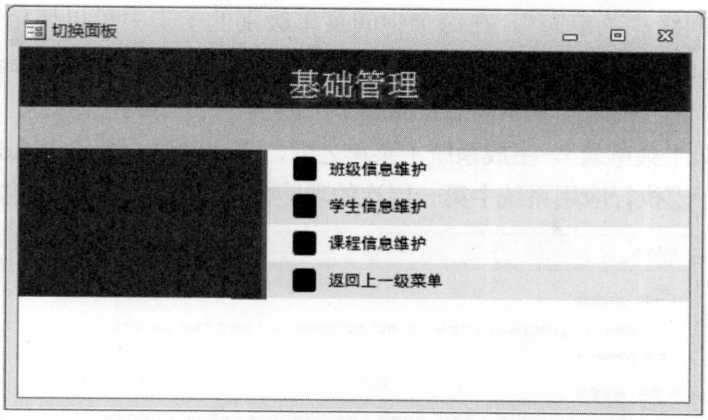

图 10-27 “教务管理系统”切换面板子模块

10.8.2 制作自定义菜单

通过宏创建自定义菜单与通过“切换面板管理器”创建菜单的最大区别在于创建的次序不一样。使用“切换面板管理器”是从上级模块向下级模块创建相应的切换面板页或项目；使用宏对象制作自定义菜单，是从下级项目或模块往上级模块创建。

创建自定义系统菜单的基本步骤如下。

（1）创建底层项目宏组。底层项目一般是通过宏对象执行数据库对象的打开操作，根据数据库对象的类型创建包含诸如 OpenForm、OpenQuery、OpenReport 等宏操作的子宏。以“基础管理”模块为例，创建与图 10-27 所示一致的子宏，子宏中每条宏操作都是快捷菜单上的一个独立命令。子宏中，在“宏名”参数中输入将在快捷菜单上显示的文本，可以在名称后用“&”加一个字母设置键盘访问键，如“班级信息维护（&B）”，该字母将在菜单中显示为带下划线效果；可以用“-”符号作为宏名创建菜单命令之间的分隔线。如图 10-28 所示。使用相同的方法可以创建其余的底层子宏。

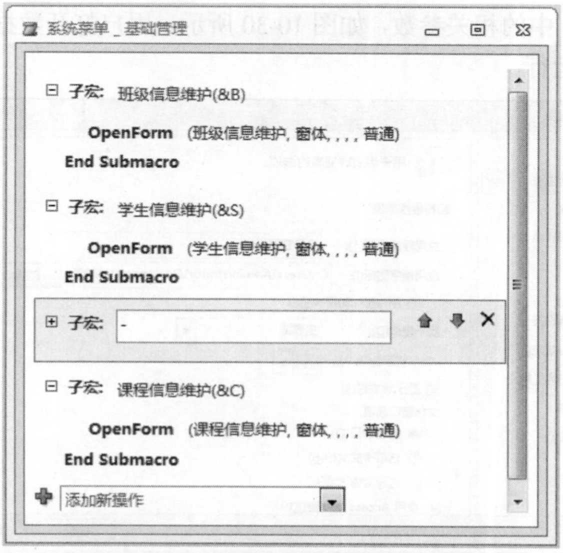

图 10-28 “系统菜单_基础管理”子宏

（2）创建中间级“菜单宏”。在每个中间菜单级别的子宏中可以使用 AddMenu 操作命令来创建多个级别的子菜单。创建 AddMenu 宏操作时应确保每个 AddMenu 操作的“菜单名称”参数提供一个值，否则子菜单将在更高级别的菜单中显示为空行。

（3）创建顶级“菜单宏”。生成系统主菜单之前，需要创建一个包含 AddMenu 宏操作的顶级“菜单宏”，该子宏执行应用系统中第一层次的功能模块。“主菜单”子宏如图 10-29 所示。

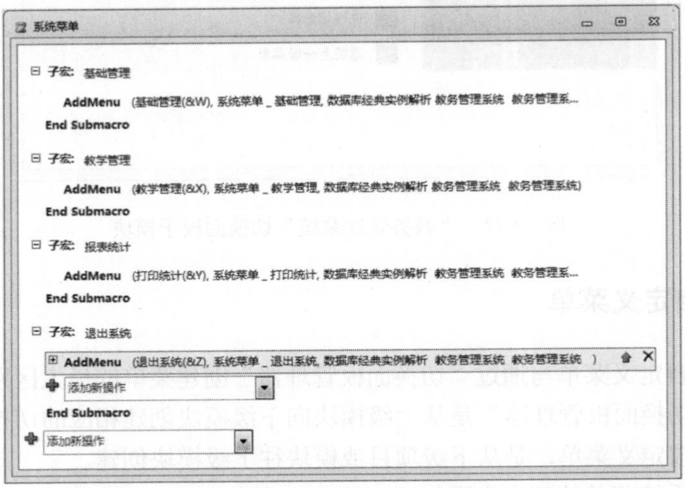

图 10-29 “系统菜单”子宏

10.8.3 系统设置

1. 应用程序选项设置

用户打开数据库文件时自动运行的窗体称为启动窗体，本系统将用事先设计好的“主窗体”作为系统的启动窗体，也可将“切换面板”窗体作为启动窗体。设置方法是：选择“文件”选项卡中的“选项”命令，在弹出的“Access 选项”对话框中选择“当前数据库”选项，设置“应用程序选项”中的相关参数，如图 10-30 所示。用户打开数据库的同时按下 Shift 键可以跳过启动窗体的运行。

图 10-30 设置应用程序选项

2. 导航窗格设置

打开 Access 2010 数据库文件时，系统默认为“显示导航窗格”状态。为了避免用户直接接触数据库对象，尤其是保存基本数据的表或关键的查询等对象，可以在“Access 选项”对话框中将“显示导航窗格”选项前的“√”符号去掉。

3. 设置系统快捷菜单

自定义菜单与“切换面板”配合使用，能够大大提高系统的可操作性，可以在“Access 选项”对话框将自定义菜单设置为快捷菜单，如图 10-31 所示。若将 accdb 格式的数据库保存为 mdb 格式的数据库，则可以将自定义系统菜单作为应用系统菜单栏，完成如图 10-31 所示的系统开发目标。

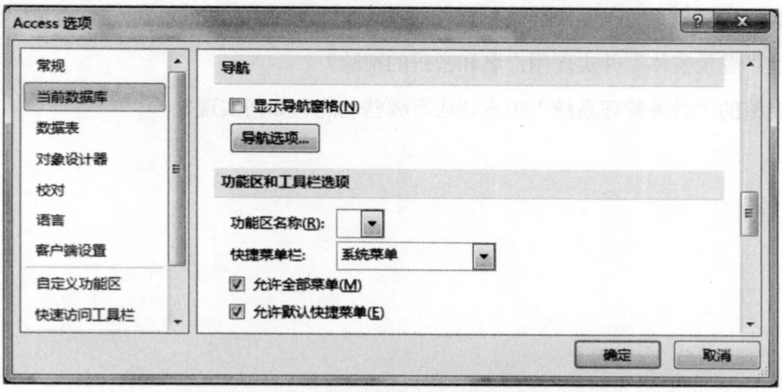

图 10-31　设置导航窗格和快捷菜单

本 章 小 结

本章详细介绍了一个简单的“教务管理系统”案例的开发，在该案例中充分体现了 Access 易于开发的特性。本系统包含 Access 常用的表、查询、窗体、报表和宏等常用对象，进一步完善即可成为一个实用的应用系统。

习　题　10

习题 10
参考答案

一、单选题

1. 在数据库设计中设计关系模式时一般需要满足第（　　）范式。

　A. 1　　B. 2　　C. 3　　D. 4

2. 用户打开数据库的同时按下（　　）键可以跳过启动窗体的运行。

　A. Alt　　B. Shift　　C. Ctrl　　D. Del

3. 在 Access 2010 中“Access 选项”对话框可以从（　　）选项卡打开。

　A. 文件　　B. 开始　　C. 插入　　D. 数据库工具

4. 创建顶级菜单宏，需要添加（　　）宏操作命令。

A. SubMicro　　B. AddMenu　　C. Group　　D. If

5. 数据库设计一般包括概念设计、逻辑结构设计和（　　）。

A. 界面设计　　B. 功能设计　　C. 报表设计　　D. 物理结构设计

二、思考题

1. 数据库应用系统开发的一般过程是什么？
2. 如何集成数据库应用系统？如何添加“切换面板”？
3. 如何为数据库应用系统设置快捷菜单？
4. 如何创建“登录窗体”并实现用户名和密码的检验？
5. 在一个完整的“教务管理系统”中应该还有哪些功能？如何实现？

参 考 文 献

[1] 万常选，廖国琼，吴京慧，等．数据库系统原理与设计[M]．2版．北京：清华大学出版社，2012．

[2] 余建国．数据库原理与应用[M]．成都：电子科学大学出版社，2014．

[3] 埃尔玛斯利（Ramez Elmasri），纳瓦特赫（Shamkant）．数据库系统基础[M]．李翔鹰，刘镔，邱海艳，等，译．6版．北京：清华大学出版社，2011．

[4] 李雁翎．数据库技术及应用实践教程[M]．4版．北京：高等教育出版社，2014．

[5] 何玉洁．数据库原理与应用[M]．4版．北京：机械工业出版社，2017．

[6] 陈志泊．数据库原理及应用教程[M]．3版．北京：人民邮电出版社，2014．

[7] 施伯乐，丁宝康，汪卫．数据库系统教程[M]．3版．北京：高等教育出版社，2008．

[8] 王珊，李盛恩．数据库基础与应用[M]．2版．北京：人民邮电出版社，2009．

[9] 王珊，萨师炫．数据库系统概论[M]．4版．北京：高等教育出版社，2006．

[10] 朱烨，张敏辉．数据库技术——原理与设计[M]．北京：高等教育出版社，2017．

[11] 罗朝晖．Access 数据库应用技术[M]．2版．北京：高等教育出版社，2017．

[12] 刘敏华，古岩．数据库技术及应用教程——Access 2010[M]．北京：高等教育出版社，2017．

[13] 陈桂林．Access 数据库程序设计[M]．3版．合肥：安徽大学出版社，2014．

[14] 苏林萍，谢萍，周蓉．Access 2010 数据库教程（微课版）[M]．北京：人民邮电出版社，2018．

[15] 刘卫国．Access 2010 数据库应用技术[M]．北京：人民邮电出版社，2013．